精工 **CAD/CAM**
行业应用实践丛书

零点工作室　吕志杰　范文利　张蔚波 等 / 编著

CAXA 2009
实体设计
行业应用实践

机械工业出版社
CHINA MACHINE PRESS

本书以 CAXA 实体设计 2009 的功能模块为主线，从基础入手，以实例为引导，循序渐进地介绍了其零件设计、标准件、装配、制图、渲染和有限元分析等常用 CAD 功能模块的使用方法和设计技巧。通过"相关专业知识"、"软件设计方法"、"实例分析"、"项目应用"和"应用拓展"五个部分，不仅讲解了一些必要的专业基础和软件知识，而且通过实例分析练习了 CAXA 实体设计软件的具体使用方法。本书设置了一个贯穿全部设计工序的应用案例，说明了零件设计的完整过程。另外，各章还安排了一些拓展内容来开阔读者的视野，以了解更多的专业知识和设计技巧。

本书内容翔实，系统全面，大量采用图解形式，通俗易懂，适合于 CAXA 实体设计初学者，可以作为大中专院校相关专业的教材或读者自学的教程，也可供从事三维机械设计的人员参考、学习。

图书在版编目（CIP）数据

CAXA 实体设计 2009 行业应用实践/吕志杰等编著. —北京：机械工业出版社，2010.3
（精工：CAD/CAM 行业应用实践丛书）
ISBN 978-7-111-30092-2

Ⅰ．①C… Ⅱ．①吕… Ⅲ．①数控机床—计算机辅助设计—应用软件，CAXA2009 Ⅳ．TG659

中国版本图书馆 CIP 数据核字（2010）第 043068 号

机械工业出版社（北京市百万庄大街 22 号　邮政编码 100037）
责任编辑：张晓娟　　　　　　　　责任印制：杨　曦
版式设计：墨格文慧

北京双青印刷厂印刷
2010 年 5 月第 1 版第 1 次印刷
184mm × 260mm·24 印张·590 千字
0 001-4 000 册
标准书号：ISBN 978-7-111-30092-2
　　　　　ISBN 978-7-89451-494-3（光盘）
定价：46.00 元（含 1 DVD）
凡购本书，如有缺页、倒页、脱页，由本社发行部调换
电话服务　　　　　　　　　　　　网络服务
社服务中心：（010）88361066
销售一部：（010）68326294　　　　门户网：http://www.cmpbook.com
销售二部：（010）88379649　　　　教材网：http://www.cmpedu.com
读者服务部：（010）68993821　　　**封面无防伪标均为盗版**

前　　言

CAXA 实体设计 2009 是北京数码大方科技有限公司（CAXA）研发的具有国际先进水平的新一代三维设计软件，集创新设计、工程设计、协同设计和二维 CAD 设计于一体，不仅支持全球主流 3D 软件所采用的全参数化设计的工程模式，还具备独有的方便新产品开发的创新模式，并且无缝集成 CAXA 电子图板 2009 软件，可以快速建模，方便、快捷地修改模型。

本书以 CAXA 实体设计 2009 中文完整版为基础，介绍了其零件设计、标准件、装配、制图、渲染和有限元分析等常用 CAD 功能模块的使用方法和设计技巧。通过"相关专业知识"、"软件设计方法"、"实例分析"、"项目应用"和"拓展应用"等栏目设置，不仅讲解了一些必要的专业基础和软件知识，而且通过实例分析练习了 CAXA 实体设计软件的具体使用方法。本书设置了一个贯穿全部设计工序的应用案例，说明了产品设计从结构分析、草图绘制、实体建模到渲染、仿真等的完整过程。另外，各章都安排了一些拓展内容来开阔读者的视野，以了解更多的专业知识和设计技巧。

本书的写作思想是立足于实际应用设计，通过针对性、代表性的实例讲解常用命令，能够使初学者在较短的时间内熟练掌握 CAXA 实体设计，并具有一定解决实际问题的能力。

本书的读者对象包括：

- 学习 CAXA 实体设计的初级读者。
- 具有一定 CAXA 实体设计基础知识的中级读者。
- 学习机械设计的在校大中专学生。
- 从事产品设计的机械工程师及从事三维建模的专业人员。

本书既可以作为大专院校机械专业的教材，也可以作为读者自学的教程，还可供相关专业人员参考、学习。

为了方便读者的学习，本书提供了配套光盘。其中包括：

- 教学视频：将综合练习和工程实例的操作以视频录像的形式抓取下来，通过合理组织，使读者能够方便地学习。
- 本书各章实例、综合实例的源文件。
- 课后习题的答案、源文件和最终效果文件。

读者可以直接将这些源文件在 CAXA 实体设计环境中运行或修改。

本书主要由吕志杰、范文利、张蔚波编写，参与编写的还有宋现春、逄波、刘辉、于复生、董明晓、李凡冰、许向荣、李彦凤、陈继文、姜洪奎、张涵、宋一兵和管殿柱等。

感谢您选择了本书，希望我们的努力对您的工作和学习有所帮助，也希望您把对本书的意见和建议告诉我们。

零点工作室网址：www.zerobook.net

零点工作室联系信箱：gdz_zero@126.com

零点工作室

目　　录

第 1 章　CAXA 三维创新设计基础

 学习目标

了解三维 CAD 的现状与发展趋势
了解 CAXA 实体设计相比其他软件的优点
了解 CAXA 实体设计的创新设计与协同设计
了解利用 CAXA 实体设计进行产品设计的各个阶段

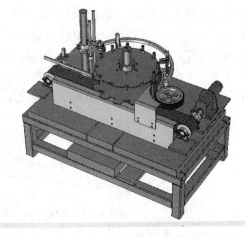

　　CAXA 实体设计 2009 是一套全面的 CAD 软件系统，不仅支持全参数化设计的工程建模方式，还具备独特的方便新产品设计的创新模式，并无缝集成了专业的工程图模块。这些功能可以帮助您从单一建模环境中自由设计各种不同的零件和装配，助您以更低的成本研发出更多的新产品，以更快的速度将新产品推向市场。

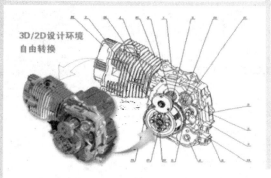

3D/2D设计环境
自由转换

　　CAXA 实体设计 2009 是唯一集创新设计、工程设计、协同设计、二维 CAD 设计于一体的新一代 3D CAD 系统解决方案。易学易用、快速设计和兼容协同是其最大的特点。它包含三维建模、协同工作和分析仿真等各种功能，其无可匹敌的易操作性和设计速度帮助工程师将更多的精力用于产品设计，而不是软件使用。

1.1 三维 CAD 的现状与未来

人类已进入一个新的世纪，处于新技术革命巨大浪潮冲击下的制造业面临着严峻的挑战和机遇。

- 新技术革命的挑战。
- 信息时代的挑战。
- 有限资源与日益增长的环保压力的挑战。
- 制造全球化和贸易自由化的挑战。
- 消费观念变革的挑战。

目前，制造业发展的重要特性是向全球化、网络化、虚拟化方向发展，未来先进制造技术发展的总趋势是向精密化、柔性化、智能化、集成化、全球化方向发展。

从国际范围来看，制造业遵循着"劳动密集、设备密集、信息密集、知识密集"的轨迹，并正在经历着从信息集成走向知识集成的新的发展阶段，对市场的响应时间将成为 21 世纪企业赢得竞争优势的最主要因素。所以，以制造过程的知识融合为基础、以数字化建模仿真与优化为特征的"数字化制造"正成为制造技术发展的重要领域。

进入 21 世纪，随着信息技术的迅速发展及其全方位地加速渗透，全球正经历从工业社会向信息社会的过渡，制造业信息化已成为发展的必然趋势。围绕制造与网络企业成为新的生产组织形态；基于网络的产品全生命周期管理（PLM）和电子商务（EC）成为重要的发展方向。数字化、网络化和全球化以及产品创新更快、品质更优、成本更低、服务更好已成为现代全球制造业的基本特征。图 1-1 展示了现代数字化网络设计制造各环节之间的关系。

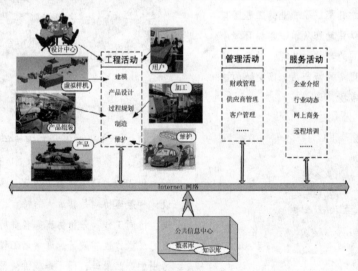

图 1-1 现代数字化网络设计制造

1.1.1 设计信息化

信息化设计实现了产品设计手段与设计过程的数字化和智能化，缩短了产品开发周期，提高了企业的产品创新能力。信息化设计包括产品数字化设计与过程数字化设计，前者的对象是产品，而后者的对象则是产品的制造过程。数字化、网络化设计是制造业信息化的基础之一，也是应用最广泛、研究最深入以及效益最显著的领域。目前的发展方向与特点大致可以概括为智能化、虚拟化和标准化。

1．智能化

智能设计应用三维 CAD、虚拟设计等现代信息技术，模拟人类的思维活动，提高计算机的智能水平，使之能够更多、更好地承担设计过程中的各种复杂任务，成为设计人员的重要辅助工具。智能设计包括设计过程的再认识、设计知识的表达、多专家系统协同技术、再设计与自学习机制、多种推理机制的综合应用和智能化人机接口等。智能设计不仅能够有效地支持产品的创新设计，并且已经在实际生产中得到了越来越广泛的应用。

2．虚拟化

虚拟设计/制造技术是计算机图形学、人工智能、计算机网络、信息处理、计算机仿真技术、机械设计与制造技术等综合发展的产物。虚拟设计/制造技术主要包括基于三维 CAD 等所创建的虚拟环境中人机交互技术、虚拟环境中产品设计技术、虚拟产品结构性能分析技术、虚拟环境中装配设计与评价技术、虚拟环境中产品可加工性分析、面向设计与制造的智能虚拟环境、分布式虚拟设计与制造平台开发、虚拟产品设计软件工具集、虚拟产品工程分析软件工具集和虚拟产品评价软件工具集等。

美国波音公司在波音 777 和波音 737-800 两种机型的研制过程中，采用并行工程和虚拟设计/制造等方法，组建集成产品开发团队（IPT），采用并行产品定义（CPD）和 100%的数字化预装配，大量使用三维 CAD/CAM 技术，实现了无图纸设计。其中，波音 777 飞机仅用了 3 年 8 个月就一次性试飞成功。洛克希德导弹与空间公司（LMSC）采用并行工程和虚拟设计/制造的方法，改进产品开发流程，实现信息集成与共享，并组织综合的产品开发团队，从而使新型导弹的开发周期由原来的 5 年缩短为 24 个月，缩短研制周期 60%。德国戴姆勒-克莱斯勒公司和法国雷诺公司的轿车、NFT Ericsson 公司的军用雷达、法国 Alcatel Espace 公司的卫星设备和德国西门子公司的雷达设备等都采用了虚拟设计/制造方法，使产品开发周期缩短了 30%～60%，成本降低了 15%～30%。

3．标准化

为了实现设计资源的共享，国际上对与产品开发和设计有关的标准化技术进行了深入研究，其中最重要的是由国际标准化组织（ISO）颁布的关于产品数据表达与交换标准 STEP（ISO 10303）以及零件库标准（ISO 13584）。这两个系列标准将对制造业信息化产生比较重要的影响。

1.1.2　制造信息化

信息化制造装备的广泛应用，大幅度地提高了企业生产效率、提高了产品质量与档次、缩短了生产周期、提高了企业的市场竞争能力，不仅开辟了机械制造柔性自动化的新纪元，而且引发了制造工艺与装备的革命，导致了生产方式、管理体制、产品结构和产业结构的改变。

1．先进制造工艺

高速、高效加工技术的广泛应用大大提高了现代加工效率。例如，某飞机薄壁零件在普通铣床上加工需要 8h，在普及型加工中心只需 30min，而利用高速铣床加工仅需 3min。此外，数控机床的换刀时间（<1s）和工件变换时间都在进一步缩短，加之采用新型刀具材料后数控机床的切削能力越来越强，促使数控机床加工效率越来越高。目前世界上许多汽车制造厂，包括我国的上海通用汽车公司，已经以高速加工中心组成的生产线部分替代了原有的组合机床。

2．先进制造装备

对三维曲面零件及复杂箱体点位加工的实现推动了 3 轴联动数控机床的广泛应用；而一台 5 轴联动机床的效率大致相当于两台 3 轴联动机床，特别是使用立方氮化硼等超硬材料铣刀对淬硬钢零件进行高速铣削时，5 轴联动加工可以比 3 轴联动加工发挥更高的效率。

数控装备的网络化极大地满足了生产线、制造系统乃至制造企业对信息集成的需求，也是实现敏捷制造、虚拟企业和全球制造等制造模式的基础单元。国内外一些著名数控机床和数控系统制造公司近年都推出了相关概念及样机，如日本山崎马扎克（Mazak）公司的 Cyber Production Center（智能生产控制中心，简称 CPC）、日本大隈（Okuma）机床公司的 IT Plaza（信息技术广场，简称 "IT 广场"）、德国西门子（Siemens）公司的 Open Manufacturing Environment（开放制造环境，简称 OME）以及国内 CAXA 的 "网络 DNC 系统" 等，充分反映了数控机床向网络化方向发展的趋势。

可重构制造系统（Reconfigurable Manufacturing System，简称 RMS）是一种能按市场需求变化和系统规划需求，以子系统、模块或组元的重排（重新组态）、形态变化、更替、剪裁、嵌套和革新等手段，重复利用和更新系统的组态、子系统或模块的制造方式。美国国家研究委员会（NRC）在《2020 年制造挑战预测》一书中认定，RMS 为未来 20 年十大关键技术之首。

1.1.3　管理信息化

信息化管理是信息化设计与制造的延伸与发展，也是企业信息化系统与数字化、网络化设计与制造系统的结合。通过包括产品设计、制造数据在内的企业内外部信息的集中、积累、共享、优化、利用、开发和管理等，从根本上提高企业经营效率，并对多变的全球市场作出迅速响应。

1．知识管理

知识管理是知识经济时代的特征。知识管理的目标是企业知识的识别、获取、开发、分解、储存和传递，从而使企业的每个员工在最大限度贡献出知识的同时，也能尽可能地分享他人的知识。《财富》杂志排名的世界前 1 000 家大企业中，有 52% 的企业已经在实施知识管理项目。

2．产品全生命周期管理（PLM）

产品全生命周期管理（PLM）是以产品为核心、以产品设计/制造数据为基础、以产品全生命周期服务为理念的基于数字化和网络化的现代制造企业管理系统和组织方式。近两年全球制造业发展迅速，IT 应用不断深入和成熟，制造企业信息化的应用已经从局部和单元的 CAD/CAM 应用迅速延伸发展，PLM 市场快速形成，成为继 ERP 之后企业信息化纵深发展的主要方向。近年来，IBM、EDS、SAP 和 CAXA 等国内外面向制造业的主要 IT 服务商都纷纷推出了 PLM，推动了 PLM 的应用和发展。

目前，国内外越来越多的企业开始布局和实施自己的 PLM 战略，并首先将重点集中在与产品制造直接相关的设计、工艺和制造等环节。2000 年，美国洛克希德—马丁公司提出了 F-22 飞机研制的虚拟工厂概念，打通了从设计、生产到管理的全数字化信息流。2001年该公司采用 PLM，为完成美国联合攻击战斗机（JSF）研制和采购项目构建了全球虚拟企业，在整个飞机的生命周期内很好地保证了跨地区、跨企业的协同设计、协同制造和维护过程。

1.1.4　三维 CAD 是制造业信息化的基础

产品是制造业的核心，产品的设计、制造数据是整个制造业数字化、网络化和信息化的基础。

PLM 的目标是使与产品相关的人在全球任何地方都可以快速找到所需要的产品数据，从而共享产品数据，实现从产品需求定义、概念设计、工程设计、生产制造到服务支持等产品创新各个环节协同工作；也就是希望借助数字化和网络化手段，打破产品设计人员与生产制造人员、销售人员及产品使用者之间的沟通障碍，通过最大可能相关人员创造性思维的合作和协同，缩短设计周期、优化制造流程、降低生产成本、提升产品价值等，使企业产品创新能力获得极大提升。因此，PLM 首先是产品数据的产生，并在产品数据的基础上实现信息的管理和利用，而 CAD/CAM，特别是现代三维 CAD 则是产品数据的基础和源头。

现代三维 CAD 通过产品与零件的三维建模、全数字化三维虚拟装配以及三维动态模拟等形成数字样机，不仅为产品概念的形成与表达、设计方案的分析与优化、设计效果的展示与确定等产品开发过程提供基础平台，而且三维 CAD 数据将直接用于产品虚拟效果的制作、产品工程图纸的生成、产品与零件的分析仿真（CAE）、产品生产工艺的准备（CAPP）、零件的数控加工（CAM）、产品的制造执行（MES）以及整个产品设计和制造过程的协同与管理（EDM/PDM/PLM 的集成）等。

1.1.5　三维 CAD 的应用与发展

CAD（Computer Aided Design，计算机辅助设计）是伴随计算机快速发展起来的现代信息技术的主要应用领域之一，至今已有半个多世纪的历史，历经了二维绘图、线框造型、曲面造型、实体造型和特征造型等发展过程，其间还融入了参数化、变量化等技术，基础理论和软件系统也日趋成熟，在航空航天、机械、模具、夹具和家电等制造业众多领域得到了广泛应用，大大提高了制造业产品设计水平。

传统 CAD 系统主要针对产品二维工程图样的绘制与零件的 3D 建模，缺乏对产品创新和设计的足够关注和有效支持。如不能在装配环境下直接获得造型数据与信息进行结构设计，使得交互频繁、输入数据量大，造成操作步骤繁杂、不易学习等问题；不能将零件模型与装配模型直接关联，使得模型复杂、维护困难且不能有效地解决概念阶段的零部件布局、联接与配合关系定义等设计；缺乏符合国际、国家和行业标准的三维参数化标准件库的支持；缺乏具有行业特色的方便、快捷的造型工具和特征库，如模具的拔模、凸凹模设计特征库、家具的艺术特征库，以及家电的工业设计特征库及其相应的造型工具等。这些个人的、孤立的、局部的应用特点，使 CAD 一度仅成为绘图的工具。

近年来 3D 技术、网络技术、数据库和电子商务等飞速发展深刻影响了 CAD 的进程，新的制造方式，如分散化网络制造、面向客户的大批量定制等也都对 CAD 系统提出了新的要求，使得行业产品的设计制造资源能够在更广的范围内应用，通过 Web 技术和 ASP 技术，实现了行业产品设计制造的协同，全行业的软件服务体系得以建立。

目前，以产品创新、网络协同和应用集成为突出特征的面向行业与过程的三维数字化设计系统成为现代 CAD 的发展方向。现代三维 CAD 以产品生命周期中每一阶段的知识重用为基础，包括电子表格、手册、公式和数据库，甚至包括一些简单的经验规则等，并借助于 Web 技术与网络技术，在行业内实现了设计资源的利用与共享；应用设计资源驱动几何建模，在保证产品质量的同时，大大缩短了产品设计周期，并确保设计意图贯穿于产品开发的全生命周期。

1.2 国内外主要三维软件与应用简介

CAD/CAM 技术经过几十年的发展已日趋成熟，目前工作站和微机平台 CAD/CAM 软件已经占据主导地位，国内外相继涌现出了一批比较优秀、流行的商品化三维设计软件。

1.2.1 CATIA

CATIA（Computer Aided Tri-Dimensional Interface Application）是由法国达索系统公司（Dassault Systèmes）开发的一款主流的 CAD/CAE/CAM 一体化软件，广泛应用于航空航天、汽车制造、造船、机械制造、电子、电器、消费品等领域。从 1982 年到 1988 年，CATIA 相继发布了 1 版本、2 版本、3 版本，并于 1993 年发布了功能强大的 4 版本，而现在的 CATIA 软件主要分为 V4 版本和 V5 版本（开发于 1994 年，其界面更加友好，功能也更为强大，并且开创了 CAD/CAE/CAM 软件的一种全新风格）两个系列。V4 版本主要应用于 UNIX 平台，V5 版本应用于 UNIX 和 Windows 两种平台。

作为全球 CAD/CAE/CAM 领域的领导者 CATIA 的集成解决方案覆盖了所有的产品设计与制造领域，其特有的 DMU 电子样机模块功能及混合建模技术更是推动着企业竞争力和生产力不断提高。针对所有工业领域的大、中、小型企业需要，从大型的波音 747 飞机、火箭发动机到化妆品的包装盒，CATIA 的身影无处不在，几乎涵盖了所有的

制造业产品。CATIA 源于航空航天业，但凭借其强大的功能、卓越的表现赢得了越来越多的客户。据调查，世界上有超过 13000 家的用户选择了 CATIA，其著名用户包括波音、克莱斯勒、宝马、奔驰等一大批知名企业。波音飞机公司使用 CATIA 完成了整个波音 777 的电子装配，创造了业界的一个奇迹，从而也确定了 CATIA 在 CAD/CAE/CAM 行业内的领先地位。

CATIA V5 的主要产品系列与功能特点如下。

（1）CATIA 机械设计（Mechanical Design）

CATIA 机械设计从概念设计到详细设计，直至工程图生成，包括线架/曲面/实体特征造型、零件设计、装配设计、钣金设计、焊接设计、铸/锻件优化、模具设计、结构设计以及 3D 公差标注等。

（2）CATIA 外形设计和风格造型（Shape Design & Styling）

CATIA 外形设计和风格造型可用于构建、控制和修改工程曲面和自由曲面。

（3）CATIA 产品综合应用（Product Synthesis）

CATIA 产品综合应用可提供高级的数字样机的验证和仿真功能，包括人体工程分析、电子样机优化和知识专家系统等。系列化的知识工程产品可有效地捕捉和重用企业的经验知识，从而延长整个产品的生命周期。

（4）CATIA 设备与系统工程（Equipment & Systems Engineering）

CATIA 设备与系统工程用于 3D 电子样机的空间预留优化，并在电子样机中模拟复杂电器、液压传动和机械系统的协同设计和集成，包括电路、管路和空间布局设计等。

（5）CATIA 工程分析（Analysis）

CATIA 工程分析可快速对任何类型的零件或装配件进行工程分析，包括零件结构分析、装配结构分析、动力分析、装配变形公差分析以及 FEM 曲面/实体分析等。

（6）CATIA NC 加工（Machining）

CATIA V5 的 NC 加工功能优于其他现有的 NC 加工解决方案，包括 3 轴和多轴镜削加工、车削加工、STL 快速原形制造以及 NC 代码浏览检验等。

（7）CATIA 基础架构（Infrastructure）

CATIA V5 基础架构为协同产品开发提供了广泛的产品平台，包括项目管理、CAD/CAM/IGES/STEP/CATIA V4/SolidWorks 集成接口等。

（8）CAA RADE

CAA RADE 可以将用户的专用知识集成到 CATIA 和 ENOVIA 应用程序中，也可以将现有的系统集成到 ENOVIA 3D COM 中，包括数据模型的优化、C++/Java 接口和 API 等。

（9）CATIA 基于 Web 的在线学习解决方案（Web-based Learning Solutions）

该解决方案提供了最新的电子支持系统（Electronic Performance Support System, EPSS），简单易用可以帮助 CATIA、ENOVIA 用户从单一数据源快速访问所有信息和进行使用培训。辅助自学工具（Companion）可以作为用户的桌面工具，可随时随地解决培训和应用问题。

目前 CATIA 已推出 V6 版本，如图 1-2 所示。

图 1-2　CATIA V6

1.2.2　UG

　　UG（全称 Unigraphics）是美国 EDS 旗下 PLM Solution-UGS 公司推出的一款集 CAD/CAM/CAE 于一体的大型集成软件系统。UG 最早源于麦道飞机公司的航空航天尖端设计制造技术，并逐步发展成为独立软件系统。随着麦道并入波音，UGS 也于 1991 年并入 EDS，并成为 EDS-PLM Solution 部门。UGS 是 EDS 面向制造业 Plan（计划）、Design（设计）、Build（制造）与 Support（服务）的 UGS PLM 解决方案（包括 E-factory（数字工厂）、NX（下一代 CAX 系统）、PLM Open（开放平台）、Solid Edge、Teamcenter（协同管理框架）和 Product Index 等）的核心构件之一。

　　UG 系统主要应用于汽车、国防、机电装备等行业，是全球应用最为广泛的高端工业软件系统之一，如图 1-3 所示。1990 年初随着通用汽车的引进，UG 正式进入中国，目前 UG 系统在中国的用户超过 2500 家，装机达 15000 多台。

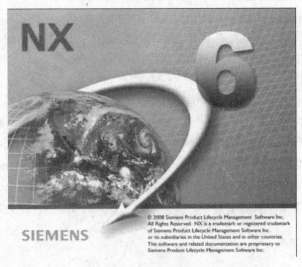

图 1-3　UG 6

UG NX 是新一代覆盖产品全生命周期的数字化产品开发系统,在原有版本的基础上对各个模块作了全面的改进和增强,同时融入了很多原来 I-DEAS 软件(UGS 于 20 世纪 90 年代末收购了 SDRC 公司及其 I-DEAS 软件)的优秀功能和操作模式。NX 内核部分扩大了知识语言支持的范围,应用部分大量增加了汽车专用模块,传统的 CAID/CAD/CAE/CAM 应用功能进一步加深和增强,用户界面的友好性、系统的稳定性与易学易用性等都得到了显著的改进和完善。

UG NX 的主要产品模块与功能特点如下。

(1)**产品规划**(Plan)

产品规划提供了基于知识与需求的产品规划、概念设计工具与体制。

(2)**外观造型与工业设计**(Styling And Industrial Design)

集外观造型与工业设计于一体,支持产品创新工程,包括自由曲面建模(Freeform Shape Modeling)、渲染(Visualization)、汽车款式(Automotive Styling)、逆向工程(Reverse Engineering)以及分析与制造集成(Engineering & Manufacture Integration)等。

(3)**产品设计**(Design)

产品设计模块提供了强大的零件设计、装配设计、钣金设计、线路设计和工程图生成等产品设计功能,主要包括曲线、曲面绘制与编辑功能;多种实体建模、布尔运算及有关编辑功能;特征建模功能;图纸的设置、主视图、正交视图、辅助视图、局部视图、阶梯剖视图、半剖视图和旋转剖视图的生成、尺寸的标注等工程图生成功能;装配设计功能以及装配干涉分析;与 CATIA、DXF TO PRT、PRT TO DXF 和 IGES & CGM 等软件进行数据交换的功能等。

(4)**仿真分析与优化**(Simulation, Validation And Optimization)

通过数字化虚拟样机实现对产品及其开发过程的数字化仿真、分析验证与优化等,包括 NX Master FEM、Femap、NX Nastran、NX Scenario、NX Optimization Wizard、NX Strength Wizard 和 NX Quick Check 等。

(5)**工装设计**(Tooling)

工装设计模块提供了强大的夹具和模具等工装设计功能,包括通用工装设计(General Tool And Fixture Design)与模具设计(Mold And Die tooling)等。

(6)**数控加工**(Machining)

数控加工模块提供了强大的 2～5 轴铣削加工 NC 编程、刀路与加工过程仿真、刀具库管理、机床后置处理以及 NC 文档车间管理等功能。

(7)**协同管理平台**(Managed Development Environment)

协同管理平台提供了强大的产品全生命周期的数据与流程管理功能,包括工作流程管理(Workflow Management)、变更管理(Change Management)以及产品配置管理(Managing Product Configurations)等。

1.2.3　Pro/ENGINEER

Pro/ENGINEER 是美国 PTC 公司推出的新一代 CAD/CAE/CAM 集优化软件,功能非常强大,利用它可以进行零件设计、产品装配、数控加工、钣金件设计、模具设计、机构分析、有限元分析和产品数据库管理、应力分析、逆向造型优化设计等。经过近二十年的快速发展，目前 Pro/ENGINEER 系统的功能得到巨大提升和完善，已成为一个集 CAD/CAM/CAE 于一体的中高端 CAX 系统，并以最新 Pro/ENGINEER Wildfire 为核心构件（产品数据产生），与 Windchill PDMIink（产品数据管理）及 Windchill ProjectIink（产品过程协同）一起共同构成 PTC-PLM 解决方案。从目前的应用来看，Pro/ENGINEER 涉及工业设计、机械、仿真、制造和数据管理、电路设计、汽车、航天、电器、玩具等多个领域，在我国 CAD/CAM 研究所和工厂中得到了广泛的应用，同时国内的许多大学也纷纷选用该软件作为其研究开发的基础软件。

Pro/ENGINEER Wildfire 是新一代面向产品全生命周期的数字化产品开发系统（如图 1-4 所示），具有以下功能和特点。

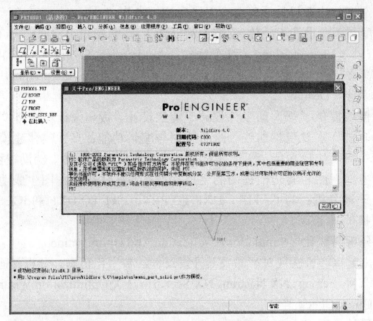

图 1-4　Pro/ENGINEER Wildfire 4.0

（1）**概念与工业设计**（Conceptual And Industrial Design）

概念与工业设计包括概念草绘（Sketching）、图片修饰（Image Retouching）、曲线/曲面建模（Curve And Facet Modelling）、3D 渲染设计（Painting 3D Design）和实时照片级渲染（Real Time And Photo-realistic Rendering）等。

（2）**详细设计**（Detailed Design）

详细设计可提供通用参数化实体建模功能，包括零件几何建模（Geometry Creation）、焊接设计（Weld Documentation）、工程图纸生成（2D Production Drawings）、钣金设计（Sheetmetal Design）、装配设计与管理（Assembly Management）、机构运动（Mechanism Kinematics）和动画设计（Design Animation）等。

（3）**仿真分析**（Simulation）

仿真分析包括产品结构与热效分析（Structural And Thermal）、疲劳分析（Fatigue Advisor）、机构动力分析（Mechanism Dynamics）和行为建模（Behavioral Modeling）等数字化仿真分析与优化。

（4）**制造**（Production）

制造模块提供了面向模具行业的 NC 编程等 CAM 功能，包括注塑专家（Plastic Advisor）、计算机辅助检测（Computer-aided Verification）、2.5～5 轴铣削加工 NC 编程与后置处理（Production Machining），以及激光/火焰切割与冲裁等钣金加工 NC 编程和控制（NC Sheetmetal）等。

（5）**线路/管路系统设计**（Routed Systems）

该功能提供线路/管路系统的设计（Cabling Design/Piping Design/Routed Systems Designer）等。

1.2.4　Inventor

Inventor 是由美国 Autodesk 公司推出的一款用于三维机械设计、仿真、模具创建和设计交流的软件，其功能全面、使用灵活，可以帮助用户经济、高效地利用数字样机工作流在更短时间内设计并创建出色的产品。

Inventor 软件是数字样机的基础。Inventor 模型是精确的三维数字样机，可以帮助用户在工作中验证设计的外形、结构和功能，减少对物理样机的依赖。其最新版本——Autodesk Inventor Professional 2010 在功能和性能方面作了许多重大改进，可以为需要创建、优化和验证塑料零件、钣金零件和大型装配的用户提供更有力的支持，如图 1-5 所示。

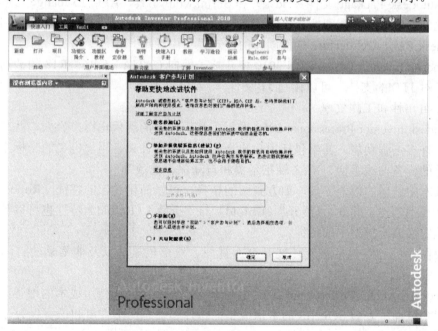

图 1-5　Autodesk Inventor Professional 2010

此版本的改进主要体现在以下几个方面。

（1）**塑料零件设计**

利用其中提供的多实体工作流、专用的塑料零件特征、基于规则的圆角以及从 Autodesk AliasStudio 软件中导入的外型或定模侧（A-side）几何图形等功能，用户可轻松、快捷地设计复杂的注塑零件（在发生变更时会随之平稳更新），而无须构建大量详细的几何图形或采取中间步骤。

Autodesk Inventor 软件产品系列中增加了新的应用——Autodesk Inventor Tooling（包含在 Autodesk Inventor Professional 软件中），用于设计复杂的注塑零件。借助其中的自动化工具，用户可以利用数字样机快速创建并验证完整的模具设计，减少错误并提高模具质量。

（2）仿真和布局设计

Autodesk Inventor Professional 2010 中新增的草图块能够以合乎逻辑的方式表现刚体和动体，用户可以将其放入二维运动学模型中，以便详细研究各种机构的运动。Inventor 草图块可以用来组装装配，根据选定草图对其中的零件模型加以正确约束。

Autodesk Inventor Professional 2010 提供了一种新的集成仿真环境，用于对零件和装配部件进行运动仿真和有限元分析。由于这种环境支持模型分析、参数研究和优化，用户可以更为轻松地进行假设研究，从中选择最佳设计方案，然后将所得的几何图形存回装配模型。

（3）互操作性和数据交换

利用新增的 Shrinkwrap（包覆面提取）特性，用户可以更自如地简化大型装配，如将装配转换为一个零件或曲面模型，将其用作该装配的替代品或在与第三方共享模型时保护知识产权。

如需将数据用于建筑设计，增强的 AEC Exchange 工具将简化数据交换过程。由于支持新的 Autodesk Package 文件（.adsk）和 Shrinkwrap 工具，AEC Exchange 可以帮助用户利用简化的三维表示法和智能连接点发布数据文件，以便在通过 Autodesk Revit MEP 软件和 Autodesk Revit Architecture 软件创建的建筑模型中使用。

Autodesk Inventor Professional 2010 中新增了面向 CATIA V5 R6～R18 的数据接口，并且加大了对 JT™的支持，可以读写 JT 文件。

（4）可用性和工作效率

Autodesk Inventor Professional 2010 采用了基于任务的现代化用户界面，并且应用户要求提供了许多增强功能，其中包括用户定义的浏览器文件夹、用户定义的坐标系、文档标签、改进的样条曲线手柄、XYZ 轴指示器和自动保存选项等。

此版本中新增的钣金工具，如方到圆的转换，可以简化卷起的特征（Rolled Feature）和放样凸缘的创建。此外，"展开"（Unfold）与"折叠"（Refold）特性也可以帮助用户更为轻松地定义展开模型中的特征。

工程图中的亮点包括：旋转展开剖面视图、双单位显示以及非常酷的自动排列尺寸工具。

Autodesk Inventor Professional 2010 中还包括许多旨在降低使用成本的增强特性，如不需要在用户桌面上安装 SQL/IIS 的本地或桌面构件、动态网络许可和语言包等。

1.2.5 CAXA

CAXA 是我国具有自主知识产权软件的知名品牌，是中国 CAD/CAM/CAPP/PDM/PLM 软件的优秀代表，在国内设计制造领域拥有 120000 套授权使用的广泛的用户基础和影响。CAXA 软件最初起源于北京航空航天大学，经过十多年市场化、产业化和国际化的快速发展，目前已成为"领先一步的中国计算机辅助技术与服务联盟（Computer Aided X，Ahead & Alliance）"，产品覆盖设计（CAD）、工艺（CAPP）、制造（CAM）与协同管理（EDM/PDM）

四大领域，其近 20 个模块和构件共同构成了 CAXA-PLM 集成框架，是国内制造业信息化服务的主要供应商之一。CAXA 实体设计 2009 的工作界面如图 1-6 所示。

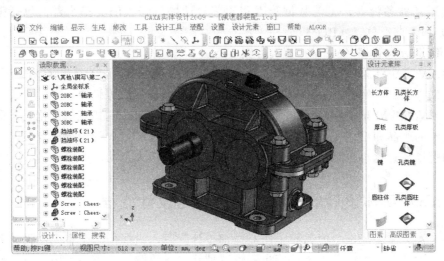

图 1-6　CAXA 实体设计 2009 工作界面

CAXA A5 PLM 是面向制造企业典型流程的普及型 PLM 解决方案。它主要是针对 CAD 普及之后，企业对建立快速响应市场的产品创新研发体系及其协同工作平台的现实需求，并结合 CAXA 多年来服务用户的实践经验以及最新的技术，不断研究发展而成。

CAXA A5 PLM 根植于制造业企业的产品创新流程，结合各种 CAD/CAM 单元应用的集成技术，提供从概念设计、详细设计、工艺流程到生产制造的各个环节的协同工作平台，是广大制造业企业普及 PLM 应用、提升企业产品创新能力的最佳选择。

CAXA A5 PLM 系列方案包括各种 CAD/CAM 产品组合、各种行业和专业解决方案。

（1）设计制造（CAD/CAM）解决方案

CAXA 设计解决方案提供了从二维绘图到三维设计的创新设计工具，可帮助用户快捷、高效地完成产品的概念、外观、结构、零部件和总体设计等；同时，它还提供了对设计标准、设计文档和经验知识的管理和共享平台。产品包括 CAXA 电子图板、CAXA 三维实体设计等。

CAXA 制造解决方案提供了各种数控机床 NC 编程、轨迹仿真、后置处理、图形编控系统、数控车间网络通信与管理以及模具铣雕系统等。产品包括 CAXA 制造工程师（2～5 轴铣削加工）、CAXA 数控车、CAXA 线切割、CAXA 雕刻、CAXA 网络 DNC、CAXA 图形编控系统、CAXA 模具铣雕解决方案等。

（2）产品数据管理（PDM）

CAXA V5 PDM 是 CAXA V5 的数据管理平台，以产品数据为核心，为企业级设计、工艺、制造提供协同工作环境，是一个可以迅速实施、方便定制的易扩展的数据管理平台。

CAXA V5 PDM 基础功能覆盖产品数据管理的各个方面，包括对各种 CAD 工具的集成、图文档管理、统一 BOM 管理、工作流管理等；其他增强的功能还包括基于 BOM 的协同和网络会议等。CAXA V5 PDM 面向企业级的应用方案包括企业应用集成、异地协同和高级开发套件等。在技术实现上，CAXA V5 PDM 以 CAA V5 为核心构件，采用通用软组件的方式提供标准化的服务，支持 C/S 和 B/S 体系结构，支持各种流行的关系型数据库。

（3）工艺规划（CAPP）解决方案

CAXA V5 CAPP 是基于 CAXA V5 协同工作平台的工艺设计、管理一体化解决方案，为企业级工艺业务管理、工艺数据管理和工艺设计提供强大的支撑平台，包括工艺图表（CAPP）和工艺汇总表（BOM）。

（4）制造过程管理（MPM）解决方案

CAXA V5 MPM 是集成化的生产计划和生成过程管理（基于 PDM 和 CAPP）平台，主要包括计划管理、车间管理、库房管理、采购管理和报表生成等模块。

CAXA V5 MPM 是 CAXA 综合了企业生产过程管理特点、制造业信息化近十多年的经验，在统一的产品和工艺数据基础平台上构造的新一代生产过程管理解决方案，可以为提升企业的整体信息化水平、增强企业市场竞争能力提供极大帮助。

1.3 CAXA 实体设计的创新设计思想与设计流程

传统 CAD 在功能上主要着眼于产品详细设计阶段，只能把一个事先由设计者已经详细构想好并设计完成的产品通过计算机三维造型或二维绘图软件重新实现一下。但事实上产品创新过程并不是这样的，设计者不可能预先凭空很详细地想好、想清楚要做的创新产品究竟是一个什么样的形状和结构，具有哪些功能与属性。

支持产品创新设计成为现代 CAD 的使命。创新设计需要产品开发各个环节、各阶段进行协同，必然要求 CAD 不仅要面向高级设计人员，也要同时面向一般设计人员、客户、供应商、销售人员和管理人员等，使他们都能够非常方便、容易地掌握和应用；同时也必然要求 CAD 对不同的软件平台、不同的数据文件以及产品开发不同过程的数据进行交换、共享和集成。因此，当今 CAD 软件技术与应用正在朝两个方向发展：一是向软件更宜人、操作更简便、系统更智能的方向发展；二是从绘图表达与造型表现等局部、单元应用，正在向支持产品创新设计、产品开发各阶段的网络协同和 CAD/CAM/CAE/CAPP/PDM/PLM 应用集成的方向发展。

产品创新设计是一个知识重用、由粗及精的过程。就一个产品的设计而言，80%的内容来自对已有设计方案的借用和重组，只有 20%左右的工作属于改型与革新，而重组与改型的过程就是创新。创新设计需要"发散式"思维，需要自由自在、无拘无束地驰骋在想象的空间，并根据灵感与经验，以最简易、最快捷的方式捕捉并迅速表达出来，并对设计的任意部分或过程不断地进行编辑、修改、细化、琢磨，自顶向下、自底向上、由外及里、由里及外、由粗及精、反复迭代，直至得到满意的设计结果，并实现后续的开发应用。

CAXA 实体设计是具有国际水准的三维设计软件，它把美国的最新专利技术和 CAXA 多年来在 CAD/CAM 领域的经验积累相结合，可以帮助设计人员在三维空间直接进行产品构思和创意，并能输出广告效果的图片与动画。由此它也被业内专家誉为"15 年来 CAD 技术的唯一突破"，是企业参与国际化竞争和新产品开发的有效先进工具。

1.3.1 创新设计与协同设计

CAD 技术从线架、曲面、实体造型到参数化再到变量化，经过了一系列的发展。自

1986 年以 PTC 公司为代表的参数化设计问世以来，CAD 技术成为推动制造业进步的核心技术，但十几年来一直没有太大的突破。如今随着网络化的发展，一种新兴的突破性技术正在成为未来 CAD 发展的新趋势，那就是用创新设计取代传统的参数化造型技术。这里所说的创新设计并非指产品本身的设计创新，而是指产品设计过程中涉及的 CAD 软件工具的技术路线和应用理念，这一路线和理念与当前国际上流行的参数化特征造型技术相比具有明显的进步，应用创新设计的 CAD 系统，可更加快捷和高效地进行设计，同时 CAD 系统本身对设计者的思维及其表达的束缚变得最小。

1．推陈出新的创新设计

业内专家认为，如果从整个产品的设计周期来看，产品设计应该分为概念设计、详细设计、制造前设计和生产制造 4 个阶段。传统 3D 造型软件严格的约束关系给产品的后期修改带来了很大麻烦，降低了设计的效率，提高了修改的成本。用户迫切需要这样一种 CAD 软件——在概念设计阶段就能进行创新设计。这一阶段要求约束关系少，能任意修改，以后又能在产品的详细设计、制造前设计和生产制造过程中随时对以前的设计结果方便地进行修改。

CAXA 实体设计提出的创新设计概念摆脱了传统三维造型软件从二维草图阶段开始设计的思路，而是直接在真正的三维操作环境下进行创新设计，从而使实体造型摆脱了传统参数化造型在复杂性方面受到的限制。这样既能充分发挥设计人员的想象力与创造力，将构思迅速地转变成最终产品，又具有无可比拟的运行速度和灵活性。

近年来，市场的需求越来越广泛，用户的需求也越来越趋向于个性化。为了满足这些新需求，就需要在设计的过程中对设计结果进行不断的、实时的修改。有些产品换代特别快的企业（如服装或制鞋工业），可以直接把初步设计结果和订单放在网上，希望根据这个订单来完成定型设计；而传统 CAD 软件技术的主要功用在于产品的造型方面，不能满足这种全新需求，同时这些造型软件在产品细部设计过程中提升的生产力在整个产品生命周期中也很有限。

2．满足市场竞争的易用快速设计

市场需求的变化使 CAD 在企业中所扮演的科技角色发生了重大变化，从最初单一的生产力提升手段逐步发展成为产品生产各个阶段的协同部分。CAXA 实体设计可参与从产品概念设计、详细设计、制造前设计到最后上市的各个环节，数据共享、提高企业协同能力。

CAXA 实体设计易学易用，无须经过长期训练，整个企业所有人员，包括服务人员、销售人员等都可参与协同设计，从而大大提高了设计效率与质量。

CAXA 实体设计采用拖放式（Drag&Drop）技术，设计人员可以像搭积木一样把一个个想要的实体拖放进来，然后对它进行空间定位，从而轻松、有趣地完成设计，而不需要长时间去学习。CAXA 实体设计提供了丰富的标准件图库，用户可随时调用；此外，用户还可任意扩充自己的图库，方便以后的使用。

利用 CAXA 实体设计这一集成化工具可以全面解决产品的概念设计、零件设计、装配设计、钣金设计、产品真实效果模拟和动画仿真等，必将大大提高设计速度。

3．网络环境下的产品协同设计

随着网络化的发展，机械工业界正面临着更激烈的竞争。这就对制造业提出了更高的要求：一个产品由最初的概念构想到制造完成再到销售所需的时间要尽量短；产品质量要尽可能优良；制造成本要尽量低。为了达到以上目的，企业纷纷引进各种各样的软件应用到设计、制造中来提升生产力。不过在当前日趋自热化的国际化竞争面前，企业需要的不是在某一个产品细节上有一个工具做得更好，而是一套完整的解决方案。

CAXA 实体设计系统不仅能够实现产品机构的详细设计，而且可以为产品从设计到制造乃至数据管理提供一套完整的解决方案。CAXA 实体设计是基于 Web 的 PLM 协同设计解决方案的重要组件，为基于网络的设计生成、交流共享和访问提供了协同和集成的能力。通过添加外部程序，以及与 CAXA 电子图板、CAXA 图文档，CAXA 工艺解决方案、CAXA 制造解决方案等无缝集成，即可构建出功能强大的业务协同解决方案。而完成这些功能的基础就是产品的设计数据共享。

CAXA 实体设计的创新设计过程：不需要事先想好产品最终要做成的形状和尺寸，只要有一个模糊的概念即可；然后在设计的过程中逐步把自己的想法表达出来，并判断是否正确；再经过动态的修改，即可得到精确的设计。创新设计强调设计过程的弹性和设计结果的创新性。

4．集成化的专业设计工具

CAXA 实体设计 2009 是唯一集创新设计、工程设计、协同设计、二维 CAD 设计于一体的新一代 3D CAD 系统解决方案。易学易用、快速设计和兼容协同是其最大的特点。它包含三维建模、协同工作和分析仿真等各种功能，其无可匹敌的易操作性和设计速度帮助工程师将更多的精力用于产品设计，而不是软件使用。

CAXA 实体设计 2009 直接嵌入了最新的电子图板作为 2D 设计环境，设计师可以在同一软件环境下轻松进行 3D 和 2D 设计，不再需要任何独立的二维软件，彻底解决了采用传统 3D 设计平台面临的挑战。用户在三维设计环境中就可直接读取工程图数据，使用熟悉的 2D 界面强大的功能绘制工程图，并在其中创建、编辑和维护现有的 DWG/DXF/EXB 等数据文件。

利用其专业级的动画仿真功能，可以轻松制作各种高级的装配/爆炸动画、约束机构仿真动画、自由轨迹动画、光影动画、漫游动画以及透视、隐藏和遮挡等特效动画等，并可输出专业级的虚拟产品展示的 3D 影片，可以帮助用户更全面地了解产品在真实环境下如何运转，最大程度地降低对物理样机的依赖，从而节省构建物理样机及样机试验的资金和时间，缩短产品上市周期。渲染功能不仅考虑了一般的颜色、灯光、背景、材质等特性，还包括了反射、折射、透明度、光滑度和表面纹理等专业功能，并可添加产品的外饰设计、印刷图案和标签设计等。动态仿真功能可对装配结构进行机构运动模拟与干涉检查。

CAXA 实体设计提供了丰富的数据接口，可与所有流行的 CAD/CAM 软件交换数据（IGES、ProlE、CATIA、SAT、STEP、STL、VRML、Parasolid x_t、3DS、DXF、DWG、AVI、BMP 和 VMF 等）。不但可以读入其他三维软件的造型结果加以修改，还可调入不同软件设计的零件造型生成数据装配；对读入的特征造型可自动识别并重新生成，并可直接读入和处理多面体的格式（用于网络共享的 VRML 格式和快速成型的 STL 格式）或将其转为实体格式进行编辑。

CAXA 实体设计 2009 提供了强大的直板、弯板、锥板、内折弯、外折弯、带料折弯、不带料折弯、工艺孔/切口、包边、圆角过渡和倒角等钣金图素库，以及丰富的通风孔、导向孔、压槽、凸起等行业标准的参数化压形和冲裁图素库；用户可对弯曲尺寸、角度、位置、半径和工艺切口进行灵活控制。

此外，CAXA 实体设计 2009 还提供了强大的草图编辑、钣金裁剪、封闭角处理、用户板材设定和钣金自动展开计算等功能。

CAXA 实体设计 2009 集成了著名的 ALGOR 有限元分析软件的基本功能模块，可以对零部件进行线性静力学等方面的有限元分析，帮助工作人员发现设计错误，避免设计缺陷，优化产品性能。

1.3.2　CAXA 实体设计的各个设计阶段

CAXA 实体设计可为下列和更多领域的专业人员带来强大的三维设计功能。

❑　工业设计：在概念设计阶段采用 CAXA 实体设计进行产品方案设计。

❑　工程设计和生产：在工业、机械、建筑、民用以及其他许多工程领域中，利用 CAXA 实体设计可进行机电产品设计、金属构件和工具模具等产品设计。

❑　产品设计和包装：利用 CAXA 实体设计进行生活消费品、工业品及其包装设计。

利用 CAXA 实体设计进行产品研制的工作包括 6 个可能的阶段。

（1）创建零件

首先，根据需要选用预先确定的单独图素/零件。如果不存在，那么结合现有智能图素制作零件的基本形状，或者创建自定义图素，然后对零件的组成部分进行编辑和重定位，使其设计更加精确。

（2）创建零件的装配

有时常需要将多个零件作为装配来处理。CAXA 实体设计具有创建装配的功能，同时保持各组成部分零件原有的特性，可对它们进行添加、删除或编辑。

（3）生成零件的图形

CAXA 实体设计集成了 CAXA 电子图板的功能，完成零件或装配的创建后，可利用 CAXA 实体设计快捷、高效地根据三维实体生成二维图纸。图纸可以在单张或多张纸上由一个或多个设计环境组成，并包含所有附属的二维信息。

（4）渲染零件

创建一个三维零件后，可以对其添加色彩和表面纹理，以达到逼真效果。为了实现此目的，CAXA 实体设计提供了一系列智能渲染元素。例如，可以对零件进行镀铜光洁度处理，还可以添加一些真实性细节，如凸痕和反射等。

另外，还可以采用一系列设计环境渲染技巧来增强零件的真实感，包括多面体、光滑效果和真实感效果。高级的渲染技巧可以对零件的外观进行更多处理。

（5）对零件进行动画制作

在对零件进行动画制作时，可以使用动画设计元素库中的智能动画，或者创建自定义

动画。对于复杂的动画制作，可采用智能动画编辑器。该工具像多声道录音机一样，可以对设计环境中每一个进行动画制作的零件的位置和运动进行控制。例如，可以旋转减速机上的齿轮。

（6）零件交流

用户可以通过二维图纸、高清晰度打印、电子邮件、OLE 插入或其他技术与他人一起分享自己所设计的零件。既可以将零件导出，使其得到更广泛的应用，也可以将零件导入 CAXA 实体设计。

1.4　应用项目：减速器设计

顾名思义减速器就是用于减速的装置。电机一般输出转速高、输出扭矩小，而减速后转速低、扭矩大，可以产生更大的力量（电机功率一定时，转速与扭矩成反比）。各种用途和结构的减速器如图 1-7 所示。

图 1-7　各种减速器

1.4.1　设计要求

减速器式样繁多，应用广泛。其中包含的零部件比较齐全，包括齿轮轴、直齿圆柱齿轮、箱体和箱盖等，涉及零件建模、标准件调用、装配、渲染、动画和爆炸图等，能够比较全面地反映 CAXA 实体设计的实际应用。在本书中，将以单级直齿圆柱齿轮减速器作为应用项目贯穿始终。

减速器的设计主要包括如下内容。

- ❑ 传动方案拟定。
- ❑ 电动机的选择。
- ❑ 计算总传动比及分配各级的传动比。
- ❑ 运动参数及动力参数计算。
- ❑ 传动零件的设计计算。

❑　轴的设计计算。

❑　滚动轴承的选择及校核计算。

❑　键联接的选择及计算。

1.4.2　设计方案

在此主要针对单级直齿圆柱齿轮减速器进行设计，如图 1-8 所示。

图 1-8　单级直齿圆柱齿轮减速器

1.4.3　实施路线

为了配合 CAXA 实体设计的讲解，减速器的设计基本按照 1.3.2 节中所讲述的设计阶段进行，具体安排如下。

❑　箱体设计。

❑　大齿轮设计。

❑　装配设计。

❑　工程图生成。

❑　减速器渲染设计。

❑　减速器拆解。

❑　减速器有限元分析。

❑　数据共享。

1.5　思考与练习

1．思考题

（1）CAXA 实体设计环境主要由哪些部分组成？

（2）利用 CAXA 实体设计拖放图素是如何操作的？

（3）将多个图素组合成一个零件，在拖放图素时应注意什么问题？

（4）简述 CAXA 实体设计的各个阶段。

2．操作题

（1）通过拖放操作构建如图 1-9 所示煤气灶。

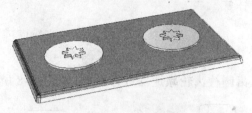

图 1-9　煤气灶

（2）通过拖放操作构建如图 1-10 所示肋板件。

图 1-10　肋板件

第 2 章 零件设计

学习目标

掌握拉伸、切割和倒圆等操作方法

掌握设计元素库的使用方法及图素的编辑方法

掌握利用标准智能图素生成零件实体造型方法

掌握智能图素的定位方式

掌握各种类型零件的设计手段

轴承座是机械中的一种常见机构,主要用于滑动轴承中轴套支撑。在构建基本实体时,可直接从设计元素库中调用图素并进行编辑,还可利用编辑智能图素的二维截面轮廓的方法生成实体造型。在智能图素定位时采用了智能捕捉和智能尺寸标注两种方法。

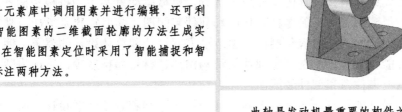

曲轴是发动机最重要的构件之一。曲轴的作用有:把连杆传来的推力变为旋转的力量(扭矩),经过曲轴、飞轮传给传动装置;带动凸轮轴、风扇、冷却水泵。曲轴的建模包括了众多的图素类型。

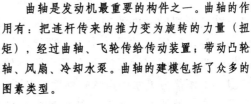

钣金件通常由金属薄板弯制而成。在进行电源盒钣金设计时,可从设计元素库的【钣金】选项卡中拖入板料,然后添加各种弯曲图素、成型图素和型孔图素等,完成钣金零件设计。

2.1 相关专业知识

机械是人类进行生产时减轻体力劳动、提高生产率的主要工具，使用机械进行生产的水平是衡量一个国家工业化水平的重要标志。在经济建设中各种不同类型的机器发挥了巨大的作用，如汽车、飞机、起重机、输送机、压力机和轧钢机等。虽然它们在用途、构造及性能上各不相同，但按照机器的构成分析，都是由一个或几个机构和动力源组成。

2.1.1 基本概念

从制造和装配的观点看，机器是由许多独立加工、独立装配的单元体组成，这些单元体称为零件。

一个构件可以是一个零件，但往往由于结构、工艺等方面的原因，构件多由几个零件组成，这些零件被刚性地连接在一起成为一个运动整体。

机构是由若干个构件通过可动联接（零件之间有相对运动的联接）而组成的具有确定运动的组合体，在机器中起着改变运动速度、运动方向和运动形式的作用。

可见机械零件是组成机器的最小单元，是加工的单元体，千姿百态的各种机械就是由各种基本零件组成，因此零件设计也就成为机械设计中一个非常重要的环节。

机械零部件设计是机械设计的重要组成部分，机械运动方案中的机构和构件只有通过零部件设计才能得到用于加工的零件工作图和部件装配图，同时它也是机械总体设计的基础。机械零部件设计的主要内容包括：根据运动方案设计和总体设计的要求，明确零部件的工作要求、性能和参数等，选择零部件的结构构形、材料和精度等，进行失效分析和工作能力计算，画出零件图和部件装配图。

CAXA 实体设计能让设计者依据创新设计的基本原则和方法创新设计产品，继而依据计算准则校核机械零件的失效、工作能力、摩擦、磨损和润滑，以及产品寿命和可靠性等指标。另外，在实际的设计中还需要选用零件材料，考虑机械零件的工艺性等。

机械产品整机应满足的要求是由零部件设计决定的，机械零部件设计应满足如下要求。

- ❑ 工作能力要求：具体有强度、刚度、寿命、耐磨性、耐热性、振动稳定性及精度等。
- ❑ 工艺性要求：加工、装配具有良好的工艺性且维修方便。
- ❑ 经济性要求：主要指生产成本要低。

此外，还要满足噪声控制、防腐性能、不污染环境等环境保护要求和安全要求等。以上要求往往互相牵制，需全面综合考虑。

机械零件的主要尺寸常常需要通过理论计算确定。理论设计计算是指根据零件的结构特点和工作情况，将其合理简化成一定的物理模型，运用理论力学、材料力学、流体力学、摩擦学、热力学和机械振动学等理论，或利用这些理论推导出设计公式、实验数据进行设计。理论设计计算可分为设计计算和校核计算两种。

2.1.2 机械零件设计分类

机械零件设计包括以下几类。

1. 联接件设计

机械是由若干零部件按工作要求以各种不同的联接方式组合而成的。实践证明，机械的损伤经常发生在联接部位，因此对机械的设计者和使用者来说，熟悉各种联接的特点与设计方法是很重要的。

根据拆卸后联接件是否被损坏，可以将联接分为可拆联接和不可拆联接。如螺纹联接、键联接、销联接等属于可拆联接；焊接和铆接等属于不可拆联接；而过盈配合可制成可拆联接或不可拆联接。此外，还可根据在工作中联接件之间能否发生相对运动，将联接分为动联接和静联接。如减速器中的滑移齿轮与轴的联接为动联接，而减速器中的齿轮与轴的联接为静联接。

联接件如图 2-1 所示。

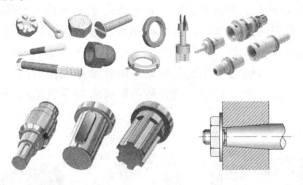

图 2-1　联接件

2. 传动件设计

带传动中所用的挠性曳引元件是各种形式的传动带，按其工作原理可将带传动分为摩擦型带传动和啮合型带传动。链传动中所用的挠性曳引元件是各种形式的传动链，通过链条的各个链节与链轮相互啮合实现传动。挠性件传动结构简单、成本低，适用于中心距较大的场合。

齿轮传动是现代机械设备中应用最广泛的一种机械传动，可以传递空间任意两轴间的运动和动力。按照工作条件可将齿轮传动分为闭式齿轮传动和开式齿轮传动；按照齿轮圆周速度可将齿轮传动分为极低速齿轮传动（圆周速度 $v<0.5m/s$）、低速齿轮传动（圆周速度 $v=0.5\sim3m/s$）、中速齿轮传动（圆周速度 $v=3\sim15m/s$）、高速齿轮传动（圆周速度 $v>15m/s$）；按照齿轮的齿廓形状可将齿轮传动分为渐开线齿轮传动、摆线齿轮传动、圆弧齿轮传动等。

传动件如图 2-2 所示。

图 2-2　传动件

3. 轴系零部件设计

轴是组成机器的一个重要零件，主要用来支承旋转零件，并传递运动和动力，如齿轮、带轮等。

按承受的载荷不同，轴可分为如下几种。

- ❑ **转轴**：工作时既承受弯矩又承受扭矩的轴，如减速器中的轴。
- ❑ **心轴**：工作时仅承受弯矩的轴。按工作时轴是否转动，心轴又可分为如下两种。
  - ○ **转动心轴**：工作时承受弯矩且转动的轴，如火车轮轴。
  - ○ **固定心轴**：工作时承受弯矩且固定的轴，如自行车轴。
- ❑ **传动轴**：工作时仅承受扭矩的轴，如汽车减速器至后桥的传动轴。

滑动轴承和滚动轴承是支承轴的部件，有时也用来支承轴上的传动件。滑动轴承在工作中轴颈与轴承孔之间形成滑动摩擦，而滚动轴承则以滚动摩擦代替了滑动摩擦。

联轴器和离合器是机械传动中常用部件，主要用来联接不同部件之间的两根轴，使其一同回转并传递转矩，有时也可用作安全装置。用联轴器联接的两根轴在机器运转时不能分开，只有在机器停车后，通过拆卸才能分离；而离合器在机器运转时，可通过操纵机构随时将两轴接合或分离。

轴系零部件如图 2-3 所示。

图 2-3　轴系零部件

4. 其他零部件设计

除了以上介绍的几种零部件，机械设备中还有很多其他常用的零部件，如图 2-4 所示。例如，弹簧是一种能储存能量的零件，可用来减震、夹紧、储能和测量等；而减速器是一种动力传达机构，可利用机构的速度转换器将马达的回转数减速到所需的回转数，并得到较大的转矩。

图 2-4　其他零部件

2.2 软件设计方法

利用三维设计软件进行实体设计时，可采用不同的图素组合方式来实现，关键是快捷、无误。例如，CAXA 实体设计采用拖放技术，将图素库中的几何形体图素通过叠加的方式组合在一起，直接得到创意的产品实体。在 CAXA 实体设计中利用 ACIS 或 Parasolid 内核生成的完整零件由 3 种智能元素构成，这 3 种元素分别介绍如下。

- ❑ 智能图素：运用标准智能图素等设计元素设计零件的结构雏形，并按结构需要对零件细节进行编辑和修改，形成符合设计要求的零件结构形状。
- ❑ 智能渲染：为更好地表现零件的真实感，可以对零件进行渲染，即通过色彩、灯光、背景的变化生成逼真的零件外观效果。
- ❑ 智能动画：某些运动零件或机构，可通过仿真形式展现零件或机构的运动状态和过程，也可通过仿真对运动零件进行干涉检查。

零件的设计过程就是组合设计元素（构建雏形）并经编辑及修改（精细修改）以逐步达到满意结果的过程。

CAXA 实体设计提供了构造零件的多种方法，其中常用的设计方法有以下几种。

- ❑ 利用 CAXA 实体设计中设计元素库的标准智能图素。
- ❑ 修改 CAXA 实体设计中设计图素库的已有智能图素。
- ❑ 生成自定义二维截面并将它们延展成三维图素。

通过选择【文件】/【输入】命令，可将其他软件中的零件输入到 CAXA 实体设计中。零件的文件格式主要分为以下两种。

- ❑ 实体零件：当输入来自 ACIS、STEP 或 IGES 格式的零件时，它们就会以实体零件的形式出现。在 CAXA 实体设计中，这些实体零件可以按智能图素的方式进行操作。利用直接表面操作，就可以对输入的零件中各个特征进行编辑。
- ❑ 多面体/曲面零件：多面体零件和曲面零件是指那些从 STL、Trimmed IGES、AutoCAD DXF、Raw Triangles、Wavefront OBJ 和 VRML 文件导入的零件。利用 CAXA 实体设计的特有功能可将封闭多面体和 IGES 模型转换成实体模型。经过转换，它们可作为实体零件进行编辑。

在 CAXA 实体设计中，可在 3 种不同的编辑状态下对零件进行修改。

- ❑ 零件编辑状态：在此编辑状态所做的修改将影响整个零件。
- ❑ 智能图素编辑状态：在此编辑状态所做的修改将只影响选择的智能图素。
- ❑ 曲面编辑状态：在此编辑状态所做的修改将只影响选择的面、边或顶点。

2.2.1 自定义智能图素

CAXA 实体设计元素库中包含的标准智能图素是进行创新设计的基础。设计中如果发现设计元素里没有所需的标准智能图素，则可以使用智能图素工具生成各种自定义图素，以满足或方便不同项目与产品的设计需求或习惯。

生成自定义智能图素的基本方法是绘制一个二维截面，然后将其延伸成三维实体，也就是传统的"点→线→面→体"三维造型。此外，也可在三维设计环境中生成自定义二维截面图素。二维截面图形是生成自定义智能图素的基础，它必须在三维设计环境中绘制，所以设计人员应了解二维截面设计，并能够对设计环境进行恰当的设置。绘制二维截面图形的工具主要包括二维绘图工具、二维约束工具、二维编辑工具和二维辅助图形工具等。

在三维实体设计环境中选择【生成】/【二维绘图】命令，即可进入二维截面设计环境，如图 2-5 所示。二维截面经过拉伸、旋转、导动和放样等三维造型，即可生成三维的智能图素。

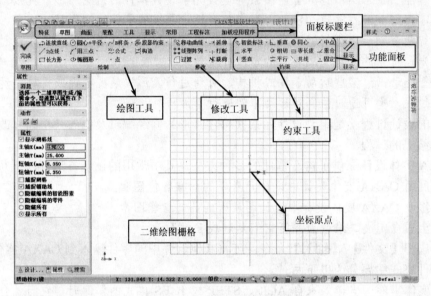

图 2-5　二维截面设计环境

1．二维截面工具

CAXA 实体设计提供了绘图、编辑、约束和辅助线 4 种二维截面工具。

❑ 【二维绘图】工具条中提供了直线、矩形、切线、圆和圆弧等多种绘图工具，如图 2-6 所示。

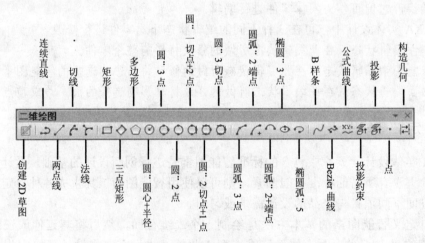

图 2-6　【二维绘图】工具条

❑ 【二维编辑】工具条为编辑二维图形提供了多种编辑和定位工具,如图2-7所示。

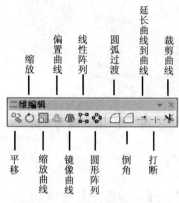

图2-7 【二维编辑】工具条

❑ 利用【二维约束】工具条(如图2-8所示)上的各种工具可对构成图形的点、线等几何元素设定约束条件。

❑ 在绘制一个复杂的二维截面时,往往需要利用辅助工具生成作为辅助参考的几何图形。利用【二维辅助线】工具条(如图2-9所示)上的各种工具可生成无限长直线或辅助图形(辅助几何图形在构建二维截面时将发挥作用)。

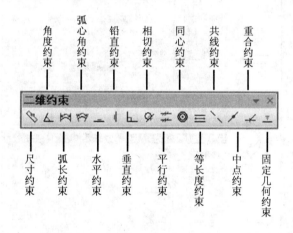

图2-8 【二维约束】工具条

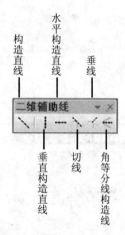

图2-9 【二维辅助线】工具条

| 实例文件 | 实例\02\垫片拉伸.ics |
| 操作录像 | 视频\02\垫片拉伸.avi |

2. 生成自定义智能图素——拉伸

CAXA实体设计可沿高度方向坐标轴拉伸封闭的二维截面线,从而生成三维拉伸特征。即使图素已经拓展成三维状态,若对所生成的三维造型不满意,仍可编辑截面或其他属性。方法是在智能图素编辑状态下选择已拉伸生成的图素,然后通过拖动不同的操作手柄来修改截面形状。

下面就应用拉伸特征构建一个垫片的三维特征,其基本外形和结构参数如图 2-10 所示。

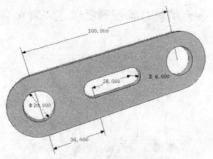

图 2-10　垫片结构参数

操作步骤

01 在【特征】功能面板中单击【拉伸向导】按钮。

02 在左侧命令管理栏的 2D 草图平面类型中选择基准点以后，设计环境中将出现拉伸特征向导。

03 按照图 2-11 所示设置所需参数，再对所绘制草图进行确认，然后单击【完成】按钮，得到垫片三维实体造型。

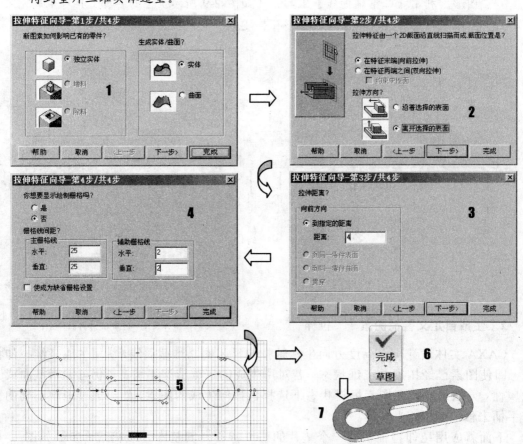

图 2-11　垫片拉伸造型

04 如果对已经生成的自定义智能图素不满意，可通过编辑二维截面其他属性对其进行修改。方法是在智能图素编辑状态下选择已拉伸生成的图素，然后拖动不同的手柄即可修改截面形状。

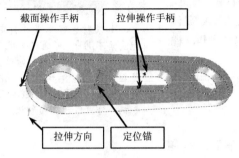

图 2-12 图素操作手柄

> ○ 提示
>
> 　　被选择的自定义智能图素上默认显示的是截面操作手柄，而不是包围盒操作手柄。对于新生成的自定义智能图素，截面操作手柄是唯一可用的手柄，如图 2-12 所示。

在智能图素编辑状态下，右击截面操作手柄，在弹出的快捷菜单中可对以下几项进行操作。

- ❏ 编辑草图截面：用于修改生成三维造型的二维截面。
- ❏ 编辑前端条件：用于指定三维设计的前端面条件，有以下几个选项。
  - ○ 拉伸距离：用于定义向前拉伸的距离值。
  - ○ 拉伸至下一个图素：用于指定完成之前，拉伸图素的前端面共需与多少个平面相交。该选项仅当把拉伸图素添加于已存在图素或零件时有效。
  - ○ 拉伸到面：用于引导拉伸图素的前端面与某一特定平面匹配。
  - ○ 拉伸到曲面：用于把图素的前端面拉伸至同一模型上的特定曲面。
  - ○ 拉伸贯穿零件：选择此命令后，可引导拉伸图素的前端面延伸并穿过整个模型。
- ❏ 编辑后端条件：用于指定图素三维造型的后端面条件，用法与上面的【编辑前端条件】相同。
- ❏ 切换拉伸方向：通过在原二维截面的平面上镜像操作，把三维造型的拉伸方向拉成反向。

要在拉伸特征生成的自定义智能图素上显示包围盒手柄，可在智能图素编辑状态的图素上单击鼠标右键，在弹出的快捷菜单中选择【智能图素属性】命令，在打开的【创新模式零件】对话框中选择【包围盒】选项卡，在其中的【显示】选项组中选中【包围盒】复选框，然后单击【确定】按钮，此时新显示的手柄开关即可切换为包围盒手柄，如图 2-13 所示。

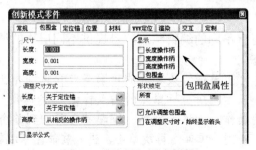

图 2-13 编辑包围盒属性

3. 生成自定义智能图素——旋转

将一条直线、曲线或一个二维截面绕旋转轴旋转，可生成旋转特征的自定义智能图素。圆柱、圆锥、圆球和圆环都可通过旋转特征工具生成。CAXA 实体设计规定，在旋转特征中，旋转轴不必单独画出，栅格上的坐标轴 Y 即为内定的旋转轴线。

下面以绘制手柄为例介绍旋转特征的生成步骤。

> 实例文件　　实例\02\旋转.ics
> 操作录像　　视频\02\旋转.avi

○ **注意**

如果对已经生成的自定义智能图素不满意，可通过编辑二维截面的其他属性对其进行修改。方法是在智能图素编辑状态下选择已旋转生成的图素，然后拖动不同的手柄，即可修改截面形状。

操作步骤

01 在【特征】功能面板中单击【旋转向导】按钮 📷。

02 在左侧命令管理栏的 2D 草图平面类型中选择基准点以后，设计环境中将出现旋转特征向导。

03 按照图 2-14 所示设置所需参数，再对所绘制草图进行确认，然后单击【完成】按钮 ✔，即可得到手柄三维实体造型。

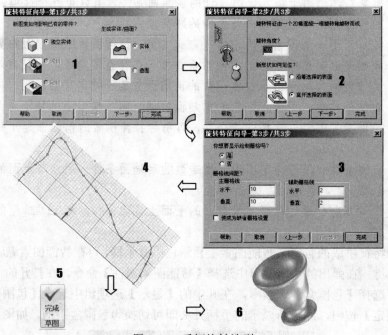

图 2-14　手柄旋转造型

零件在设计过程中可有不同的编辑状态，可提供不同层次的编辑或修改。通过鼠标单击可进入零件的 3 种状态。

- ❏ 零件状态。在零件上单击，该零件的轮廓将被青色加亮（注意，零件的某一位置会同时显示一个表示相对坐标原点的锚点标记）。此时便已进入零件编辑状态，在这一状态进行的操作，如添加颜色、纹理等会影响到整个零件。
- ❏ 智能图素状态。在同一零件上再次单击，进入智能图素编辑状态。在这一状态下系统显示出 1 个黄色的包围盒和 6 个方向的操作手柄；在零件某一角点显示的蓝色箭头用于表示生成图素时的拉伸方向；此外，还有一个手柄图标，表示可以拖动手柄修改图素的尺寸。

- ❑ 线/表面状态。在同一零件的某一表面上再次单击，这时表面的轮廓将被绿色加亮，进入选中表面的编辑状态。这时进行的任何操作只会影响选中的表面。对于线有同样的操作与效果。

实例文件	实例\02\扫描.ics
操作录像	实例\02\扫描.avi

4. 生成自定义智能图素——扫描

扫描特征生成自定义智能图素的方法是：将二维截面沿一条指定的扫描轨迹曲线运动，从而生成三维实体。扫描轨迹曲线可以是一条直线、一条 B 样条曲线或一条圆弧线。扫描特征生成的自定义智能图素的两端表面形状完全一样，所以需要完成二维截面和一条导向的曲线设计。

操作步骤

01 在【特征】功能面板中单击【扫描向导】按钮。

02 在左侧命令管理栏的 2D 草图平面类型中选择基准点以后，设计环境中将出现扫描特征向导。

03 按照图 2-15 所示设置所需参数，再对所绘制草图进行确认，然后单击【完成】按钮，即可得到三维实体。

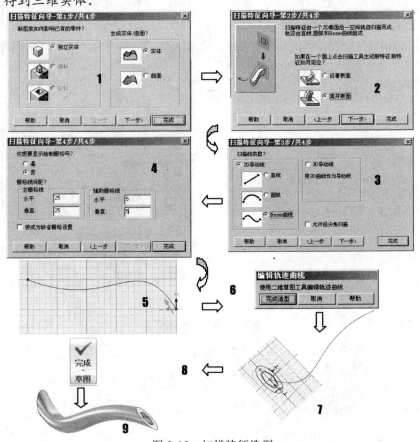

图 2-15　扫描特征造型

实例文件　实例\02\放样.ics
操作录像　实例\02\放样.avi

5. 生成自定义智能图素——放样

放样设计的对象是多重截面，并且每一个截面都需要重新设定尺寸，这是与扫描意义完全不同的。

操作步骤

01 在【特征】功能面板中单击【放样向导】按钮。

02 在左侧命令管理栏的 2D 草图平面类型中选择基准点以后，设计环境中将出现放样造型向导。

03 按照图 2-16 所示步骤设置所需参数，对绘制草图确认后，单击【完成】按钮✔，即可得到三维实体。

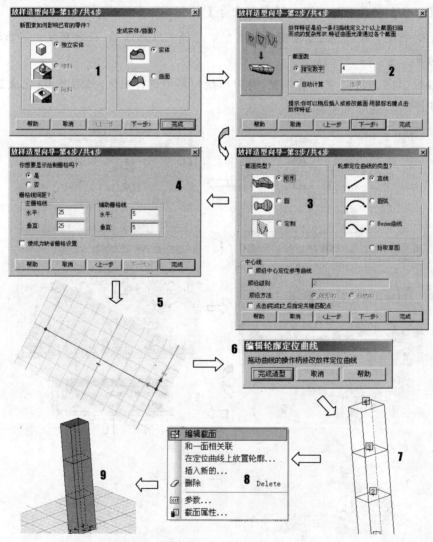

图 2-16　放样特征造型

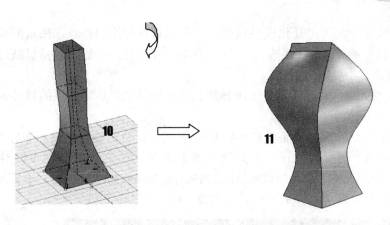

图 2-16 放样特征造型（续）

单击放样图素使其处于智能图素编辑状态，图素上出现截面序号。单击鼠标右键，在弹出的快捷菜单中选择相应的命令，可对放样实体进行编辑，如图 2-17 所示。

在智能图素编辑状态下，可进一步编辑放样特征设计中的截面。选中想编辑的截面的相应手柄，此时编号手柄消失。将鼠标移至截面边缘，即可看到熟悉的四方形轮廓截面操作手柄，拖动四方形截面操作手柄，便可放样图素该截面轮廓。

图 2-17 放样特征造型修改

2.2.2 调用设计元素库

传统的参数化三维零件设计都要先作草图，然后通过对草图的增删得到不同特征的三维实体。在 CAXA 实体设计的设计环境中依然可通过草图来建立实体，如上节所述各种方法。但作为 CAXA 实体设计的核心技术，用所谓"智能图素库"的方法来建立或生成实体会比草图方法更加便捷和高效，而且修改和编辑起来也会更加方便和直观，如图 2-18 所示。

图 2-18 设计元素库

将不同类型的设计元素集中并按顺序排列在一起，然后加上便于操作的导航按钮、选项卡、滚动条和一些打开的图素就构成了设计元素库。利用设计元素库可访问 CAXA 实体设计系统中所包含的各种图素资源。

CAXA 实体设计的智能图素实际上是可以进行动态或实时编辑的几何实体或模型，由于对它的编辑或修改完全基于可视化或参数驱动，所以具有智能的特点。图素的范围从常见的几何实体（如长方形或椎体）到复杂的自由曲面应有尽有，当然也包括机械设计的标准件和三维/二维的美术字体。

在 CAXA 实体设计中，设计元素是实现拖放式操作的基础。系统提供的设计元素有如下两类。

❑ 标准设计元素：标准设计元素在运行 CAXA 实体设计的默认状态时即存在。
❑ 附加设计元素：选择【设计元素】/【打开】命令，在打开的 CAXA 文件安装目录中找到 "\CAXA\CAXA IRONCAD\2009\AppData\zh-cn\Catalogs" 子目录，即可看到标准安装时没有打开的元素，如图 2-19 所示。

图 2-19　附加设计元素

大多数情况下，实体设计都采用"搭积木"的方法将一个个设计元素组合在一起形成一个复杂零件或一件产品。标准智能图素是 CAXA 实体设计中最常用、最基本的图素，经常用来构建基本的形体和机构。标准智能图素又分为"图素"和"高级图素"两种。"图素"多属规则和简单立体，其图标和名称如图 2-20 所示；而"高级图素"常用于型材和复杂立体机构，其图标和名称如图 2-21 所示。

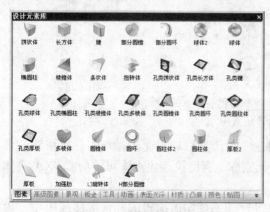

图 2-20　设计元素库图素

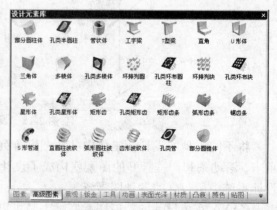

图 2-21　设计元素库高级图素

拖放式操作每次只能拖放一个设计元素，但在设计工作区内可拖放若干个设计元素。被拖放到设计环境中的设计元素还可以添加颜色和纹理等渲染内容。如图 2-22 所示是直接从设计元素库中拖出的未渲染的斜齿圆柱齿轮。为了给齿轮增加金属纹理，可用鼠标左键从"金属"设计元素属性中拖出一个金属纹理并将其释放到齿轮上。此时，齿轮外观就具有了金属纹理的真实感效果，如图 2-23 所示。

图 2-22　未渲染的齿轮　　　　　　　　图 2-23　渲染后的齿轮

标准智能图素分为增料图素和减料图素两大类。所谓增料图素，是指采用增加材料的方法生成的一些基本几何形体；减料图素是指在原有实体上通过减除材料生成的孔、洞和槽等具有某种特定含义的形状特征。

如从设计元素库中的【图素】选项卡中向设计环境中拖入"圆柱体"，再向"圆柱体"拖入"圆柱体"时即是增料；若接着拖入"孔类圆柱体"，即是减料，如图 2-24 所示。

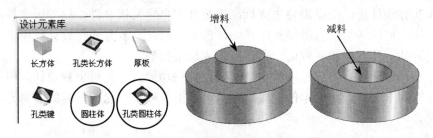

图 2-24　图素增料、减料

2.2.3　曲面零件设计

CAXA 实体设计提供了多达数十种曲面生成工具，其共同点是先要共建空间的截面轮廓线，然后按特定的规则使空间的截面线运动生成三维曲面；对于较复杂的情况，也可直接在已经构造的空间线框上蒙上表面生成曲面。

CAXA 实体设计提供灵活的曲面设计手段，可以通过直纹面、旋转面、导动面、放样面、边界面、网格面以及曲面过渡、裁剪等多种方式生成所需曲面，设计各种复杂零件的表面。其增强的 3D 空间曲线的设计编辑功能，可帮助用户绘制出真正的空间曲线，完成更多复杂形状的设计，如图 2-25 所示。

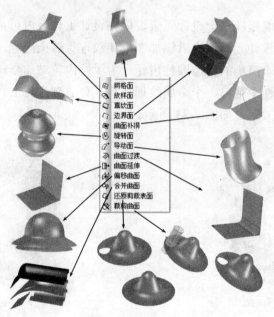

图 2-25　曲面生成方法

2.2.4　钣金零件设计

钣金件是对金属板料通过剪裁、冲压等加工手段获得的零件。在越来越注重时尚流线外形和一次性快速成型加工的高度工业时代，板料成型与钣金设计有着非同寻常的应用。

CAXA 实体设计可以根据需要生成标准钣金件和自定义钣金件。标准钣金件的设计同其他设计一样，可以从基本智能图素库开始，也可由通过拖放方式在设计环境中拖入板料或弯曲板料开始，然后添加各种曲、孔、缝和成型结构等。

CAXA 实体设计具有生成标准和自定义钣金件的功能。零件可单独设计，也可在一个已有零件的空间中创建。初始零件生成后，就可利用各种可视化、精确的编辑方法按需要进行自定义。

1．钣金设计默认参数设置

钣金件设计从基本智能图素库开始，在定义了所需钣金零件的基本属性之后，就可用两个基本钣金坯料之一开始设计，其他的智能设计元素可添加到初始坯料之上。然后，零件及其组成图素就可通过各种方式进行编辑，编辑方式包括菜单命令、属性对话框和编辑手柄或按钮。

在开始钣金件设计之前，必须定义某些钣金件默认参数，如默认板料、弯曲类型和尺寸单位等。

操作步骤

01　选择【工具】/【选项】命令，在弹出的【选项】对话框中选择【钣金】/【板料】选项卡。

02　（缺省钣金零件板料）列表框中列出了 CAXA 实体设计中所有可用的钣金毛坯的型号。利用滚动条浏览该列表并从中选择合适设计的板料型号，如图 2-26 所示。

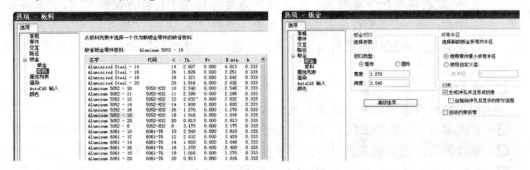

图 2-26　钣金材料和属性设置

03　选择【钣金】选项卡（如图 2-26 所示），在其中可设定钣金切口类型、切口的宽度和深度以及折弯半径，这些设定值将作为新增弯曲图素的默认值；此外，可指定成型及型孔的约束条件。在设定了成型和型孔约束条件后，新加入成型或型孔图素时系统将自动弹出约束对话框，而且成型或型孔图素会自动建立对弯曲图素、板料图素、顶点图素和倒角图素之间的约束。

04　设置钣金件新增弯曲图素的默认切口或弯曲半径的值，然后单击【确定】按钮。

05　从【设置】菜单中选择单位。

完成上述设定后，即可以钣金设计元素库为起点，利用 CAXA 实体设计进行钣金件设计。

2．钣金图素的应用

钣金零件的设计元素库包括以下几类，如图 2-27 所示。

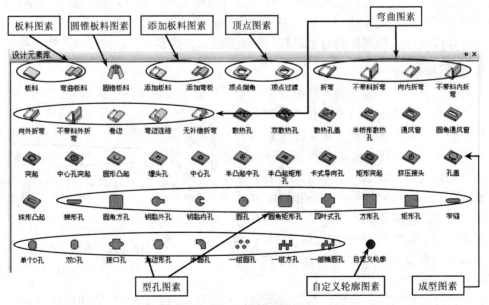

图 2-27　钣金图素分类

□ 板料图素：包括"板料"、"弯曲板料"和"圆锥板料"。"板料"图素是添加其他钣金件进行设计工作的基础；"弯曲板料"图素用于生成具有平滑连接拉伸边的钣金件。"板料"和"弯曲板料"之间的主要区别在于拉伸方向的不同，"板料"在厚度方向拉伸，"弯曲板料"则在垂直于厚度方向拉伸。"圆锥板料"图素用于创建能够展开的圆柱或圆锥钣金零件。目前，"圆锥板料"除了能进行切割操作外，暂时无法进行其他操作。

□ 添加板料图素：包括"添加板料"和"添加弯板"两项。这些图素可根据需要添加到板料图素或在其中增加其他图素并使图素弯曲延展。

□ 顶点图素：图素以三色图标显示，用于在平面板料的直角边上生成倒圆角或倒角。

□ 弯曲图素：图素以黄色显示，用于添加到平面板料上需要折弯的地方。

□ 成型图素：图素以绿色显示，代表通过生产过程中的压力加工操作产生的典型板料变形特征。

□ 型孔图素：图素以蓝色图标显示，表示冲压加工的冲孔或落料。

□ 自定义轮廓图素：显示为一个深蓝色图标。自定义轮廓图素释放到某个零件或板料图素上后，其轮廓即可由用户编辑。

利用 CAXA 实体设计，可把钣金件作为一个独立零件进行设计，也可把钣金件设计在已有零件的适当位置上。尽管总可以在以后把一个独立零件添加到现有零件上，但是有时在适当位置设计往往更容易、更快，并且可利用相对于现有零件上参考的智能捕捉反馈进行精确尺寸设定。若要对独立零件进行精确编辑，就必须进入编辑对话框并输入合适的值。

2.2.5 高级零件设计

所谓高级零件设计就是在基本零件设计的基础上，综合运用 CAXA 实体设计提供的各种独特功能进行结构更为复杂的零件设计。通过高级零件的设计，将使操作者掌握特殊形态零件的设计方法和操作技巧，为实现不同类型的产品设计打下坚实基础。

高级零件设计包括零件的布尔运算、智能标注、参数设计、零件分割和物理特性计算。

1. 布尔运算

在某些情况下，将独立的零件组合成一个零件或从其他零件中提取一个零件可能是一种很好的选择。组合零件或从其他零件提取一个零件的操作称为布尔运算。在【特征】/【修改】菜单中单击◎按钮，可进行布尔运算。

布尔运算是对两个独立的零件的运算，因此，如果是属于同一零件的两个不同图素，则不能进行布尔运算。如图 2-28 所示的长方体 A 和圆柱体 B 同属于零件 1，不能进行布尔运算；而长方体 B 和零件 2 中圆柱体 C 分别属于两个零件，就可进行布尔运算。

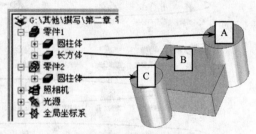

图 2-28　布尔运算

布尔运算包括布尔加运算、布尔减运算、布尔交运算。CAXA 实体设计 2007 之前的版本，只有"布尔运算设置"和"布尔运算"这两个选项。在创新设计中进行布尔运算的过程如图 2-29 所示。

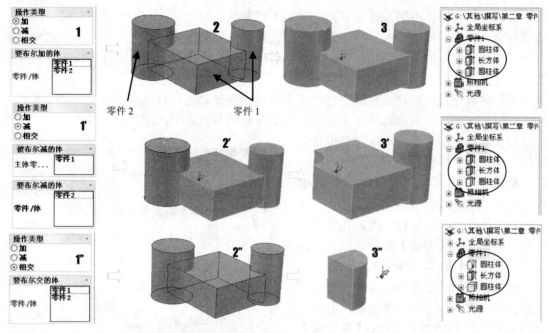

图 2-29　布尔运算

2．智能标注

利用智能标注工具可以在图素或零件上标注尺寸、约束不同图素或零件上两点之间的距离。如果零件设计中对距离或角度有精确度要求，就可以采用 CAXA 实体设计的智能标注工具定位，使用三维尺寸驱动定位。

利用智能尺寸可以显示图素或零件棱边的标注尺寸，或不同图素或零件上两点之间的距离。所有智能尺寸的标注都可以通过【智能标注】工具条（如图 2-30 所示）来完成。

CAXA 实体设计提供了 6 种智能标注工具，用于标注尺寸或约束零件之间的距离。其中，"水平标注"、"垂直标注"和"角度标注"等类型的智能尺寸可用于长方体图素；"半径标注"和"直径标注"智能尺寸适合于圆柱形图素。

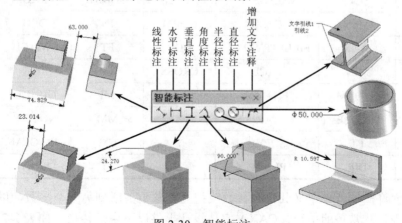

图 2-30　智能标注

3．参数设计

CAXA 实体设计中的参数化设计主要用于在参数之间建立关联关系。通过参数化设计，能够便捷地建立零件的基本参数之间的数学关系，只要改变其中一个参数尺寸，就可以对应改变有关联关系的其他参数尺寸。另外，通过参数化设计建立的新零件的图素库，可以非常方便地设计出系列化产品。

进行参数化设计时，需要用到自定义表达式，并使表达式与包围盒参数连在一起。表达式可以添加到显示所有系统定义及底层定义参数的参数表中，使底层可以生成和自定义一些参数，以便更有效地修改零件设计，同时又满足特定的底层要求。

参数表可以应用于设计环境、装配件、零件、形状或轮廓等。

在工作区内单击鼠标右键，在弹出的快捷菜单中选择【参数】命令，即可打开【参数表】对话框，如图 2-31 所示。

用户也可通过选择某一零件、形状或装配件等操作对象，然后单击鼠标右键得到参数表。选择的对象不同，【参数表】对话框中显示的内容也不完全相同。

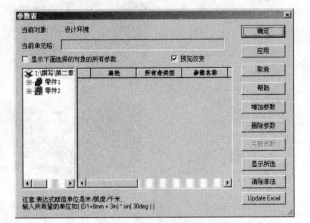

图 2-31 【参数表】对话框

在【参数表】对话框中，各栏分别显示了路径、参数名称、表达式、值、单位和注释等。

实体设计中的参数有用户定义型和系统定义型两大类。用户定义型参数由操作者利用【参数表】对话框中的【增加参数】按钮生成；而当操作者在三维形状/零件上生成锁定智能尺寸、在二维轮廓几何图形上生成约束尺寸或在设计环境中生成有/无约束装配尺寸时，系统将自动生成系统定义型参数。

CAXA 实体设计系统保留的参数名如表 2-1 所示。

表 2-1　系统保留参数名

PI	SQR	VALTOSTR	VEC	CONST	RAD	PTPTDIST
ABS	IF	CELL	NORM	IN	DEG	ATAN2
SIN	MAX	FILLETPVALUE	DOT	FT	SWITCH	POS
COS	MIN	FACE	CROSS	YD	INT	ROTVY
TAN	XFORM	ENTITY	PERP	MI	GUARD	
ASIN	FRAME	PAR	X	MM	NOTIFY	
ACOS	PT	SOLVE	Y	CM	IXFORM	
ATAN	DIR	PLANE	Z	M	SQRT	

表达式允许操作者自定义其已有参数或把一个参数关联到另一个参数，以加快设计速度。为确定表达式常量的单位，CAXA 实体设计提供以下内部转换，如表 2-2 所示。

表 2-2　表达式常量的单位转换

单位名称	将常量转换到	用法举例	单位名称	将常量转换到	用法举例
in	英寸	$X+1.5in$	cm	厘米	$X+40cm+Y*2$
ft	英尺	$X*2+50ft$	m	米	$Z-0.5m$
mi	美国法定英里	8.5 ft+8mi	deg	度	PIO/180deg
mm	毫米	$Y/13mm$	rad	弧度	25rad

4．零件分割

可通过两种方法分割选定的零件，即利用默认分割图素分割零件和利用另外一个零件来分割。在分割操作中，CAXA 实体设计提供如下功能。

❑ 将一个零件分割成两个独立的部分。

❑ 隐藏零件或装配件的一部分以增加体系的性能。

❑ 允许对同一零件的不同独立部分同时进行操作，从而实现协同设计。

在创新模式下选择零件后，可从【特征】功能面板的【修改】栏中单击【分裂零件】按钮，或选择【修改】/【分裂零件】命令进行零件分割操作，零件分割效果如图 2-32 所示。

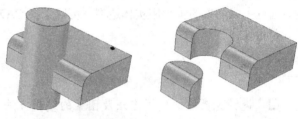

图 2-32　零件分割

5．物理特性计算

利用 CAXA 实体设计的物性计算功能，可测算零件和装配件的表面积、体积、质量和转动惯量等物理特性。

首先在设计环境中生成一个零件，然后用鼠标选中该零件，选择【工具】/【物性计算】命令，弹出如图 2-33 所示【物性计算】对话框。

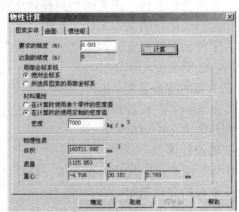

图 2-33　零件物性计算

在该对话框中输入【要求的精度】和【在计算时的使用定制的密度值】，单击【计算】按钮，稍后即可得到计算结果。

在【物性计算】对话框中的【曲面】和【惯性矩】选项卡中,其操作方法基本与上述相同。

2.3 实例分析

零件设计是产品设计和创新的基础,其优劣关乎产品的成败。下面将介绍 3 个典型零件造型,其中轴承座主要介绍了调用设计元素库构建造型及相关定位方法;曲轴主要介绍二维绘图工具、约束工具及编辑工具的使用方法;电源盒主要介绍钣金零件的设计。

2.3.1 轴承座

| 实例文件 | 实例\02\轴承座.ics |
| 操作录像 | 实例\02\轴承座.avi |

设计目标

轴承座(如图 2-34 所示)用于支撑和固定轴承,也可承受轴上的载荷。轴承座可分为左右结构、上下结构和整体结构。通过生成简单的轴承座实体造型,可以掌握 CAXA 实体设计常用设计技巧。

图 2-34 轴承座

技术要点

❏ 设计元素库的使用方法及图素的编辑方法。
❏ 直接利用标准智能图素生成零件的实体模型。
❏ 利用编辑智能图素的二维截面轮廓的方法生成实体造型。
❏ 智能图素的两种定位方式:智能捕捉(可视化定位)和智能尺寸标注(精确定位)。

设计过程

(1)建立底板

将设计元素库中"长方体"图素添加到设计环境中,编辑图素的尺寸,使用边过渡功能倒出两侧圆角,形成底板的基本形状。利用"孔类圆柱体"图素生成底板两侧通孔,利用智能标注将其定位到正确位置。利用"孔类厚板"图素,使用智能捕捉定位方法,将其定位在底面中心,去除底板的多余部分,生成完整的底板实体造型。

(2)建立支承板的基本造型

将"厚板"图素附着在底板背面,编辑图素的尺寸,形成支承板的基本造型;使用智能标注手段,将其定位在正确位置。

(3)建立孔类圆柱体

利用"圆柱体"图素,经尺寸编辑和抽壳特征,形成孔类圆柱体的实体造型。

(4)建立支承板的完整造型

利用已有的底板和孔类圆柱体的尺寸和位置,编辑支承板的二维截面轮廓,形成支承板的完整造型。

(5)建立肋板

将"厚板 2"图素附着在底板顶面,经调整尺寸形成肋板后部,同样方法形成其基本形状，经编辑二维截面轮廓，生成肋板前部，形成肋板的完整造型。

操作步骤

操作过程如图 2-35 所示。

01 选择【文件】/【新文件】命令，在弹出的【新建】对话框中选择【设计】选项，单击【确定】按钮，打开【新的设计环境】对话框，从中选择【空白设计环境】，单击【确定】按钮，进入三维设计环境。

02 将鼠标移至设计环境右侧【设计元素库】工具条，单击并拖动"长方体"图素 至设计环境中。此时长方体以蓝绿色加亮显示，表示该零件处于激活状态。单击【显示设计树】按钮 ，在设计环境左侧将显示设计树。

03 再次单击长方体，图素上显示黄色亮显的包围盒和 6 个图形操作柄，表示图素处于编辑状态。利用操作柄可直观而准确地重新设定选定的智能图素的尺寸。

04 将鼠标移至包围盒顶部操作柄处，直到指针变成带双向箭头的小手形状，单击鼠标右键，在弹出的快捷菜单中选择【编辑包围盒】命令，在弹出的对话框中输入如图 2-35 所示数值，单击 确定 按钮。

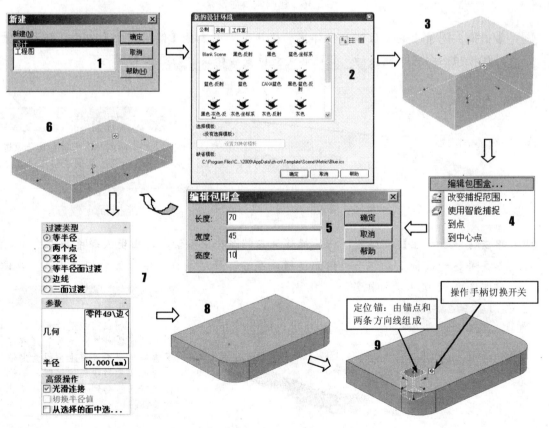

图 2-35　操作步骤

05 单击【圆角过渡】按钮，对两个边进行圆角过渡。

06 从设计元素库中拖曳"孔类圆柱体"图素◇到支座底板上表面，该面将以绿色显示，将图素放置在其大概位置。

07 在图素下方操作柄上右击，在弹出的快捷菜单中选择【编辑包围盒】命令，在弹出对话框中的【高度】文本框中输入"10"，如图 2-36 所示。

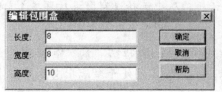
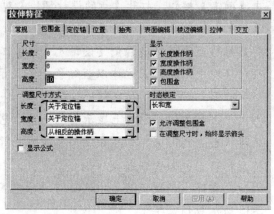

○ **注意**

标准智能图素的尺寸调整基准由【包围盒】选项卡中的【调整尺寸方式】选项组确定。

图 2-36　包围盒属性设置

08 右击圆孔图素上的定位锚，在弹出的快捷菜单中选择【链接到此】命令，拖动图素沿底板顶面向另一侧移动，到达其大概位置后释放，如图 2-37 所示。

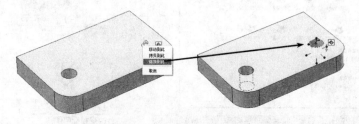

○ **提示**

"链接到此"是指生成与原造型始终相同的复制造型。修改原造型时，链接造型将自动更新。

图 2-37　链接圆孔图素

09 单击【线性标注】按钮，将鼠标移至左侧圆孔中心位置，出现浅绿色亮显的圆点；单击并拖动鼠标至左侧面，该面呈绿色亮显，释放鼠标，编辑智能标注尺寸。具体按照图 2-38 所示进行操作。

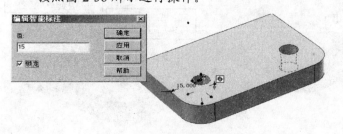

○ **提示**

智能标注可应用于点、线、面之间的各种尺寸关系，只有在图素编辑状态且将主控图素定位于其他图素时才能被编辑，其他情况下只能起到测量作用，不能被编辑。

图 2-38　智能标注

10 定义左侧圆孔与前侧面的距离为 15。同理，定义右侧圆孔的位置。定义完毕后如图 2-39 所示。

11 旋转底板至背面可见；从设计元素库中拖动"厚板" 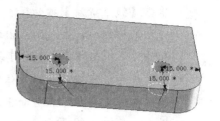 至图素背面，直到图素背面绿色亮显，释放鼠标；拖动包围盒操作柄，调整包围盒尺寸至支承板大概尺寸；在此图素上单击鼠标右键，在弹出的快捷菜单中选择【切换拉伸方向】命令，如图 2-40 所示。

图 2-39　定义右侧孔位置

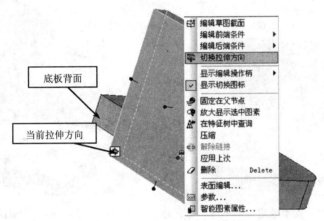

图 2-40　生成支承板位置

12 在设计环境中单击鼠标右键，在弹出的快捷菜单中选择【显示】/【设计环境设置】命令，在弹出的【设计环境属性】对话框中选择【显示】选项卡；选中【包围盒尺寸】复选框，以在图素编辑状态下显示包围盒尺寸；取消选中【智能标注】复选框，单击【确定】按钮结束。在支承板操作柄上单击鼠标右键，然后按照图 2-41 所示进行调整。

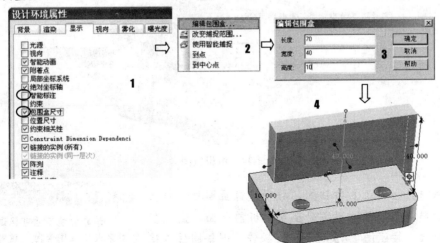

图 2-41　编辑包围盒

13 单击【线性标注】按钮，将鼠标移至支承板顶面，直至出现浅绿色亮显；单击并拖动鼠标到底板上表面，出现浅绿色亮显时释放鼠标；调整距离为 40，标注支承板与底板左侧面距离为 0，对支承板进行完全定位，如图 2-42 所示。

14 从设计元素库拖动"圆柱体" 到支承板前表面的顶面线中点位置，出现绿点，调整位置，直至在绿点后面出现更大、更亮的圆点时释放鼠标，将圆柱体附着在支承板上，如图 2-43 所示。

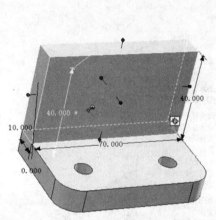

图 2-42　支承板定位

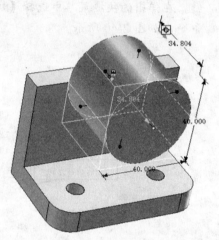

图 2-43　生成圆柱体

15 移动鼠标至包围盒尺寸的显示位置，指针变为小手形状，单击鼠标右键，在弹出的快捷菜单中选择【编辑包围盒】命令，按照图 2-44 所示输入相应数值。

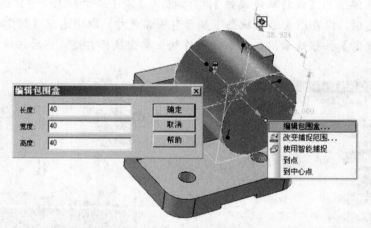

图 2-44　编辑包围盒

16 单击【线性标注】按钮，移动鼠标至圆柱体前表面，待亮显后单击并拖动至支承板前表面，出现智能标注。按照图 2-45 所示进行操作，调整圆柱体相对位置。

> **○ 提示**
>
> 　　锁定智能尺寸可保证在编辑图素或定位图素时，该智能尺寸的值不发生变化。

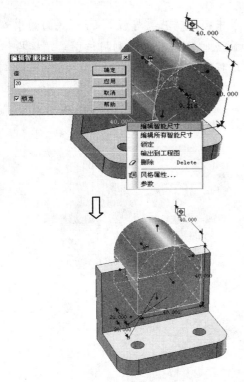

图 2-45　圆柱体定位

○ 提示

水平标注、垂直标注和角度标注等类型的智能尺寸可用于长方体图素，并可按照前一示例中的线性标注相同的方式编辑。半径标注和直径标注智能尺寸适用于圆柱形图素，其功能也类似于线性标注。

17 在圆柱体图素上单击鼠标右键，在弹出的快捷菜单中选择【智能图素属性】命令，在打开的【拉伸特征】对话框中选择【抽壳】选项卡，按照图 2-46 所示进行操作。

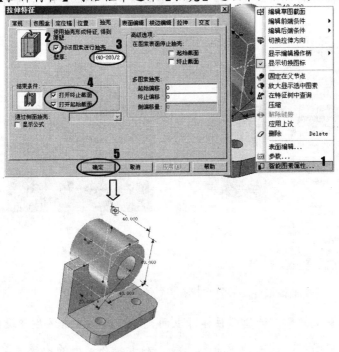

图 2-46　圆柱体抽壳

18 旋转零件至底面可见；从设计元素库中拖曳"孔类厚板" 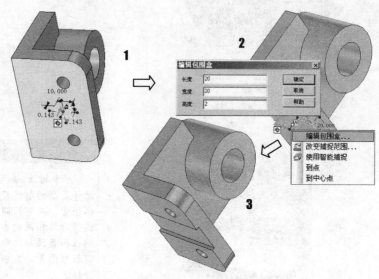到底面的中心位置，直到在深绿色点后出现更大、更亮的圆点时释放鼠标；利用该图素顶端操作柄调整包围盒尺寸，进而调整其位置，操作过程如图 2-47 所示。

图 2-47　底板开槽

19 单击支承板以激活该图素，然后单击鼠标右键，在弹出的快捷菜单中选择【编辑草图截面】命令，出现构成图素的二维截面轮廓；单击【指定面】按钮 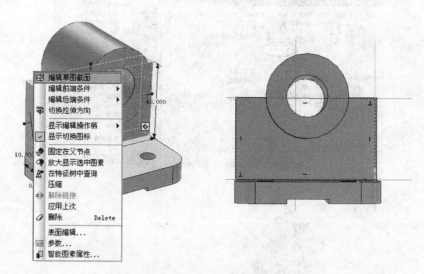，单击绘图曲面上任一点，将视角正对二维截面轮廓的绘制平面，如图 2-48 所示。

图 2-48　编辑支承板

20 单击【投影】按钮 ，选择圆柱体外表面交线，再次单击该按钮退出。

21 选择支承板顶面线，该曲线呈黄色亮显；右击，在弹出的快捷菜单中选择【删除】

命令删除该曲线，此时截面轮廓的断点处以红点指示，如图 2-49 所示。

22 将鼠标移至断点处，当指针变为小手形状时，单击并拖动断点与圆相切的位置，当出现一对平行线标志时释放鼠标，直线与圆在交叉点处相切；利用同样方法调整另一条直线，如图 2-50 所示。

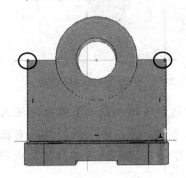 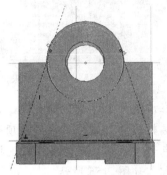

图 2-49　删除支承板顶面线　　　　　　　　　　　图 2-50　调整支承板

23 单击【裁剪】按钮 ✻，将鼠标移至圆的顶部，待该段曲线绿色亮显时，单击即可裁剪该段曲线。在【编辑截面】对话框中单击 ✔ 按钮，完成对支承板截面轮廓的编辑，如图 2-51 所示。

24 从设计元素库中拖曳"厚板 2" ▱ 到底板顶面，拖曳操作柄至肋板后半部分的大概尺寸，调整厚度为 10，标注其前表面与圆柱体前表面距离为 2 并锁定该值，如图 2-52 所示。

图 2-51　编辑支承板形状　　　　　　　　　　　图 2-52　添加支撑块

25 单击【线性标注】按钮 ✎，将鼠标移至该图素前表面中心位置，出现绿色反馈，表示已捕捉到该面中心；单击并拖动鼠标至底板左侧面，编辑其值为 40，并锁定该值；再次激活该图素，在其背面操作柄上单击鼠标右键，在弹出的快捷菜单中选择【到点】命令，单击支承板前表面任意位置，如图 2-53 所示。

26 从设计元素库中拖曳"厚板" ▱ 到肋板的左侧面，在该图素上单击鼠标右键，在弹出的快捷菜单中选择【切换拉伸方向】命令；利用相应操作柄的【到点】功能，使该图素的右面和底面分别与肋板右面和底板顶面对齐；利用图素操作柄，调整包围盒长度为 10、宽度为 16，如图 2-54 所示。

CAXA 实体设计 2009 行业应用实践

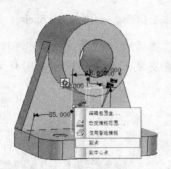

图 2-53　调整支撑块

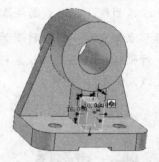

图 2-54　添加前端支撑块

27 在该图素上单击鼠标右键，在弹出的快捷菜单中选择【编辑截面】命令，进入截面编辑状态。删除二维截面顶部直线，拖曳右侧红色断点至左侧直线顶端，当出现绿色十字的捕捉反馈后释放鼠标。在【编辑截面】对话框中单击 ✔ 按钮，生成肋板前部，如图 2-55 所示。

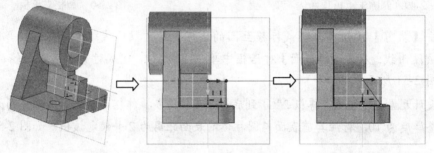

图 2-55　编辑前端支撑块

28 仔细检查确认无误后，整个轴承座设计工作完成，效果如图 2-56 所示。

2.3.2　曲轴设计

| 实例文件　实例\02\曲轴.ics |
| 操作录像　实例\02\曲轴.avi |

图 2-56　轴承座效果图

设计目标

　　曲轴是发动机最重要的构件之一，用于与连杆配合将作用在活塞上的气体压力变为旋转的动力，传给底盘的传动机构。曲轴一般由前端轴、正时齿轮、主轴颈、连杆轴颈、曲臂和平衡铁等组成，如图 2-57 所示。

图 2-57　曲轴

技术要点

- ❑ 为三维造型生成二维截面。
- ❑ 二维绘图工具的使用方法。
- ❑ 二维约束工具的使用方法。
- ❑ 二维编辑工具的使用方法。
- ❑ 螺纹的造型方法。

设计过程

（1）创建主轴颈、正时齿轮轴颈

使用"圆柱体"标准智能图素，经编辑尺寸生成主轴颈、正时齿轮轴颈的实体造型。

（2）创建配重块及曲臂

绘制配重块的二维截面轮廓，使用拉伸特征生成配重块实体；绘制曲臂除料的二维截面，使用扫描除料特征生成曲臂。

（3）倒角及过渡

使用倒角与过渡的线、面编辑方法，对曲臂的部分棱边进行光滑处理。

（4）创建连杆轴颈

使用"圆柱体"标准智能图素，经编辑生成连杆轴颈实体。

（5）创建另一侧曲臂及主轴颈

利用三维球工具生成曲臂的链接造型及主轴颈的复制造型。

（6）创建飞轮轴颈

使用"圆柱体"标准智能图素，经尺寸编辑和图素属性修改生成拔模特征，形成飞轮轴颈的实体造型。

（7）创建键槽

使用"孔类键"标准智能图素，去除材料生成键槽。

（8）创建油孔

使用"孔类圆柱体"智能图素，生成除料油孔；使用三维球工具将其定位到正确位置；调整长度尺寸，生成通孔。

（9）创建外螺纹

使用"齿形波纹体"标准智能图素，编辑生成外螺纹特征。

（10）创建中心孔

使用"孔类圆柱体"标准智能图素，经尺寸编辑，在曲轴两端面上生成中心孔。

操作步骤

01 从设计元素库中拖曳"圆柱体"标准智能图素到设计环境中，两次单击圆柱体，进入图素编辑状态，调整包围盒尺寸，如图 2-58 所示，从而生成正时齿轮轴颈。

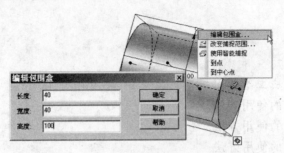

图 2-58　生成正时齿轮

02 旋转鼠标滚轮，动态缩放零件至合适大小，同时按下 Shift 键和鼠标中键，平移零件至合适位置。

03 从设计元素库中拖曳"圆柱体"标准智能图素到圆柱体表面，利用智能捕捉功能，将其定位到圆柱体中心位置。在图素编辑状态下调整圆柱体图素尺寸至图 2-59 所示大小，生成右侧主轴颈。

图 2-59　生成右侧主轴颈（一）

04 拖曳"圆柱体"智能图素到零件右侧表面中心，调整包围盒尺寸，如图 2-60 所示。

图 2-60　生成右侧主轴颈（二）

05 拖曳"圆柱体"智能图素到零件右侧表面中心，调整包围盒尺寸，如图 2-61 所示。

图 2-61　生成右侧主轴颈（三）

06 单击【拉伸向导】按钮，在左侧命令管理栏【平面类型】中选择【点】选项，拾取右侧圆形表面中心开始拉伸。在【拉伸特征向导】对话框中选中【增料】单选按钮，拉伸距离设置为 30，单击 完成 按钮，进入二维截面绘制状态。

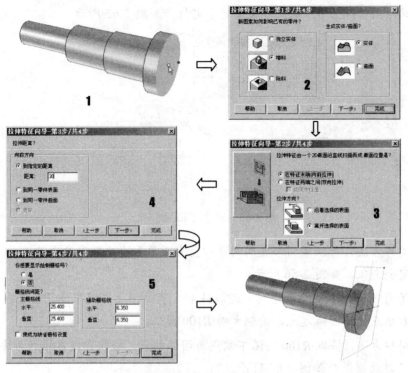

图 2-62　构建拉伸特征

07　单击【指定面】按钮🔲，将视向改为直接面向绘图平面。单击【显示尺寸】按钮✏，以便于在绘制曲线时观察曲线尺寸及方向。单击【两点圆弧】按钮⌒，移动鼠标至配重块端点的近似位置，单击鼠标左键以确定圆弧起点；拖动鼠标，当半径值约为 100 时单击鼠标左键，完成底圆绘制；采用同样方法绘制顶圆。操作过程如图 2-63 所示。

08　移动鼠标至尺寸值显示位置，单击鼠标右键，在弹出的快捷菜单中选择【编辑】命令，在弹出的【编辑长度】对话框中输入 "100"，确认选中【锁定】复选框，单击【确定】按钮；采用同样方法编辑顶圆半径值为 40，如图 2-64 所示。

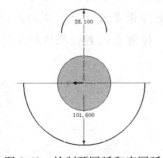

图 2-63　绘制顶圆弧和底圆弧

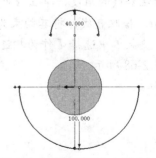

图 2-64　编辑顶圆和底圆半径

09　单击【尺寸约束】按钮📏，单击绘图中心，再单击底圆中心，拖动鼠标，建立两圆心的竖直距离。右击数值，在弹出的快捷菜单中选择【编辑】命令，在弹出的对话框中将距离修改为 0，从而对底圆完全定位，如图 2-65 所示。

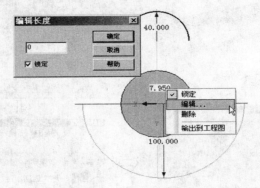

图 2-65　尺寸约束底圆中心

10 采用同样方法，标注顶圆和底圆两圆心竖直距离和水平距离分别为 0 和 60，从而对顶圆完全定位，如图 2-66 所示。

11 单击【两点线】按钮 ╱，绘制一近似斜 15°直线；单击【三点圆弧】按钮 ╮，拾取顶圆右端点作为圆弧起点，绘制大约 R100 圆弧。

12 采用同样方法，拾取 R100 圆弧下端点为圆弧起点，拾取直线左端点为终点，绘制近似 R15 过渡圆弧，如图 2-67 所示。

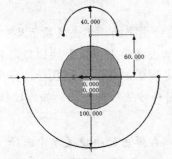

图 2-66　尺寸约束顶圆

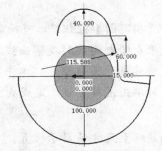

图 2-67　绘制过渡圆弧

13 为标注斜线的角度，单击【两点线】按钮 ╱，绘制一水平线；单击【水平约束】按钮 ━，拾取直线，将其约束为水平线。单击以激活水平线，单击鼠标右键，在弹出的快捷菜单中选择【作为构造辅助元素】命令，将该直线右轮廓线转变为构造线，如图 2-68 所示。

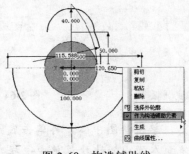

图 2-68　构造辅助线

14 单击【角度约束】按钮 ⊾，分别拾取水平辅助线和斜线，标注并编辑两直线夹角为 20°；单击【尺寸约束】按钮 ✎，标注直线交点与底圆圆心的平行距离，编辑该距离为 20，对该直线完全定位，如图 2-69 所示。

15 单击【相切约束】按钮 ⌀，分别拾取顶圆及圆弧 1，将其约束为相切；采用同样方法，将圆弧 1 与圆弧 2 设为相切，圆弧 2 与斜线设为相切。编辑圆弧 1 的半径为 120，编辑其与底圆的竖直直径距离为 12。操作结果如图 2-70 所示。

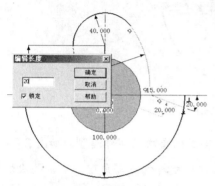

图 2-69　定位斜线及圆弧

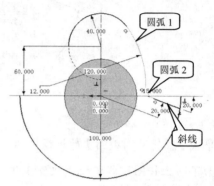

图 2-70　对各元素进行完全定位

16 单击【剪裁曲线】按钮 ✂，拾取斜线及底圆的多余部分，将其删除，如图 2-71 所示。

17 按住 Shift 键拾取圆弧 1、圆弧 2 和斜线，单击【镜像曲线】按钮 ⧉，移动鼠标至竖直构造线位置，单击鼠标右键，在镜像直线的另一侧生成选定曲线的镜像曲线，如图 2-72 所示。

> **○ 提示**
>
> 　　如在镜像直线上单击鼠标左键，则生成选定曲线的镜像曲线；如单击鼠标右键，则生成具有镜像约束的曲线，即镜像曲线始终与原曲线保持一致。

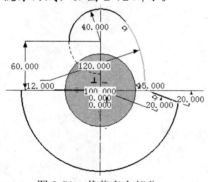

图 2-71　裁剪多余部分

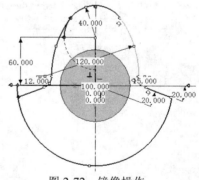

图 2-72　镜像操作

18 单击【相切约束】按钮 ⌀，约束圆弧 1 的镜像曲线与顶圆相切。拖动顶圆左端点移向圆弧 1 的镜像曲线，使两曲线相切点连接。剪裁底圆左侧曲线多余部分。拾取任一条曲线，单击鼠标右键，在弹出的快捷菜单中选择【选择外轮廓】命令，若截面轮廓线封闭，则其将呈现单一颜色，成为一个封闭环，

> **○ 提示**
>
> 　　如截面轮廓线不封闭，可在出现的【编辑草图截面】对话框中单击【编辑截面】按钮，返回二维编辑状态，检查是否有端点存在。

如图 2-73 所示。

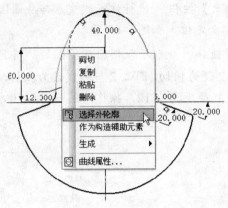

图 2-73　构造外轮廓线

19 单击【编辑草图截面】对话框中的 ✔ 按钮，生成配重块的实体造型，如图 2-74 所示。

20 为了防止作图过程中配重块发生偏移，可将零件旋转到适合角度。单击两次配重块，单击【三维球】按钮🔵，利用三维球将配重块中心与相邻圆柱体侧边中心对齐，以对配重块定位，如图 2-75 所示。

21 按住鼠标中键旋转视向至合适角度，单击【扫描向导】按钮🔵，单击配重块左侧面上部，出现扫描特征向导，按图 2-76 所示进行操作，进入二维编辑环境。

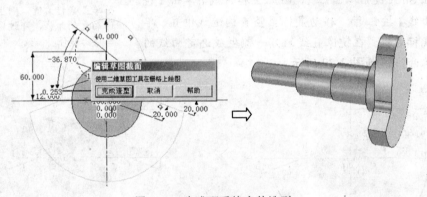

图 2-74　生成配重块实体造型

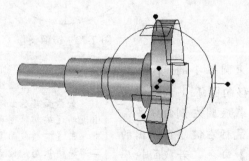

图 2-75　定位配重块

> ○ 提示
>
> 　　如配重块与相邻圆柱体不好定位，可利用三维球将配重块脱离圆柱体，继而利用三维球的定位功能，将配重块定位。

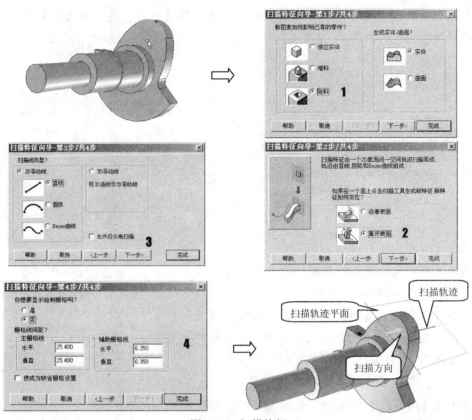

图 2-76　扫描特征

⭐ **22** 单击【三维球】按钮 🔘，沿扫描轨迹线方向定位手柄，使扫描轨迹线平面绕该轴旋转；在三维球内按下鼠标左键并拖动以旋转扫描轨迹线平面，至合适位置后释放鼠标左键；在角度值上单击鼠标右键，在弹出的快捷菜单中选择【编辑值】命令，在弹出的对话框中编辑角度值为 90°，如图 2-77 所示。

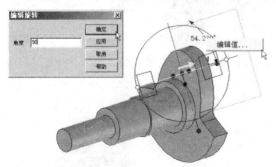

图 2-77　旋转扫描轨迹线平面

> 🔵 **提示**
>
> 构造线工具是 CAXA 实体设计为生成复杂的二维草图而绘制辅助线的工具，可用这些工具来生成作为辅助参考图形的几何图形，但不可以用来生成实体或曲面。

⭐ **23** 在扫描轨迹线右侧端点处按下鼠标左键，拖动轨迹线至与水平方向约为 60° 方位后释放鼠标左键，如图 2-78 所示。

⭐ **24** 单击【两点线】按钮 ✏，在扫描轨迹线平面内任意位置绘制一条水平直线。在水平

直线上单击鼠标右键，在弹出的快捷菜单中选择【作为构造辅助元素】命令，将其
转换为结构线，如图 2-79 所示。

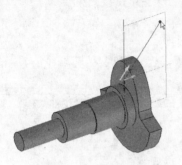

图 2-78　拖动扫描轨迹线

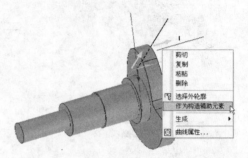

图 2-79　绘制水平线作为构造辅助元素

25 单击【角度约束】按钮，标注水平构造线与扫
描轨迹线的夹角，并将其编辑为 60°。单击【完
成】按钮，返回二维绘图平面，如图 2-80 所示。

26 单击【指定面】按钮，将视向改变为直接面向
绘图平面。单击【三点圆弧】按钮，草绘一个
半径约为 70 的圆弧。分别拖曳圆弧的左右端点和
中点，将其调整为如图 2-81 所示的位置。

27 单击【连续直线】按钮，利用智能反馈捕捉圆弧左端点，依次绘制如图 2-82 所示
封闭截面轮廓。

> **提示**
>
> 如果角度定义后原扫描轨迹
> 线的起点发生移动，可用鼠标左
> 键单击其左端点拖动到原来的位
> 置，拖动过程中注意智能反馈。

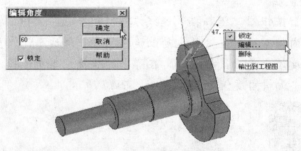

图 2-80　编辑扫描轨迹线夹角

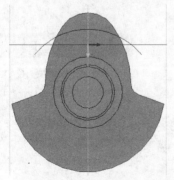

图 2-81　绘制圆弧

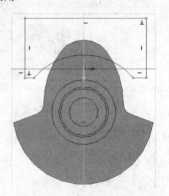

图 2-82　绘制封闭截面轮廓

28 单击【投影】按钮，右击前端圆面，生成正时轴颈前端面的关联投影。

29 单击【同心圆约束】按钮◎，分别拾取投影边和圆弧，对圆弧进行定位。右击圆弧，在弹出的快捷菜单中选择【编辑】命令，将圆弧半径调整为70，如图 2-83 所示。

30 在投影边上单击鼠标右键，在弹出的快捷菜单中选择【作为构造辅助元素】命令，将该曲线转换成构造线。单击【完成】按钮✓，如图 2-84 所示。

> **○ 提示**
>
> （1）该轮廓线为除料截面轮廓线，只需完全覆盖配重块顶部截面即可。
>
> （2）轮廓线采用水平线和竖直线，可有效减少计算量，提高造型成功率。
>
> （3）为了看图方便，可开启/关闭显示约束尺寸按钮、【显示约束】按钮、【显示草图状态指示器】按钮。

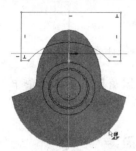
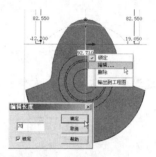

图 2-83　调整圆弧尺寸

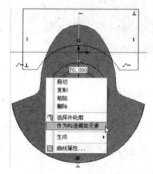

图 2-84　完成扫描特征造型

31 从设计元素库中拖曳"圆柱体"标准智能图素到曲臂表面，当出现浅绿色智能反馈后释放鼠标，将圆柱体定位到曲臂顶圆的中心位置。利用图素包围盒调整圆柱体尺寸，如图 2-85 所示。

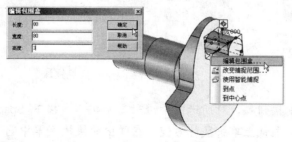

图 2-85　构建曲臂右侧圆柱体

32 采用同样方法，从设计元素库中拖曳"圆柱体"标准智能图素到新建圆柱体表面，并利用图素包围盒调整圆柱体尺寸为"长度：70"、"高度：3"。

33 从设计元素库中拖曳"圆柱体"标准智能图素到零件右侧面，移动鼠标至顶圆体中心位置，当出现绿色智能反馈后释放鼠标，将圆柱体定位到零件右侧面圆柱体中心。利用图素包围盒调整圆柱体尺寸，生成连杆轴颈的实体造型，如图 2-86 所示。

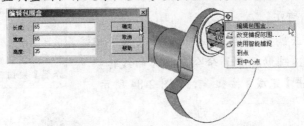

图 2-86　构建连杆轴颈实体造型

34 单击【圆角过渡】按钮 ，在右侧出现的【圆角过渡】工具条中按照图 2-87 所示设置过渡半径。

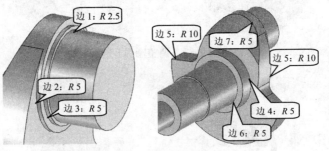

图 2-87　圆角过渡

35 展开设计树零件节点，将各图素进行重新排序和命名。在"拉伸 1"节点上单击，然后按住 Shift 键，在"圆柱体 7"节点上单击，将两节点之间的 5 个图素全部选中，如图 2-88 所示。

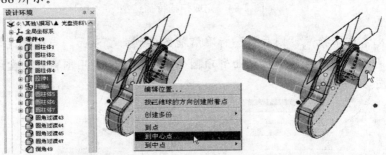

图 2-88　选取复制图素及重定位三维球

36 单击【三维球】按钮 ，对所选图素进行复制操作。按下 Space 键，对三维球进行重定位，在中心手柄上单击鼠标右键，在弹出的快捷菜单中选择【到中心点】命令，拾取连杆轴颈的右端面圆。再次按下 Space 键，激活三维球。

37 单击以激活三维球竖直方向定位手柄，在三维球内按住鼠标右键并拖动三维球，待旋转至一定角度时释放鼠标右键，在弹出的快捷菜单中选择【链接】命令，编辑旋转角度值为180°，单击【确定】按钮，生成所选图素的复制实体。再次单击【三维球】按钮，退出三维球操作状态。操作过程如图2-89所示。

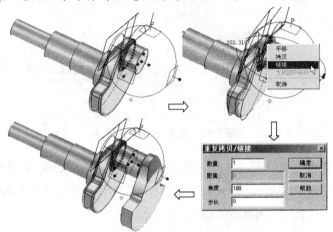

图 2-89　复制所选图素

38 按照步骤30，对所复制图素倒圆角。

39 从设计元素库中拖曳"圆柱体"标准智能图素至右侧配重块的中心位置，在出现绿色反馈后释放鼠标，利用包围盒属性调整尺寸，如图2-90所示。

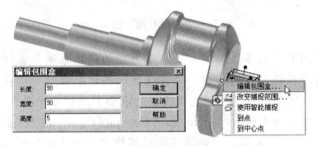

图 2-90　创建右侧圆柱体 1

40 从设计元素库中拖曳"圆柱体"标准智能图素至右侧圆柱体 1 的中心位置，在出现绿色反馈后释放鼠标，利用包围盒属性调整尺寸，如图2-91所示。

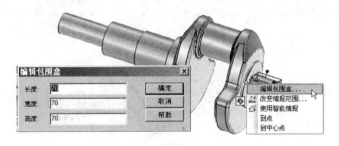

图 2-91　创建右侧圆柱体 2

41 从设计元素库中拖曳"圆柱体"标准智能图素至右侧圆柱体 2 的中心位置，在出现绿色反馈后释放鼠标，利用包围盒属性调整尺寸，如图 2-92 所示。

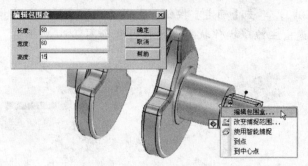

图 2-92　创建右侧圆柱体 3

42 从设计元素库中拖曳"圆柱体"标准智能图素至右侧圆柱体 3 的中心位置，在出现绿色反馈后释放鼠标，利用包围盒属性调整尺寸，如图 2-93 所示。

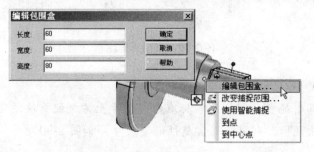

图 2-93　创建右侧圆柱体 4

43 在"圆柱体"图素位置单击鼠标右键，在弹出的快捷菜单中选择【智能图素属性】命令，弹出【拉伸特征】对话框。选择【表面编辑】选项卡，在【哪个面】选项组中选择【侧面】选项，在【重新生成选择的表面】选项组中选中【拔模】单选按钮，在【倾斜角】文本框中输入"-atan(1/20)*180/pi( )"，单击 确定 按钮，结束智能图素属性操作，如图 2-94 所示。此时在设计环境中出现飞轮轴颈实体造型。

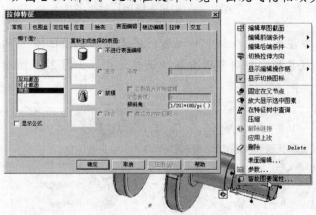

图 2-94　创建飞轮轴颈

44　从设计元素库中拖曳"圆柱体"标准智能图素至飞轮轴颈右侧的中心位置，在出现绿色反馈后释放鼠标，利用包围盒属性调整尺寸，如图 2-95 所示。

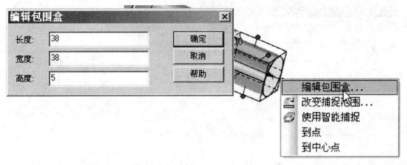

图 2-95　创建圆柱体 5

45　在【设计元素库】面板中选择【高级图素】选项卡，从中拖曳"齿形波纹体"图案到零件右端面中心，待出现浅绿色智能反馈后释放鼠标左键。在图素编辑状态下，使用前端操作手柄编辑包围盒尺寸，如图 2-96 所示。

○ 注意

查国标 GB196－1981，M45×3 螺纹的小径为 41.752。

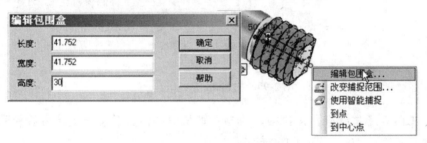

图 2-96　创建外螺纹

46　在图素编辑状态下，在图素上单击鼠标右键，在弹出的快捷菜单中选择【智能图素属性】命令，在弹出的【旋转特征】对话框中选择【变量】选项卡，按照图 2-97 所示设置其中的参数，然后单击　确定　按钮。

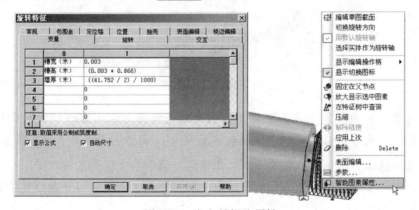

图 2-97　定义外螺纹属性

47 从设计元素库中拖曳"圆柱体"标准智能图素至外螺纹右侧的中心位置,在出现绿色反馈后释放鼠标,利用包围盒属性调整尺寸,如图 2-98 所示。

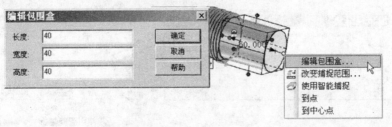

图 2-98　构建右端轴颈

48 从设计元素库中拖曳"孔类圆柱体"图素到连杆轴颈的端面中心位置,然后释放鼠标;编辑包围盒尺寸,调整孔的直径为 28;拖曳左、右端面的操作柄,使孔图素穿透曲臂,如图 2-99 所示。

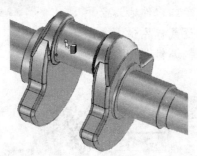

○ **注意**

如果拖入孔类圆柱体的位置/方向有误,可用三维球进行调整。

图 2-99　构建通孔

49 单击孔图素【三维球】按钮，拖动顶部操作柄向上移动一定距离后释放鼠标,并编辑其距离为 10,如图 2-100 所示。

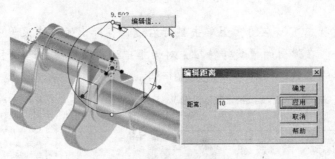

图 2-100　通孔定位

50 从设计元素库中拖曳"孔类圆柱体"图素到连杆轴颈右端面的四分点位置,待出现浅绿色智能反馈后释放鼠标,编辑包围盒尺寸,调整孔直径为 5,如图 2-101 所示。

51 单击【三维球】按钮，在三维球沿孔轴向定位手柄上单击鼠标右键,在弹出的快捷菜单中选择【到点】命令,在主轴颈图素如图 2-102 所示的四分点位置单击,对图素进行定位操作。

52 按 Space 键，对三维球进行重定向操作；在三维球水平定位操作柄上单击鼠标右键，在弹出的快捷菜单中选择【与边平行】命令，拾取任意水平边；再次按 Space 键，重新激活三维球，如图 2-103 所示。

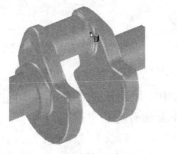

图 2-101　构建轴颈油孔

图 2-102　调整油孔方向

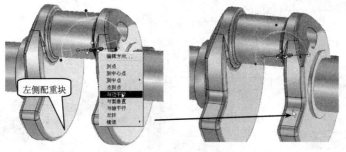

图 2-103　调整三维球方向

53 拖曳三维球水平移动手柄左移 35，拖曳前后两端面操作柄，使孔图素穿透整个零件，如图 2-104 所示。

图 2-104　调整三维球方向

54 拖曳"孔类键"图素至零件左端面四分点位置，待出现浅绿色智能反馈后释放鼠标。在图素前端操作柄上单击鼠标右键，在弹出的快捷菜单中选择【编辑包围盒】命令，在弹出的对话框中编辑包围盒尺寸，如图 2-105 所示。

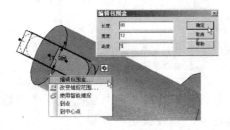

图 2-105　添加键槽 1

○ 提示

普通平键的尺寸根据 GB/T1096—2003 查表而得。

55 拖曳"孔类键"图素到飞轮轴颈图素右端面的四分点位置，带出现浅绿色智能反馈后释放鼠标。利用图素前端操作柄调整包围盒尺寸为"长度：70"、"宽度：16"、"高度：6"。使用三维球工具调整图素方位，结果如图2-106所示。

图 2-106　添加键槽 2

56 从工具元素库中拖曳"自定义孔"图素到零件右端面中心，出现浅绿色智能反馈后释放鼠标。在【定制孔】对话框中按照图2-107所示设置参数，单击 确定 按钮，结束中心孔的建立。采用同样方法，在零件左端面建立中心孔。

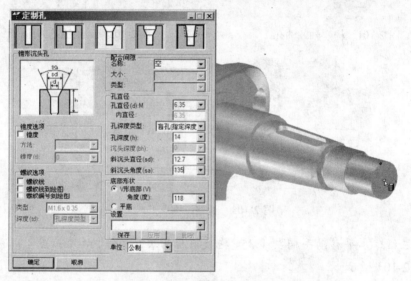

图 2-107　构建端面中心孔

57 对零件中剩余轴肩处进行 R5 圆角过渡，对所有端面进行 C1 倒角操作。检查无误后保存文件。完成后的零件如图2-108所示。

图 2-108　零件图

实例文件　实例\02\电源盒.ics
操作录像　视频\02\电源盒.avi

2.3.3 电源盒设计

钣金件通常由金属薄板弯制而成。进行电源盒钣金设计时，可从钣金元素库中拖入板料，然后添加各种弯曲图素、成型图素和型孔图素等，完成钣金零件设计。

设计目标

本节将完成如图 2-109 所示电源盒外壳设计。

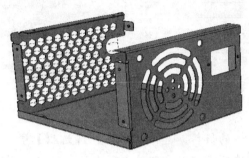

图 2-109 电源盒实体效果

技术要点

- ☐ 钣金件设计元素的种类和使用方法。
- ☐ 钣金图素的编辑工具的使用方法。
- ☐ 钣金件的切割与展开。

设计过程

（1）建立钣金设计的基础特征

设定钣金设计的默认参数，使用"板料"图素作为钣金零件的基础，在此基础上添加特征以形成钣金零件。

（2）生成参考零件

使用"长方体"图素生成帮助钣金件定位的参考零件。

（3）建立电源盒侧板、侧板折弯和底板折弯

使用"弯曲"和"外弯曲"图素，生成侧板及折弯特征；利用折弯特征的两种操作手柄调整图素尺寸；利用智能捕捉和线性智能标注正确定位折弯特征。

（4）建立电源线穿通槽、散热孔和插座槽孔

选用"矩形孔"、"圆形矩形孔"、"接口孔"、"圆形孔"、"窄缝"等冲孔类钣金元素，通过调整其加工属性生成电源线穿通槽、散热孔及插座槽孔。

（5）建立电源风扇进风口

使用"自定义轮廓"钣金元素，通过编辑截面轮廓，形成自定义形状的孔类特征，生成电源风扇进风口；利用钣金展开功能将钣金零件展开为平板，投射到二维工程图中形成钣金零件的展开图。

操作步骤

01 启动 CAXA 实体设计，进入三维设计环境。从设计元素库中拖曳"长方体"标准智

能图素到设计环境中，按照图 2-110 所示调整包围盒尺寸，生成的长方体将作为钣金设计的参考零件。

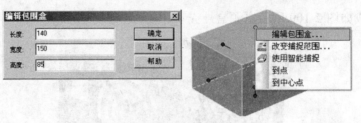

图 2-110　钣金设计参考零件

02 为钣金零件选择合适的板料。选择【工具】/【选项】命令，在弹出的【选项】对话框中选择【板料】选项卡可以看到其中列出了 CAXA 实体设计中所有可用的钣金毛坯型号，定义板料的厚度和最小弯曲半径等特定属性，如图 2-111 所示。

图 2-111　选择板料

03 选择【钣金】选项卡，其中列出了钣金操作的默认值，这些设定值将作为新增弯曲元素的默认值。选择【设置】/【单位】命令，设置长度单位为毫米（mm）、角度单位为度（°），如图 2-112 所示。

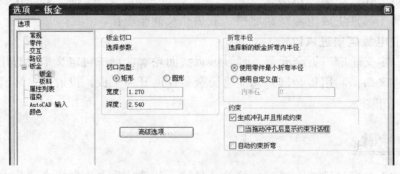

图 2-112　【钣金】选项卡

04 在【设计元素库】面板中选择【钣金】选项卡，拖曳 "板料" 图素到长方体底面上；单击几次板料图素，进入 "形状设计" 编辑状态🔲；将鼠标移至板料四边的中点位置时，出现方形红色手柄；按下鼠标左键并拖动，板料的尺寸会发生变化，如图 2-113 所示。

05 移动鼠标的同时按住 Shift 键，使零件的编辑进入智能捕捉状态；将鼠标移至长方体的侧面位置，该特征位置绿色亮显，表示捕捉到特征表面；释放鼠标左键，板料的边自动与该面对齐；采用同样方法，使其他 3 条边与长方体侧面对齐，如图 2-114 所示。

○ 提示

在实体设计中，可以直接通过拖放的方式编辑零件尺寸，而不必须设定尺寸值，这样就可以方便快捷地进行创新设计。这一操作是通过包围盒来实现的。包围盒的主要作用是调整零件的尺寸。将鼠标放置在操作手柄处，就会出现一个小手、双箭头和一个字母。字母表示此手柄调整的方向：L 为长度方向，W 为宽度方向，H 为高度方向。

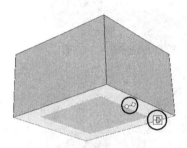

图 2-113　加入板料

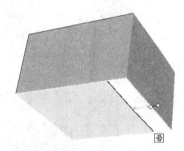

图 2-114　编辑板料

06 激活三维球工具，移动长方体或板料，使两零件的底面对齐。在钣金元素库中，拖曳 "向外折弯" 智能图素到板料右侧面上边沿，在原板料上添加一个向上的折弯图素。在图素编程状态下，将折弯部分向上拖曳，将折弯与长方体顶面平齐。操作过程如图 2-115 所示。

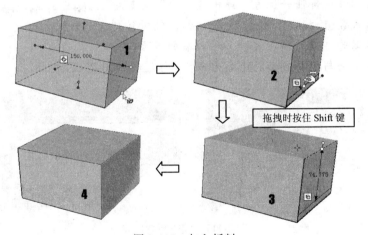

图 2-115　加入板料

07 采用同样方法，使用 "向外折弯" 图素在板料的另一侧添加折弯，并拖曳折弯使其与长方体顶面平齐。此时注意到钣金件的外侧面与长方体侧面是平齐的。单击长方体零件，进入其编辑状态。单击鼠标右键，在弹出的快捷菜单中选择【压缩】命令，将长方体零件压缩。

08 拖曳"向外弯曲"智能图素到板料侧面上边沿，待出现智能反馈后释放鼠标，在板料的该边界上添加折弯图素。操作过程如图 2-116 所示。

○ 提示

图素手柄仅在扁平面板料图素上可用，而在弯曲板料图素上不可用。

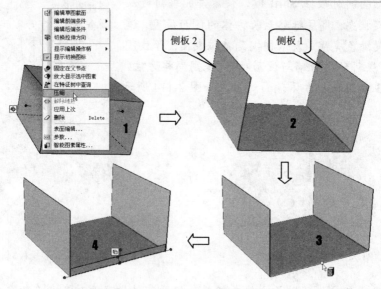

图 2-116　添加折弯图素

09 在折弯图素顶部的编辑手柄上单击鼠标右键，在弹出的快捷菜单中选择【编辑从点开始的距离】命令，拾取钣金零件底部任一位置，弹出【编辑距离】对话框，输入数值 "8"，单击 确定 按钮，使折弯到底面的距离为 8。同样在该折弯对面添加折弯，并编辑折弯顶面与板料底面的距离为 8。操作过程如图 2-117 所示。

○ 提示

向外折弯，可使折弯图素的外侧面与板料添加折弯的边界面平齐。

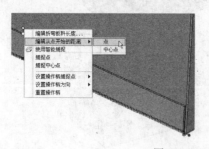 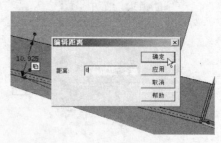

图 2-117　编辑折弯图素

10 调整侧板 1 的折弯长度。在图素编辑状态下，拖曳伸缩编辑手柄，同时按住 Shift 键，直至折弯 3 与底板的边界线绿色亮显时释放鼠标。再调整侧板 1 的另一侧折弯长度。采用同样方法，调整侧板 2 两侧的折弯长度。操作过程如图 2-118 所示。

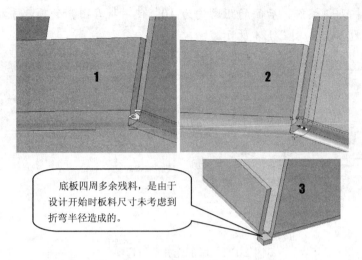

> 底板四周多余残料，是由于设计开始时板料尺寸未考虑到折弯半径造成的。

图 2-118　调整侧板 1 的折弯长度

11 调整板料尺寸。单击板料使其处于图素编辑状态，拖曳其编辑手柄，同时按住 Shift 键，捕捉侧板边界线，出现绿色智能反馈后释放鼠标。采用同样方法，编辑另一侧板料尺寸。操作过程如图 2-119 所示。

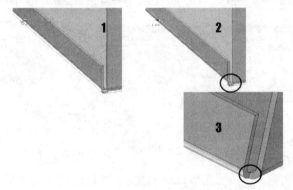

图 2-119　调整板料尺寸

12 在钣金元素库中，拖曳"向外折弯"智能图素到侧板 1 顶面的内边界线上，待出现绿色智能反馈后释放鼠标。使用折弯图素的顶部编辑手柄，调整其到侧板 1 外侧面的距离为 14。操作过程如图 2-120 所示。

图 2-120　添加向外折弯图素

13 在钣金元素库中，拖曳"无补偿折弯"智能图素到侧板 2 顶面的内侧边上，调整右侧编辑手柄到侧板前、后面的距离均为 10；使用折弯图素的顶部手柄调整其到侧板外侧距离为 14，如图 2-121 所示。

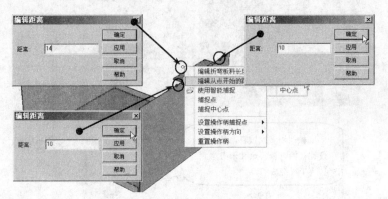

图 2-121　添加无补偿折弯图素

14 创建电源线槽。在钣金元素库中，拖曳"矩形孔"智能图素到侧板 2 的任意位置，在出现上箭头或下箭头处单击鼠标右键，在弹出的快捷菜单中选择【加工属性】命令。在弹出的【冲孔属性】对话框中选中【自定义】单选按钮，在其下的【长度】、【宽度】文本框中分别输入"18"、"18"，单击 确定 按钮，如图 2-122 所示。

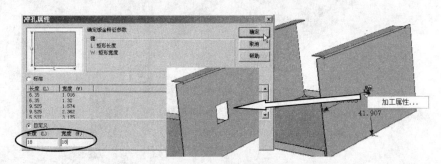

图 2-122　创建电源线槽

15 定义矩形孔。激活三维球工具，按 Space 键，三维球白色亮显，将三维球重定位于矩形孔左面中点。再次按 Space 键，三维球恢复，拾取图示捕捉定位点，将矩形孔正确定位。利用智能标注测量孔与边界的距离。操作过程如图 2-123 所示。

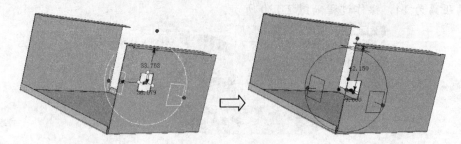

图 2-123　定义矩形孔

16 编辑矩形孔智能标注，调整其与上侧面距离为 35。在钣金元素库中，拖曳"圆形孔"智能图素到侧板 2 任一位置，在出现上箭头或下箭头上单击鼠标右键，在弹出的快捷菜单中选择【加工属性】命令，在弹出的【冲孔属性】对话框中，选中【自定义】单选按钮，在【半径】文本框中输入"18"，依靠三维球将其定位到矩形孔右侧底面中点处。操作过程如图 2-124 所示。

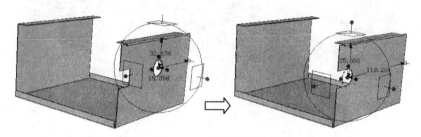

图 2-124　编辑矩形孔

17 在钣金元素库中，拖曳"无补偿折弯"智能图素到侧板 2 矩形孔上方内侧边上，调整其上编辑手柄到侧板顶面距离为 10，调整其下编辑手柄到矩形孔上侧边距离为 6，使用折弯图素的顶部手柄调整其到侧板外侧距离为 14，如图 2-125 所示。

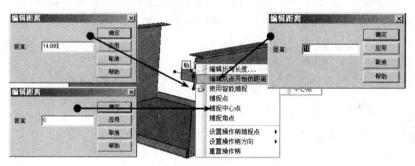

图 2-125　添加电源线槽上内侧无折弯图素

18 在钣金元素库中，拖曳"无补偿折弯"智能图素到侧板 2 矩形孔下方内侧边上，调整其上、下编辑手柄到底板上表面距离分别为 28 和 18，使用折弯图素的顶部手柄调整其到侧板外侧距离为 14，如图 2-126 所示。

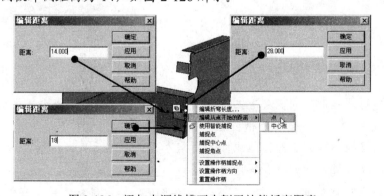

图 2-126　添加电源线槽下内侧无补偿折弯图素

19 在钣金元素库中，拖曳"无补偿折弯"智能图素到侧板 1 左内侧边上，调整其上、下编辑手柄到侧板上表面、底板下表面距离分别为 10 和 18；使用折弯图素的顶部手柄调整其到侧板外侧距离为 14；同理，在侧板其他位置添加支承板。操作过程如图 2-127 所示。

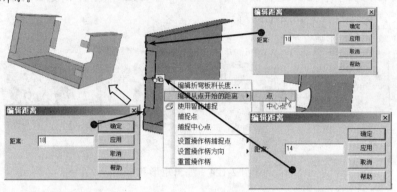

图 2-127　添加侧板 1 内侧无补偿折弯图素

20 钣金件基础造型完毕，单击钣金件，使其处于零件编辑状态，在特征树中 钣金件上单击鼠标右键，在弹出的快捷菜单中选择【展开】命令，生成钣金件展开图形，如图 2-128 所示。观察结束后，可在特征树中钣金件上单击鼠标右键，在弹出的快捷菜单中取消选中【展开】命令，回到钣金件零件状态。

21 设计侧板 2 上的散热孔。在钣金元素库中，拖曳"六边形孔"智能图素到侧板的任一位置，在出现上下箭头处单击鼠标右键，在弹出的快捷菜单中选择【加工属性】命令，在打开的对话框中选中【自定义】单选按钮，输入数值"8"；使用智能标志尺寸，使六边形孔中心位置与底面距离为 10，与侧面距离为 10，如图 2-129 所示。

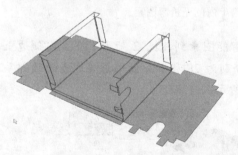

图 2-128　钣金件展开

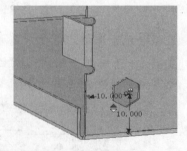

图 2-129　设计散热孔

22 创建六边形孔矩形阵列。激活三维球工具，用鼠标左键拾取点 A，生成一条黄色线，然后拾取点 B，单击鼠标右键，在弹出的快捷菜单中选择【生成矩形阵列】命令，在弹出的【矩形阵列】对话框中输入所需参数值，然后单击 确定 按钮，生成散热孔造型。操作过程如图 2-130 所示。

23 在设计树中找到与电源线槽相干涉的六边形孔，单击鼠标右键，在弹出的快捷菜单

中选择【压缩】命令，如图 2-131 所示。

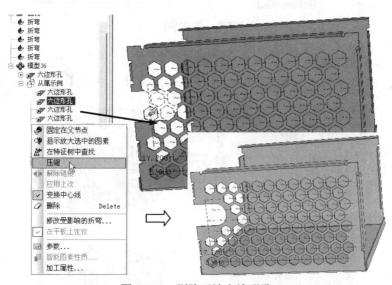

图 2-130　添加散热孔矩形阵列

图 2-131　删除干涉六边形孔

24　创建电源座孔。从钣金元素库中拖曳"圆角矩形孔"智能图素到侧板 1，在上/下箭头按钮上单击鼠标右键，在弹出的快捷菜单中选择【加工属性】命令，在弹出的【冲孔属性】对话框中选中【自定义】单选按钮，设置矩形孔的长度为 24，宽度为 33，倒角半径为 2。

25　利用已有的智能标注定位型孔。编辑智能尺寸距离钣金件顶面和侧面尺寸分别为 30mm 和 24mm，以便将型孔精确定位。操作过程如图 2-132 所示。

26　绘制排风扇进风口。从钣金图素库中拖曳"自定义轮廓"智能图素到侧板 1 上，使用智能标注对图素进行定位操作。编辑智能标注并约束图素中心点到钣金件左侧面距离为 49.5、中心点到钣金件顶面的距离为 42.5。在特征树中展开"自定义轮廓"节点，并在"2D 草图"上单击鼠标右键，在弹出的快捷菜单中选择【编辑】命令，进入截面编辑状态，并在左侧命令管理栏中修改自定义圆半径为 1.5。

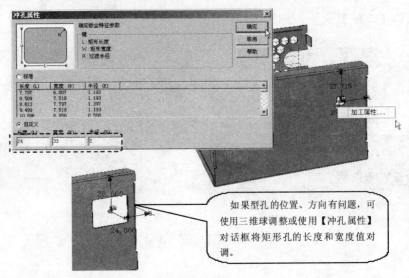

> 如果型孔的位置、方向有问题，可使用三维球调整或使用【冲孔属性】对话框将矩形孔的长度和宽度值对调。

图 2-132　构建电源座孔

27 绘制如图 2-133 所示 R2 圆，约束圆心到自定义弧心距离为 7；分别绘制图中所示 6 条弧线，并绘制过渡圆弧线。编辑草图截面结束后，单击【完成】按钮✔。

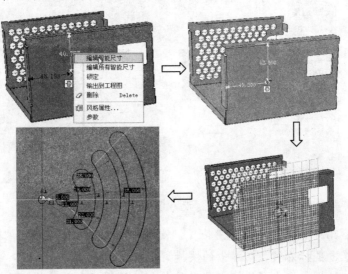

图 2-133　构建风扇风口

28 单击设计树中的"自定义轮廓"节点，激活三维球工具，并将三维球心定位于圆弧中心位置。单击三维球垂直于侧板的一维移动手柄，按下鼠标右键拖动三维球绕该轴旋转，松开右键，在弹出的快捷菜单中选择【链接】命令，在弹出的对话框中的【数量】、【角度】文本框中分别输入"3"、"90"，单击 确定 按钮。操作过程如图 2-134 所示。

29 从钣金元素库中拖曳"挤压接头"智能图素到顶板底面，在上/下箭头按钮上单击鼠标右键，在弹出的快捷菜单中选择【加工属性】命令，在弹出的【形状属性】对话框中按照图 2-135 所示进行设置，然后单击 确定 按钮。

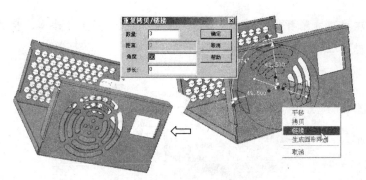

图 2-134 风扇风口环形阵列

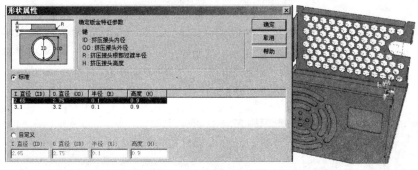

图 2-135 添加挤压接头

30 使用线性智能标注约束"挤压接头"图素到钣金件右侧面的距离为 10mm、到钣金件电源座孔侧面的距离为 8mm，将图素完全定位，如图 2-136 所示。

31 在设计树中单击"挤压接头"图素，激活三维球工具；按下鼠标右键拖动三维球水平移动手柄，将"挤压接头"图素向左移动 117.2mm，生成链接复制挤压接头，如图 2-137 所示。

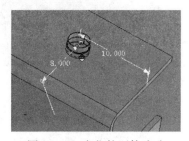

图 2-136 定位挤压接头孔

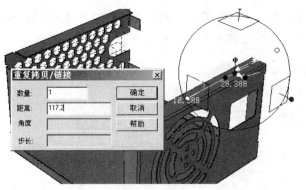

图 2-137 链接复制挤压接头

32 采用同样的方法，使用三维球工具链接生成其他侧

○ 提示

　　利用智能标注工具可以在图素或零件上标注尺寸，也可标注不同图素或零件上两点之间的距离。如果零件设计中对距离或角度有精确度要求，就可以采用 CAXA 实体设计的智能标注工具定位。

顶面的挤压接头孔，并使用智能标注尺寸进行定位。同上述步骤，生成电源座孔两侧接头孔。操作过程如图 2-138 所示。

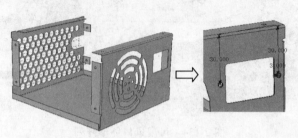

图 2-138　构建其他接头孔

33 从钣金元素库中拖曳"散热孔"智能图素到底板上，在上/下箭头按钮上单击鼠标右键，在弹出的快捷菜单中选择【加工属性】命令，在弹出的【形状属性】对话框中输入相应参数值，单击 **确定** 按钮。利用智能标注尺寸将散热孔准确定位。操作结果如图 2-139 所示。

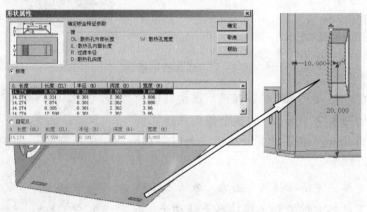

图 2-139　构建散热孔

34 从钣金元素库中拖曳"顶点过渡"智能图素到钣金件的顶点上，单击【形状编辑】按钮，进入图素的包围盒编辑状态。编辑包围盒，调整过渡半径为 2。采用同样方法，生成钣金件的其他圆角过渡。操作过程如图 2-140 所示。

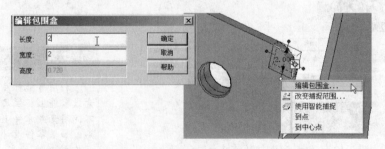

图 2-140　添加圆角过渡

35 建立风扇固定螺钉孔。从钣金元素库中拖曳"埋头孔"智能图素到侧板，在上/下箭

头按钮上单击鼠标右键，在弹出的快捷菜单中选择【加工属性】命令，在弹出的【形状属性】对话框中按照图 2-141 所示输入参数，然后单击　确定　按钮。

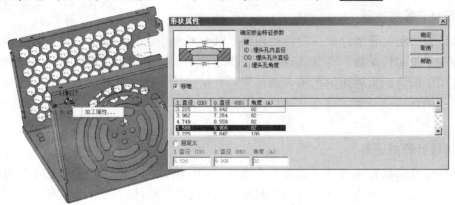

图 2-141　添加风扇固定螺钉孔

36 使用线性智能标注对埋头孔进行定位。将埋头孔三维球球心定位到散热孔中心位置，按下鼠标右键旋转埋头孔，生成圆形阵列，如图 2-142 所示。至此，完成电源盒钣金件造型。

图 2-142　电源盒钣金件造型

2.4　减速器设计之一：箱体设计

减速器（减速箱）是指原动机与工作机之间独立的闭式传动装置，用来降低转速并相应地增大转矩。在某些场合下，也有用于增速的装置，称为增速器。

减速器是一种典型的机械基础部件，广泛应用于各个行业，如冶金、运输、化工、建筑、食品，甚至艺术舞台。

2.4.1　减速器分类

减速器由传动零件（齿轮或蜗杆、蜗轮等）、轴和轴承、箱体、润滑和密封装置以及减速器附件等组成。根据不同要求和类型，减速器有多种结构形式。

1. 齿轮减速器

齿轮减速器主要有圆柱齿轮减速器、圆锥齿轮减速器和圆锥—圆柱齿轮减速器。当电机的输出转速从主动轴输入后，将带动小齿轮转动，而小齿轮又将带动大齿轮运动，最后由大齿轮的轴（输出轴）输出，即可起到输出减速的作用。齿轮减速器是现代机械中应用最广的一种减速器。

2. 蜗杆减速器

蜗杆减速器的特点是在外廓尺寸不大的情况下，可以获得大的传动比，且工作平稳，噪声较小，但效率较低。其中应用最广的是单级蜗杆减速器，两级蜗杆减速器则应用较少。蜗杆减速器主要有圆柱蜗杆减速器、环面蜗杆减速器和蜗杆— 齿轮减速器。

3．行星齿轮减速器

行星齿轮传动与普通定轴齿轮传动相比，具有质量小、体积小、传动比大、承载能力大以及传动平稳和传动效率高等优点。行星齿轮传动不仅适用于高速、大功率机械传动装置，也可用于低速、大转矩的机械传动装置。行星齿轮减速器通常用于减速、增速和变速传动，运动的合成和分解，以及一些特殊的应用中，对于现代机械传动的发展有着重要的意义。

4．摆线针轮减速器

摆线针轮减速器在输入轴上装有一个错位 180°的双偏心套，在偏心套上装有两个称为转臂的滚柱轴承，形成 H 机构，两个摆线轮的中心孔即为偏心套上转臂轴承的滚道，并由摆线轮与针齿轮上一组环形排列的针齿相啮合，以组成齿差为一齿的内啮合减速机构，广泛应用于纺织印染、轻工食品、冶金矿山、石油化工、起重运输及工程机械领域中的驱动和减速装置；具有减速比大、传动效率高、体积小、重量轻、故障少、寿命长、运转平稳可靠、噪音小、拆装方便、容易维修、结构简单、过载能力强、耐冲击和惯性力矩小等特点。

5．谐波齿轮减速器

谐波齿轮减速器是利用行星齿轮传动原理发展起来的一种新型减速器。谐波齿轮传动（简称谐波传动）是依靠柔性零件产生弹性机械波来传递动力和运动的一种行星齿轮传动，具有结构简单、体积小、重量轻、传动比范围大、啮合的齿数多、运动平稳、无冲击、噪声小等优点，在多个行业得到了极为广泛的应用。

各种类型的减速器外形如图 2-143 所示。

齿轮减速器　　　　　　蜗杆减速器　　　　　　行星齿轮减速器

摆线针轮减速器　　　　　　　　　谐波齿轮减速器

图 2-143　各类减速器

2.4.2 减速器轴及其支承的结构

1. 轴上零件的固定

- ❏ 周向固定：为传递运动和转矩，轴上零件应与轴作周向固定。
- ❏ 轴向固定：为防止零件在运转时产生轴向移动，零件在轴线方向需要固定。

2. 轴的支承

减速器中轴的支承大多采用滚动轴承。

轴系不论采用哪种固定方式，都是根据具体情况通过选择轴承的内圈与轴、外圈与轴承座孔的固定方式来实现的。

2.4.3 减速器箱体的结构

1. 箱体的结构形式

（1）铸造箱体和焊接箱体

箱体一般用灰铸铁 HTl50 或 HT200 制造。对于重型减速器，为提高其承受振动和冲击的能力，也可用球墨铸铁 QTS00-7 或铸钢 ZG270 500、ZG310-570 制造。铸造箱体适宜成批生产，其刚性好，易获得合理和复杂的外形，易于切削（特别是灰铸铁制造的箱体），但较重。在单件生产中，特别是大型减速器，为了减轻重量或缩短生产周期，箱体也可用 Q215 或 Q235 钢板焊接而成，其轴承座部分可用圆钢、锻钢或铸钢制造。焊接箱体的壁厚可以比铸造箱体薄 20%～30%，但焊接时易产生热变形，故要求较高焊接技术及焊后作退火处理。

（2）剖分式箱体和整体式箱体

剖分式箱体具有接合面，除为了有利于多级齿轮传动润滑时浸油高度相同而做成剖分面倾斜式外，一般均为水平式，且接合面多数通过各轴的中心线。小型蜗杆减速器为整体式箱体，蜗轮轴承支承在与整体箱体配合的两个大端盖中。小型立式单级圆柱齿轮减速器采用整体式箱体结构的方案，顶盖与箱体接合。这种整体式箱体尺寸紧凑，刚度大，重量较轻，易于保证轴承与座孔的配合要求，但装拆和调整往往不如剖分式箱体方便。

（3）平壁式箱体和凸壁式箱体

平壁式箱体常设外筋，凸壁式箱体常设内筋。凸壁式箱体的刚性、油池容量和散热面积等都比较大，且外表光滑、美观；但高速时油的阻力大，铸造工艺也较为复杂，且外凸部分只能采用螺钉或双头螺柱联接；箱座上须制出螺纹孔。

2. 铸造箱体的结构分析

箱体是支承和固定减速器零件及保证传动件啮合精度的重要机件，其重量约占减速器总重量的 50%，对减速器的性能、尺寸、重量和成本均有很大影响。箱体的具体结构与减速器传动件、轴系和轴承部件以及润滑密封等密切相关，同时还应综合考虑使用要求、强度、刚度及铸造、机械加工和装拆工艺等多方面因素。

3. 箱体的结构尺寸

由于箱体的结构和受力情况比较复杂，目前尚无对箱体进行强度和刚度计算的成熟方法，箱体的结构尺寸通常根据其中的传动件、轴和轴系部件的结构按经验设计关系在减速器装配图的设计和绘制过程中确定。

本节将以普通单级直齿圆柱齿轮减速器为例，讲解利用CAXA实体设计进行如图2-144所示箱体建模。

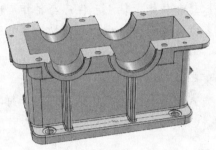

图 2-144　减速器箱体

2.4.4　减速器箱体设计

> 实例文件　实例\02\减速器箱体.ics
> 操作录像　视频\02\减速器箱体.avi

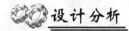 设计分析

（1）结构分析

普通单级直齿圆柱齿轮减速器中，箱盖和箱座由两个圆锥销精确定位，并用一定数量的螺栓联成一体。这样，齿轮、轴、滚动轴承等可在箱体外装配成轴系部件后再装入箱体，方便装拆。

起盖螺钉是为了便于由箱座上揭开箱盖，吊环螺钉则是用于提升箱盖，而整台减速器的提升则应使用与箱座铸成一体的吊钩。

减速器用地脚螺栓固定在机架或地基上。轴承盖用来封闭轴承室和固定轴承、轴组机件相对于箱体的轴向位置。

该减速器齿轮传动采用油池浸油润滑。滚动轴承利用齿轮旋转溅起的油雾以及飞溅到箱盖内壁上的油液汇集到箱体接合面上的油沟中，经油沟再导入轴承室进行润滑。

箱盖顶部所开检查孔用于检查齿轮啮合情况及向箱内注油，平时用盖板封住。箱座下部设有排油孔，平时用油塞封住，需要更换润滑油时，可拧去油塞排油。

杆式油标用来检查箱内油面的高低。为防止润滑油渗漏和箱外杂质侵入，减速器在轴的伸出处、箱体结合面处以及轴承盖、检查孔盖、油塞与箱体的接合面处均需采取密封措施。通气器用来及时排放箱体内发热升温而膨胀的空气。

（2）设计分析

① 根据包含的齿轮、齿轮轴和轴承等零件的大小，构造出箱体的基本体为一个长方体。

② 根据两侧轴承宽度及轴中心到安装面高度，通过编辑包围盒设定箱体大小。

③ 根据与箱盖连接以及安装的需要构造出箱体的上、下凸缘部分。为了减轻质量，将箱体底部挖空。

④ 根据安装轴承盖所需要的宽度构造出箱体两侧的凸缘结构。

⑤ 依据轴承尺寸，构造出凸缘内孔的形状大小；再通过虚拟装配，确定箱体内容纳齿轮的宽度；最后取消装配，得到箱体的基本形状。

⑥ 根据连接、安装以及注油、泄油的需要，通过工具元素库中的"自定义孔"图素以及相应的孔对话框，构造连接孔、安装孔和泄油孔；为了提高箱体强度和刚度，在两侧凸缘下方构造出肋板。

⑦ 对箱体各处倒圆角。

⑧ 构建轴承支座孔处密封槽。

操作步骤

01 从设计元素库中拖曳"厚板"标准智能图素至设计环境中，编辑其包围盒，按照图2-145所示定义尺寸。

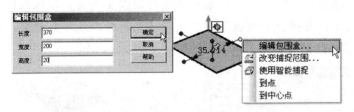

图 2-145　生成箱体底板

02 从设计元素库中拖曳"长方体"标准智能图素至底板的上表面中心位置，待出现浅绿色反馈后释放鼠标，编辑其包围盒，按照图 2-146 所示定义膛体尺寸。

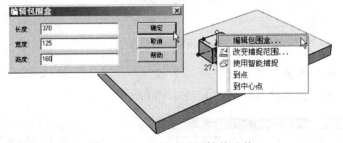

图 2-146　绘制减速器箱体膛体

03 从设计元素库中拖曳"厚板"图素至膛体顶面中心位置，待出现浅绿色反馈后释放鼠标，编辑其包围盒，按照图 2-147 所示定义箱体顶板尺寸。

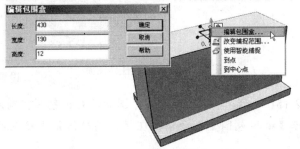

图 2-147　绘制减速器箱体顶板

04 拖曳"圆柱体"图素至顶板上前侧中点位置，待出现浅绿色反馈后释放鼠标，编辑其包围盒，按照图 2-148 所示调整尺寸。

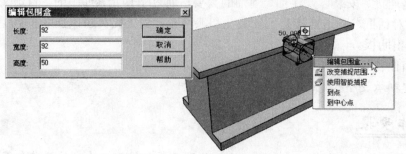

图 2-148　添加圆柱体图素

05 单击【线性标注】按钮，标注圆柱体端面圆心至减速器顶板左侧尺寸。鼠标右键单击标注尺寸，在弹出的快捷菜单中选择【编辑智能尺寸】命令，调整智能尺寸为 110，如图 2-149 所示。

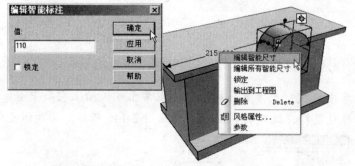

图 2-149　调整圆柱体图素位置

06 选择"圆柱体"图素，单击【三维球】按钮，单击三维球前端外控制柄，推动三维球向后移动，调整移动距离，如图 2-150 所示。

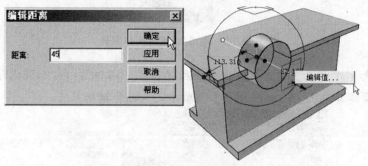

图 2-150　移动圆柱体图素

07 调整视图至图 2-151 所示，单击"圆柱体"图素，右击包围盒前端控制柄，在弹出的快捷菜单中选择【编辑包围盒】命令，在弹出的对话框中输入高度值"200"，单击 确定 按钮。

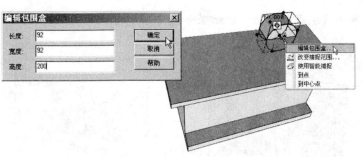

图 2-151　编辑圆柱体图素尺寸

08 采用同样的步骤，从设计元素库中拖曳"圆柱体"图素设计第二个轴承支座实体。调整其尺寸为"直径：114"、"高度：200"，与第一个圆柱体距离为"145"，如图 2-152 所示。

09 单击【拉伸向导】按钮，拾取减速器顶板上表面，按照图 2-153 所示进行操作，将出现与减速器箱体顶板上表面垂直的二维绘图平面。

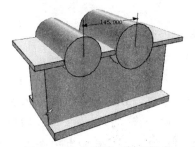

图 2-152　绘制第二个圆柱体

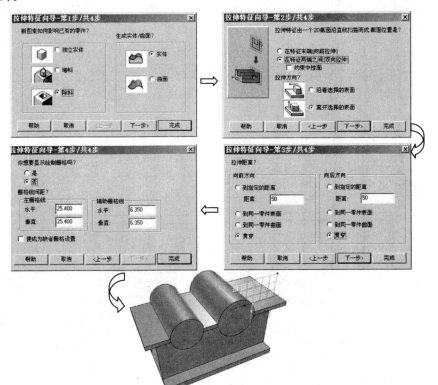

图 2-153　建立拉伸特征

10 在二维截面上，绘制一个与顶板上表面相齐的矩形，矩形面积应覆盖两个圆柱体的

上半部，单击【完成】按钮✓，结果如图 2-154 所示。

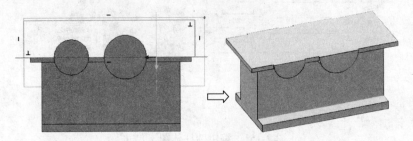

图 2-154　切除实体

11 拖曳"长方体"图素至第一轴承支座前端面中心，待出现浅绿色反馈后释放鼠标，单击【指定面】按钮，选定箱体左侧面。在"长方体"图素上单击，使其处于图素编辑状态。右键单击图素包围盒下端操作柄，在弹出的快捷菜单中选择【到点】命令，移动鼠标至底板上表面，当上表面绿色亮显时单击左键。同样，利用【到点】命令将"长方体"图素的后端面与膛体前表面贴合。

12 拖动"长方体"包围盒上端控制柄至其顶端没入 φ92 "圆柱体"图素。在设计树中将"长方体"重命名为"肋板 1"。操作过程如图 2-155 所示。

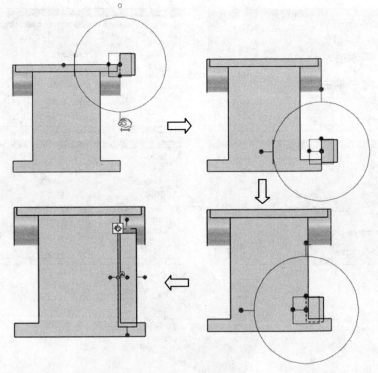

图 2-155　构建肋板

13 右击"肋板 1"图素前端操作柄，在弹出的快捷菜单中选择【编辑包围盒】命令，调整包围盒尺寸，如图 2-156 所示。

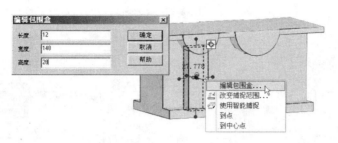

图 2-156 调整肋板 1 尺寸

14 单击【线性标注】按钮，利用鼠标左键选择肋板 1 前端面和底板前端面，进行尺寸标注，如图 2-157 所示。

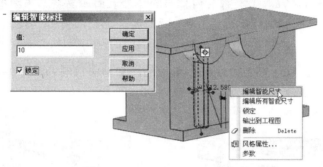

图 2-157 调整肋板 1 位置

15 采用同样方法，构建轴承支座 2 下方肋板 2。

16 在设计树中单击"肋板 1"节点，单击【三维球】按钮，按下 Space 键，将三维球定位于顶板上表面中点处。右击三维球水平定向控制手柄，在弹出的快捷菜单中选择【链接】命令，将肋板 1 复制到减速器箱体的另一侧，如图 2-158 所示。

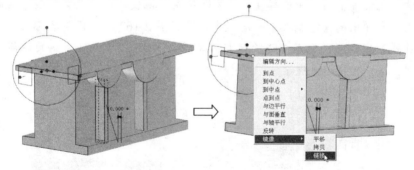

图 2-158 三维球镜像复制肋板 1

17 采用同样方法，通过三维球镜像复制肋板 2。

18 从设计元素库中拖曳"长方体"图素，将其置于减速器膛体侧面。利用【线性标注】按钮，将"长方体"面 1 与顶板前端面平齐，面 2 与顶板底面平齐，面 3 与膛体左端面平齐。然后编辑包围盒尺寸，如图 2-159 所示。

19 同步骤 15，将螺栓孔肋板进行三维球镜像操作，将其镜像复制在箱体的另一侧。

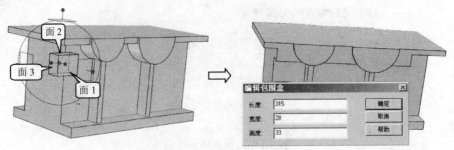

图 2-159　绘制螺栓孔肋板

20 从设计元素库中拖曳"孔类长方体"图素至顶板中心，待出现浅绿色反馈后释放鼠标。利用"线性标注"工具将其内侧与箱体外表面距离均约束为 8，编辑图素包围盒尺寸为"长度：354"、"宽度：109"、"高度：184"，如图 2-160 所示。

21 从设计元素库中拖曳"孔类圆柱体"图素至轴承支座 1 中心位置，待出现浅绿色反馈后释放鼠标，调整其直径为 68，拖动包围盒轴向控制柄，使图素贯穿箱体。同理，设计轴承支座 2 轴承孔，调整其直径为 90，如图 2-161 所示。

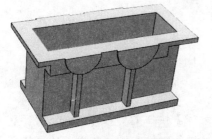

图 2-160　绘制减速器箱体内腔

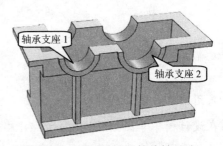

图 2-161　绘制减速器箱体轴承孔

22 在【设计元素库】面板中选择【工具】选项卡，拖曳"自定义孔"图素至减速器箱体底板上。在弹出的【定制孔】对话框中，按照图 2-162 所示设置各参数。利用三维球对沉孔进行定位，约束其中心至底板左端面距离为 37，距离前端面距离为 18。

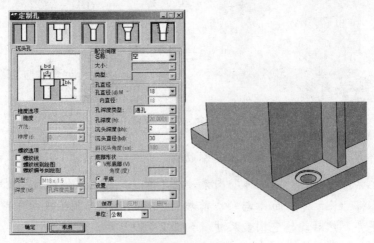

图 2-162　绘制沉孔

23 激活沉孔三维球，单击左侧外控制柄，右键拾取三维球上二维平面，拖动鼠标，至目标位置后释放，在弹出的快捷菜单中选择【矩形阵列】命令，在弹出的【矩形阵列】对话框中按照图 2-163 所示设置各参数。

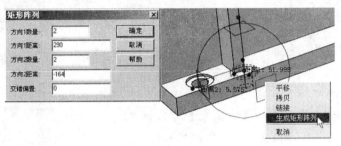

图 2-163　形成沉孔矩形阵列

24 从设计元素库中拖曳"孔类圆柱体"图素，设计箱体顶板上的螺栓通孔及圆柱销孔，孔直径尺寸、位置尺寸如图 2-164 所示，设计结果如图 2-165 所示。

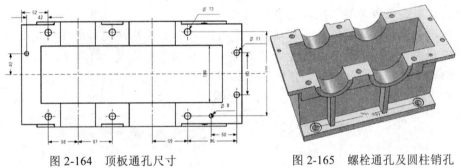

图 2-164　顶板通孔尺寸　　　　　　　图 2-165　螺栓通孔及圆柱销孔

25 从设计元素库中拖曳"圆柱体"图素至箱体侧面，编辑圆柱体直径为 30，圆柱体轴线与水平面成 45°角，距箱体底面距离为 80，如图 2-166 所示。

26 在【设计元素库】面板中选择【工具】选项卡，拖曳"自定义孔"图素至圆柱体上端中心位置，待出现浅绿色反馈会释放鼠标；在弹出的【定制孔】对话框中，定义"孔直径：14"、"深度：45"、"沉孔深度：2"、"沉孔直径：22"，结果如图 2-167 所示。

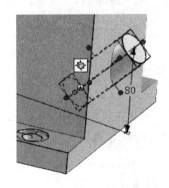

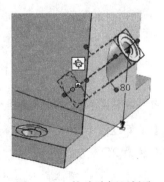

图 2-166　绘制圆柱体　　　　　　　　图 2-167　构建油标尺插孔

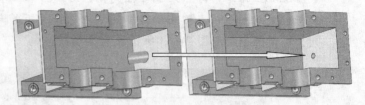

图 2-168　内腔多余部分消除

○ 提示

　　观察减速器箱体内腔，会发现油标尺插孔圆柱体图素延伸到腔体内。此时可单击设计树中的"圆柱体"节点，将其拖至设计树中"腔体"上部，可使减速器箱体内腔多余部分消失，如图 2-168 所示。

27　从工具元素库中拖曳"自定义孔"图素至减速器箱体另一侧，在弹出的【定制孔】对话框中调整其尺寸为"放油孔直径：12"、"沉孔直径：20"、"沉孔深度：2"、"孔深度：18"，"中心线高度：13"，结果如图 2-169 所示。

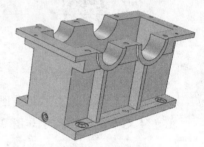

图 2-169　绘制放油孔

28　从设计元素库中拖曳"长方体"图素至减速器箱体顶板下方中间位置，待出现浅绿色反馈后释放鼠标，形成吊耳，编辑其包围盒尺寸；利用线性标注约束吊耳上表面与顶板下表面距离为 0，吊耳外侧与顶板侧表面距离为 0；然后拖曳"孔类圆柱体"图素对吊耳进行圆孔切除；拖曳"孔类长方体"图素至吊耳，对其进行长方体切除。操作过程如图 2-170 所示。

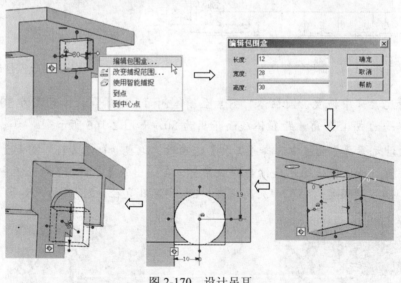

图 2-170　设计吊耳

29　采用同样方法在减速器箱体另一侧设计吊耳。

30　单击【圆角过渡】按钮，对箱体底板、顶板和中间腔体各自 4 个直角外沿倒圆角，圆角半径为 25。

31　采用同样方法，对箱体内腔 4 个直角内沿倒圆角，圆角半径为 5。

32 采用同样方法，对剩余各边沿倒圆角，圆角半径为"3"，结果如图 2-171 所示。

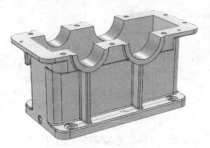

图 2-171　箱体倒角

33 从设计元素库中拖曳"孔类圆柱体"图素至 R45 轴承孔右端，待出现浅绿色反馈后释放鼠标，如图 2-172 所示。激活三维球工具 ，单击左端外控制柄，然后按住手柄向左拖动一定距离，编辑距离为 45。

34 单击三维球前端外控制柄，拖动手柄向后移动，编辑距离为 4。按 Esc 键取消三维球，右击"孔类圆柱体"图素包围盒后端手柄，在弹出的快捷菜单中选择【编辑包围盒】命令，在弹出的【编辑包围盒】对话框中设置各参数，如图 2-173 所示。

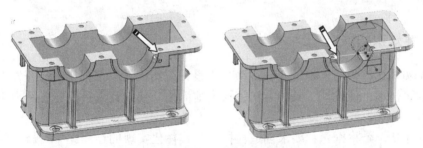

图 2-172　调用"孔类圆柱体"图素

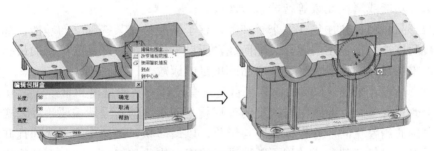

图 2-173　绘制轴承孔密封槽

35 采用同样方法，绘制 R34 轴承孔处密封槽，密封槽直径为 76，宽度为 4。然后利用三维球对密封槽进行镜像复制，得到另一侧轴承孔密封槽。

36 从设计元素库中拖曳"孔类厚板"图素至底板中心位置，待出现浅绿色反馈后释放鼠标；右击包围盒向内控制柄，在弹出的快捷菜单中选择【编辑包围盒】命令，编辑"孔类厚板"尺寸；对凹槽进行倒角，倒角半径为 5。结果如图 2-174 所示。

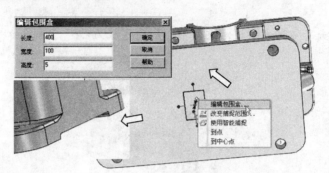

图 2-174 绘制箱体底板凹槽

37 检查无误后，保存文件。

2.5 应用拓展

CAXA 实体设计是当今世界技术领先的创新三维 CAD 系统之一，是近二十年来 CAD 技术的重大突破，它使 CAD 真正成为普及化的智能工具，简单易用地做到了设计和创新。功能上的突破使得 CAXA 实体设计在机械、电子、汽车、军工、建筑、教育和科研等多个领域得到了广泛应用。

2.5.1 软件知识拓展

CAXA 实体设计采用"拖放实体造型"、"设计流结构"、"可视化产品开发"以及"多内核平台"等技术，使设计工具和方法被极大地简化，使设计人员能够将精力集中于创新开发产品。

产品设计是一个将概念和要求创造性构思且具体化实现的过程。一个设计任务或目标，无论是机械零件、加工设备、生产流水线，还是轻工产品，如豆浆机、咖啡壶等，都是由基本的结构、功能或属性元素等智能组合而成。

复杂的产品和项目往往包含多个子装配，该子装配具有某些独立的功能，称为部件。每一个子装配往往由最基本的零件装配而成，所以零件是组成产品或项目的最基本结构和功能单元，零件设计的优劣关乎整个产品或项目的成败。

就一个产品设计来说，80%的内容来自对已有设计方案的借用和重组，只有 20%左右的工作属于改型与革新，而重组与改型的过程就是创新。创新设计需要"发散式"思维，需要充分自由的想象空间，并根据灵感与经验，以最简易、最快捷的方式捕捉并迅速表达出来，并对设计的任意部分或过程不断地进行编辑、修改和细化，直到得到优化的设计结果，并实现后续的开发应用。

CAXA 实体设计的优势在于智能图素的使用。标准智能图素可从设计元素库中直接拖入设计环境。智能图素的应用主要有以下两个方面。

（1）智能尺寸

CAXA 实体设计可自动判别要放入的图素是否过大。如果图素太大，系统即会启动"智能尺寸设置"功能，通过弹出的对话框可缩小图素的尺寸。也可把减料图素的尺寸自动调节到比待放入的实体图素小，从而避免孔类图素"吞噬"实体图素。

（2）图素的调准

智能图素编辑状态下选定某一标准图素，通过单击包围盒操作柄，可在标准智能图素的两种编辑操作柄之间切换。通过包围盒操作柄 可以重新设置智能图素的长度、宽度和高度；通过图素操作柄 还可重新设置图素的截面尺寸，并可精确调整二维截面的扫描距离。

在 CAXA 实体设计中，可在 3 种状态下编辑零件，即零件作为一个整体、零件中单独的图素、图素或零件中的面。

选择编辑状态有如下两种方法。

（1）选择过滤器（或称下拉列表框）法

打开【选择】工具条，在选择过滤器中选择相应选项，如图 2-175 所示。

要同时编辑多个对象，可先按下 Shift 键，然后单击编辑对象；也可单击框选按钮，用鼠标在设计环境中拖出一个完全覆盖编辑对象的包围框，即可一次选定多个编辑对象。

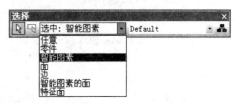

图 2-175　选择过滤器

（2）单击选择法

在选择过滤器中选择任意选项后单击零件，即可进入零件编辑状态，零件的轮廓加亮显示，此状态下的任何操作都将影响整个零件；再次单击零件，进入【智能图素】编辑状态，在图素上显示黄色包围盒和操作柄，在包围盒一角显示蓝色箭头，指示图素的生成方式及方向，在此状态下可对图素进行编辑操作；再次单击零件，零件或图素表面绿色加亮显示，此状态下的操作将只影响选定的零件表面；再次单击，恢复到零件选择状态……如此循环编辑对象。

CAXA 实体设计为了精确操作，提供了多种定位方法。

❑ 利用智能捕捉反馈定位：智能捕捉具有强大的定位和尺寸修改功能。智能捕捉反馈使零件的图素组件沿边或角对齐，也可使零件的图素组件置于其他零件表面的中心位置。

❑ 智能尺寸定位：利用智能尺寸显示图素或零件棱边的标注尺寸，或不同图素或零件上两点之间的距离，并根据相对于同一个零件或多个零件上的点或面的精确距离和角度对图素和零件进行定位。

❑ 三维球工具定位：针对图素、装配件、灯光、栅格和零件等，三维球提供了强大、灵活的定位功能；此外，还可利用三维球工具复制和链接图素、零件、群组、装配件和附着点。三维球可生成图素样式，可沿诸多项目的 3 个坐标轴中任一个轴旋转。

❑ 背景栅格定位：背景栅格是直线平行交叉形成的网格。如果设计环境中的图素和零件必须相对于设计环境中的某个固定点定位，就可使用背景栅格。

❑ 【位置】属性对话框定位：通过【位置】属性对话框，可相对于背景栅格中心编辑定位锚位置。采用此方法时，图素或零件可根据编辑结果相应地重新定位。

❑ 附着点定位：通过添加附着点，可使操作对象在其他位置结合；也可把附着点添加到图素或零件的任意位置，然后直接将其他图素贴附到该点。

□ 重新定位定位锚：定位锚决定了图素的默认连接点和方向。利用三维球工具，可对定位锚进行重新定位，以指定其他的连接点和/或方向。

□ 无约束装配工具定位：采用"无约束装配"工具可参照源零件和目标零件快速定位源零件。

□ 约束装配工具定位：利用"约束装配"工具可保留零件或装配件之间的"永恒"空间关系。

2.5.2　行业拓展

作为支持产品创新设计过程的新一代三维 CAD 软件，CAXA 实体设计为产品创新设计提供了强大的技术支持。CAXA 实体设计所提供的简单易用、灵活自由的智能化和宜人化操作风格，以及丰富、强大的三维创新设计功能，决定了它在制造业及各类设计领域（如产品与工程设计、工业设计、电子电器、汽车零部件、国防军工和教育等）获得了广泛的应用。

CAXA 实体设计的强大造型设计和虚拟装配功能使设计的产品更加直观，非技术人员的交流也变得更加容易，大大提高了产品设计效率，缩短了产品上市时间，以前因图纸设计错误而产生的报废率也迅速降低，成本逐步下降，创新速度却日益提高。正因为 CAXA 实体设计软件性价比高，自 2002 年以来它已被越来越多的厂家采用。如图 2-176 所示是某厂设计的空压机。

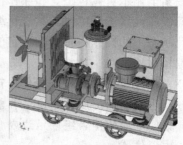

图 2-176　CAXA 空压机产品设计

现代工业设计摆脱了单纯的产品设计，更加强调"用"与"美"的高度统一，重视"物"与"人"的完美结合。依靠 CAXA 实体设计提供的强大功能，工业设计人员可将技术、艺术、经济三者在产品上统一起来，更好地满足社会生活和生产需要，同时大大缩短了产品设计周期，明显提高了产品的表现力和市场竞争力。如图 2-177 所示是一些工业设计。

图 2-177　CAXA 工业设计

　　CAXA 实体设计的强大功能不仅表现在机械设计中，其方便的拖放式操作方法、良好的模块相关性、丰富的设计元素库、强大的可扩充性以及优秀的协同工作能力，同样适用于建筑设计。如图 2-178 所示是部分建筑外观设计和室内装修设计。

图 2-178　CAXA 建筑装修设计

2.6　思考与练习

1．思考题

（1）智能捕捉与驱动手柄有何功能？

（2）三维球工具有何作用？

（3）智能图素有几种操作柄？如何切换？

（4）操作柄中的智能捕捉功能如何实现？

2．操作题

（1）创建如图 2-179 所示的钣金件。

图 2-179　钣金件

【操作提示】

☆ 生成参考零件。

☆ 建立钣金盒侧板、侧板折弯。

☆ 使用冲孔类钣金元素，建立散热孔。

（2）利用曲面扫描创建如图 2-180 所示的水杯模型。

图 2-180　水杯

【操作提示】

☆ 创建椭圆曲线。

☆ 以椭圆曲线为截面曲线，以样条曲线为引导线串生成杯把实体。

☆ 使用孔命令创建水杯内表面。

☆ 细化模型。

（3）创建如图 2-181 所示的吊钩模型。

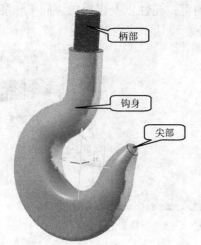

柄部

钩身

尖部

【操作提示】

☆ 通过曲线命令创建钩身。

☆ 通过回转命令创建尖部。

☆ 通过回转命令或凸台命令创建柄部。

☆ 创建柄部螺纹。

☆ 细化模型。

图 2-181　吊钩

第 3 章　标准件及高级图素应用

学习目标

掌握孔与螺纹孔的生成
掌握紧固件的设计
掌握齿轮对话框各选项设置
掌握弹簧的造型方法
了解图素的表面编辑方法

齿轮轴是在轴上直接加工出来齿轮，齿轮和轴一体。可利用工具元素库中的"齿轮"标准图素进行参数化设计，再利用"圆柱体"、"孔类键槽"等图素设计齿轮轴。

花键是一种典型的机械零件，根据其几何形状，在设计过程中可采用二维设计方法绘制其截面轮廓（在绘制过程中，使用【旋转曲线】【镜像】等命令来绘制花键齿），然后使用二维截面的【拉伸】命令对二维图形进行拉伸，从而生成花键实体造型。

齿轮是一种用途广泛的零件。设计时，首先利用工具元素库中的"齿轮"标注智能图素建立齿轮外形；继而构建键槽，利用拉伸—减料操作构建腹板；再利用三维球的阵列功能，建立圆孔圆形阵列。

3.1 相关专业知识

标准件又称紧固件，是一类用于紧固联接的机械零件，应用极为广泛。紧固件通常分为螺栓、螺柱、螺钉、螺母、自攻螺钉、木螺钉、垫圈、挡圈、销、铆钉和组合件。其特点是品种规格繁多，性能用途各异，而且标准化、系列化、通用化的程度极高。因此，也有人把已有国家（行业）标准的一类紧固件称为标准紧固件，简称为标准件。

3.1.1 基本概念

1．标准件（紧固件）定义

标准件是指将两个或两个以上零件（或构件）紧固连接成为一体时所采用的一类机械零件的总称。

紧固件是用于紧固连接且应用极为广泛的一类机械零件，在各种机械、设备、车辆、船舶、铁路、桥梁、建筑、结构、工具、仪器、仪表和日用品等上面，都可以看到各式各样的紧固件。

特点：品种规格繁多，性能用途各异，而且标准化、系列化、通用化的程度极高。因此，也有人把已有国家标准的一类紧固件称为标准紧固件，简称标准件。

紧固件如图 3-1 所示。

图 3-1　标准件（紧固件）

2．紧固件标准

每个具体紧固件产品的规格、尺寸、公差、重量、性能、表面情况、标记方法，以及验收检查、标志和包装等项目的具体要求各不相同，不同国家或地区遵循不同的标准。

- ❑ GB（中国国家标准（强制性标准））、GB/T（中国国家标准（推荐性标准））。
- ❑ ISO（国际标准）、ANSI（美国国家标准）。
- ❑ DIN（德国标准）、JIS（日本工业标准）。

我国的标准早期分为国家标准、部标准和企业标准 3 级；自 1989 年起，根据我国《标准化法》规定，将我国的标准分为国家标准、行业标准、地方标准和企业标准 4 级；凡有关保障人体健康、人身和财产安全的标准，以及法律行政法规规定强制执行的标准是强制性标准，其他标准均是推荐性标准。

随着我国 2001 年加入 WTO 并步入国际贸易大国的行列，标准件（紧固件）作为我国进出口量较大的产品之一，实现与国际接轨，对推动中国紧固件企业走向世界，促进紧固件企业全面参与国际合作与竞争，都具有重要的现实意义和战略意义。

3．紧固件产品的有关标准内容

❑ 尺寸方面的标准：具体包括产品的基本尺寸、尺寸公差和形位公差等内容；带螺纹的紧固件产品，还包括螺纹的基本尺寸和公差、对外螺纹的零件末端的有关规定等内容。

❑ 机械性能方面的标准：具体包括性能等级的标记方法和具体性能要求等内容。

❑ 表面缺陷方面的标准：具体包括产品的表面缺陷的种类和要求等内容。

❑ 表面处理方面的标准：具体包括产品的表面处理种类及其具体要求等内容。

❑ 紧固件的验收检查、标志与包装方面的标准：具体包括产品出厂验收检查时的抽查项目、合格质量水平和抽样方案等内容的有关规定，以及产品的标志和包装等内容的有关规定。

❑ 紧固件的标记方法方面的标准。

3.1.2　标准件（紧固件）分类

标准件通常包括以下 12 类零件。

1．螺栓

螺栓（如图 3-2 所示）是由头部和螺杆（带有外螺纹的圆柱体）两部分组成的一类紧固件，需与螺母配合，用于紧固联接两个带有通孔的零件。这种联接形式称为螺栓联接。如把螺母从螺栓上旋下，可以使这两个零件分开，故螺栓联接属于可拆卸联接。

图 3-2　螺栓

2．螺柱

螺柱（如图 3-3 所示）是没有头部，两端均外带螺纹的一类紧固件。联接时，其一端必须旋入带有内螺纹孔的零件中，另一端穿过带有通孔的零件中，然后旋上螺母，即可将这两个零件紧固连接成一个整体。这种联接形式称为螺柱联接，也属于可拆卸联接。主要用于联接零件之一厚度较大、要求结构紧凑，或因拆卸频繁，不宜采用螺栓联接的场合。

图 3-3　螺柱

3．螺钉

螺钉（如图 3-4 所示）也是由头部和螺杆两部分构成的一类紧固件，按用途可以分为 3 类，即机器螺钉、紧定螺钉和特殊用途螺钉。机器螺钉主要用于一个紧定螺纹孔的零件与一个带有通孔的零件之间的紧固联接，不需要螺母配合（这种联接形式称为螺钉联接，也属于可拆卸联接），也可以与螺母配合，用于两个带有通孔的零件之间的紧固联接。紧定螺钉主要用于固定两个零件之间的相对位置。特殊用途螺钉（如有吊环螺钉等）供吊装零件用。

图 3-4　螺钉

4．螺母

螺母（如图 3-5 所示）带有内螺纹孔，形状一般呈现为扁六角柱形，也有的呈扁方柱形或扁圆柱形，主要用于配合螺栓、螺柱或机器螺钉，紧固联接两个零件，使之成为一个整体。

图 3-5　螺母

5．自攻螺钉

自攻螺钉（如图 3-6 所示）与机器螺钉相似，但螺杆上的螺纹为其专用，主要用于紧固联接两个薄的金属构件，使之成为一个整体。构件上需要事先制出小孔，由于这种螺钉具有较高的硬度，可以直接旋入构件的孔中，使构件中形成相应的内螺纹。这种联接形式也属于可拆卸联接。

图 3-6　自攻螺钉

6．木螺钉

木螺钉（如图 3-7 所示）也是与机器螺钉相似，但螺杆上的螺纹为其专用，可以直接旋入木质构件（或零件）中，用于把一个带通孔的金属（或非金属）零件与一个木质构件紧固联接在一起。这种联接也属于可拆卸联接。

图 3-7　木螺钉

7．垫圈

垫圈（如图 3-8 所示）是一类形状呈扁圆环形的紧固件，通常置于螺栓、螺钉或螺母的支撑面与联接零件表面之间，可以起到增大被联接零件接触表面面积、降低单位面积压力和保护被联接零件表面不被损坏的作用；另一类弹性垫圈，还能起到阻止螺母回松的作用。

图 3-8　垫圈

8．挡圈

挡圈（如图 3-9 所示）通常安装在机器、设备的轴槽或孔槽中，起到阻止轴上或孔上的零件左右移动的作用。

图 3-9　挡圈

9．销

销（如图 3-10 所示）主要供零件定位用，有的也可供零件联接、固定零件、传递动力或锁定其他紧固件之用。

图 3-10　销

10．铆钉

铆钉（如图 3-11 所示）是由头部和钉杆两部分构成的一类紧固件，用于紧固联接两个带通孔的零件（或构件），使之成为一个整体。这种连接形式称为铆钉连接，简称铆接。它属于不可拆卸联接，因为要使联接在一起的两个零件分开，必须破坏零件上的铆钉。

图 3-11　铆钉

11．组合件和联接副

组合件（如图 3-12 所示）是指组合供应的一类紧固件，如将某种机器螺钉（或螺栓、自攻螺钉）与平垫圈（或弹簧垫圈、锁紧垫圈）组合供应；联接副（如图 3-12 所示）指将某种专用螺栓、螺母和垫圈组合供应的一类紧固件，如钢结构用高强度大六角头螺栓联接副。

图 3-12　组合件
和联接副

12．焊钉

焊钉（如图 3-13 所示）是由光能和钉头（或无钉头）构成的异类紧固件。通常用焊接方法将其固定联接在一个零件（或构件）上面，以便再与其他零件进行连接。

图 3-13　焊钉

3.2　软件设计方法

在零件设计中，构造各种形状的孔、布置安排孔的不同排列方式等已经成为典型的设计内容。另外，有些零件，如螺钉、螺母、垫圈、齿轮、轴承和弹簧等，其结构已经固定，并已纳入国家标准，所以在零件的分类中，一般将这些零件称为标准件和常用件。CAXA实体设计不仅提供了构造这些零件的方法，而且还将一些常用的结构归纳到设计元素库的【高级图素】或【工具】选项卡中。

3.2.1　孔与螺纹孔的生成

对实体设计而言，生成一个孔是非常方便的。将二维图形以除料方式拉伸或旋转都可生成孔，但最简单的方法还是利用设计元素库中的"减料"图素。

在设计元素库的【图素】和【高级图素】选项卡中，系统提供了多种不同的结构截面常用孔图素，直接拖动所需的孔图素，然后将其定位在零件上，再根据需要修改尺寸即可生成所需的孔结构。另外，如要生成多棱柱或多棱锥形状的孔，可通过【智能图素属性】对话框的【变量】选项卡修改其棱边数量或截面的其他参数得到。

3.2.1.1　自定义孔

在设计元素库的【工具】选项卡中，提供了一种"自定义孔"功能。将"自定义孔"图素拖放到零件表面并释放鼠标左键以后，将弹出如图 3-14 所示【定制孔】对话框，在其中可定义简单孔、沉头孔、锥形沉头孔、复合孔和管螺纹孔等 5 种常见孔，如图 3-15 所示。选择所需孔的类型，然后设定相应的尺寸，即可构造出所需的孔，如图 3-16 所示。

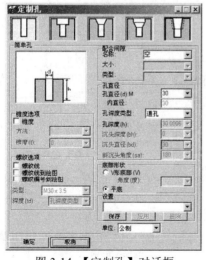

图 3-14　【定制孔】对话框

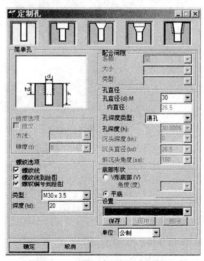

图 3-15　设置螺纹及相关尺寸

图 3-16　5 种孔造型

3.2.1.2　生成多个相同的孔

在零件上，常会要求按一定规则排列形状和大小完全相同的多个孔。为了快速生成这些孔，可先构造出一个孔，然后采用复制方法生成多个孔。

1．拷贝复制

复制孔的操作步骤如下。

> 实例文件　实例\03\拷贝复制.ics
> 操作录像　视频\03\拷贝复制.avi

操作步骤

01 从设计元素库中拖曳"长方体"图素至设计环境中，再拖入"孔类多棱体"图素至"长方体"图素上表面。

02 激活三维球工具 ⊕。

03 按下鼠标右键，拖动三维球外控制手柄，使孔与三维球一起移动。

04 释放鼠标，在弹出的快捷菜单中选择【拷贝】命令。

05 在出现的【重复拷贝/链接】对话框中设定拷贝的数量和距离，即可将多棱体按需要进行复制。操作过程如图 3-17 所示。

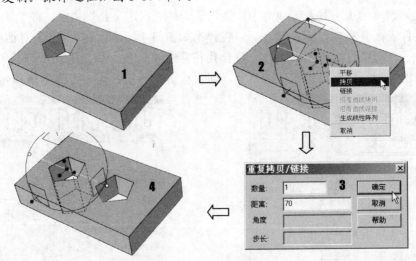

图 3-17　拷贝复制

2．链接复制

链接复制操作方法与拷贝复制方法基本相同，只不过在图 3-17 步骤 2 中的快捷菜单中需选择【链接】命令。

实例文件　实例\03\线性阵列复制.ics
操作录像　视频\03\线性阵列复制.avi

3．线性阵列复制

线性阵列复制是生成纵、横两个方向多个孔的有效方法。

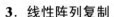 **操作步骤**

01 如图 3-18 所示，在出现的快捷菜单中选择【生成线性阵列】命令。

02 在弹出的【阵列】对话框中输入数量和距离，然后单击 确定 按钮，即可实现阵列。

03 阵列完成后，复制出来的孔将与原有孔相关联。

04 阵列方向上会出现虚线，并显示阵列距离。选中该距离值后右击，可在弹出的对话框中编辑阵列距离。操作过程如图 3-18 所示。

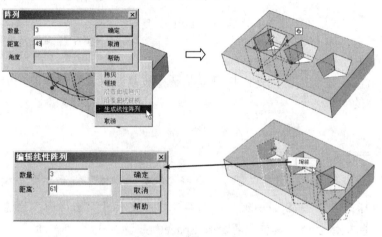

图 3-18　线性阵列复制

实例文件　实例\03\圆形阵列复制.ics
操作录像　视频\03\圆形阵列复制.avi

4．圆形阵列复制

通过圆形阵列可将孔绕着某个旋转轴进行阵列复制。

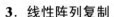 **操作步骤**

01 如图 3-19 所示，将"孔类圆柱体"图素拖至"圆柱体"图素上表面。

02 激活三维球工具，按 Space 键，将三维球中心定位至旋转轴上。

03 单击三维球上端外控制柄，确立旋转轴；按下鼠标右键，拖动旋转轴，至目标处松开鼠标，在弹出的快捷菜单中选择【生成圆形阵列】命令。

04 在出现的【阵列】对话框中输入阵列的数量及相间角度，然后单击 确定 按钮，生成如图 3-19 所示圆形阵列。

05 阵列完成后，复制出来的孔将与原有孔相关联。在阵列后圆孔所在的圆上将以虚线显示其中心线位置、半径值及阵列角度，选中后可对其进行修改。

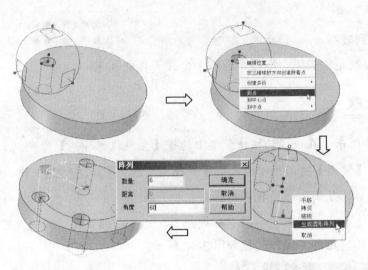

图 3-19　圆形阵列复制

```
实例文件    实例\03\镜像复制.ics
操作录像    视频\03\镜像复制.avi
```

5. 镜像复制

镜像复制与拷贝复制的区别是：拷贝复制是将被复制对象平移复制，而镜像复制则是复制出一个对称的对象。

🔧 **操作步骤**

01 构建如图 3-20 所示 "长方体" 图素，并将 "孔类圆锥体" 拖至 "长方体" 图素上表面。

02 激活三维球工具，按 Space 键，将三维球中心定位于 "长方体" 图素中心位置，待出现浅绿色反馈后释放鼠标，再次按 Space 键。

03 右击三维球镜像方向定向手柄，在弹出的快捷菜单中选择【镜像】/【拷贝】或【链接】命令，即可构造出沿选定方向镜像复制出的图素。

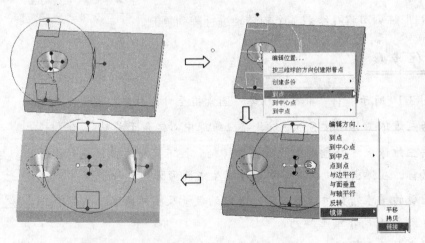

图 3-20　镜像复制

实例文件　实例\03\紧固件.ics
操作录像　视频\03\紧固件.avi

3.2.2　紧固件

螺栓、螺钉、螺母和垫圈等紧固件应用非常广泛，利用设计元素库【工具】选项卡中提供的图素可以十分方便、快捷地构建它们。

操作步骤

01　将工具元素库中的"紧固件"图素拖放到设计环境中。

02　弹出【紧固件】对话框，在【主类型】和【子类型】下拉列表框中选择相应的紧固件类型，例如将主类型设置为"螺钉"、将子类型设置为"圆柱头螺钉"。

03　单击 下一步> 按钮，在弹出的对话框中选择适当规格，并按需要修改各个参数后，单击 确定 按钮，即可构造出相应的螺钉，如图 3-21 所示。

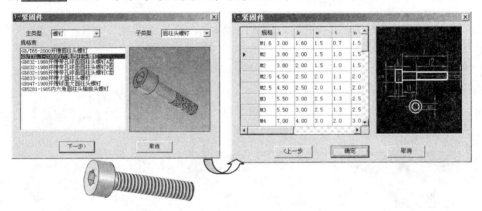

图 3-21　内六角圆柱头螺钉

实例文件　实例\03\齿轮.ics
操作录像　视频\03\齿轮.avi

3.2.3　齿轮

齿轮是机械产品中的常用零件，具有直齿、斜齿、圆锥齿及齿条和蜗杆等不同结构形式，其齿形有渐开线、梯形、圆弧、样条曲线、双曲线及棘齿等不同轮廓。

利用 CAXA 实体设计工具元素库中提供的"齿轮"图素，可方便、快捷地生成齿轮。

操作步骤

01　将工具元素库中的"齿轮"图素拖放到设计环境中。

02　在随后弹出的【齿轮】对话框中选择需定义的齿轮类型。

03　在【尺寸属性】选项组中设定齿轮各个部分的结构尺寸。

04　在【齿属性】选项组中，输入齿轮的齿数、齿廓及压力角，然后单击 确定 按钮，即可生成所需齿轮。如图 3-22 所示为【齿轮】对话框和按照默认参数构造的直齿圆柱齿轮、斜齿圆柱齿轮、直齿圆锥齿轮、蜗杆和齿条。

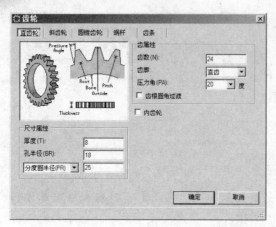

图 3-22 【齿轮】对话框及构造出的各种齿轮

3.2.4 轴承

轴承是机械产品中的典型零件。常见的滚动轴承由轴承内圈、外圈、滚动体和保持架等部分组成。

利用工具元素库中的"轴承"图素，可方便、快捷地构建 3 种轴承——球轴承、滚子轴承和推力轴承。

将"轴承"图素拖放到设计环境中后，将显示包含各种轴承设置的【轴承】对话框，如图 3-23 所示。

图 3-23 【轴承】对话框及轴承

各种轴承的可用类型都以按钮的形式显示在【类型】选项组中。【参数】选项组中各项的含义如下。

- ❑ 轴颈：用于输入轴承孔的相应值。
- ❑ 指定外径：选中该复选框，可定义选定轴承的外径。
- ❑ 指定高度：选中该复选框，可定义选定轴承的高度。

3.2.5 弹簧

CAXA 实体设计中有大量可用于生成弹簧的属性选项，它们为自定义弹簧的生成提供了许多强大功能。从工具设计元素库中将"弹簧"图素拖放到设计环境中，释放鼠标后将会出现一个只有一圈的弹簧造型。在智能编辑状态下选中该弹簧并右击鼠标，在弹出的快捷菜单中选择【加载属性】命令，在出现的【弹簧】对话框中设置相应参数，得到所需弹簧。操作过程如图 3-24 所示。

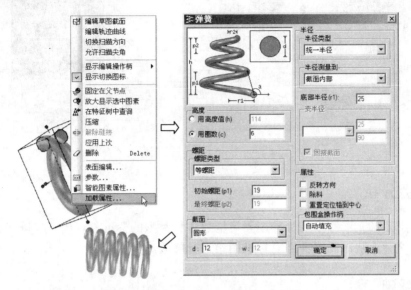

图 3-24 【弹簧】对话框

3.2.6 热轧型钢和冷弯型钢

在三维设计环境中，可利用工具元素库中的"热轧型钢"或"冷弯型钢"标准智能图素方便、快捷地构建热轧型钢和冷弯型钢。

向三维设计环境中添加热轧型钢和冷弯型钢可采用标准的拖放法。释放图素后，会显示相应对话框。从中设置相应参数后，单击【确定】按钮即可。

如图 3-25 所示为按照默认参数构建的热轧型钢。

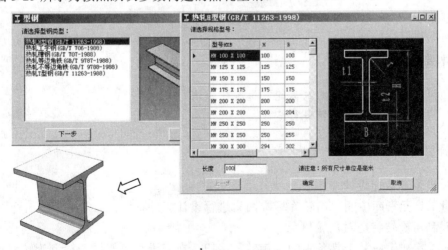

图 3-25 热轧型钢

如图 3-26 所示为按照默认参数构建的冷弯型钢。

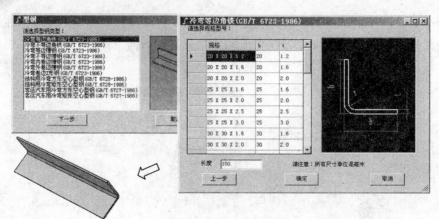

图 3-26 冷弯型钢

3.3 实例分析

虽然利用工具元素库中的标准图素可构建多种类型的标准件，但在实际设计中有些零件却不适用这种方法，此时便需对标准图素进行修改。

3.3.1 齿轮轴

| 实例文件 | 实例\03\齿轮轴.ics |
| 操作录像 | 视频\03\齿轮轴.avi |

设计目标

对于直径较小的钢制齿轮，若齿根圆到键槽底部的距离小于 $2\sim2.5m_n$，则齿轮和轴可制成一体。本例将利用工具元素库中的图素，逐步生成减速器齿轮轴，如图 3-27 所示。

图 3-27 齿轮轴

技术要点

❑ 利用工具元素库中的"齿轮"标准图素进行设计。
❑ 利用各种图素对齿轮进行修改。

设计思路

（1）**齿轮参数化设计**
利用工具元素库中的"齿轮"标准图素进行设计。
（2）**利用旋转特征对齿轮倒角**
单击【特征生成】工具条中的【旋转】按钮，在二维绘图平面中绘制旋转三角形，对齿轮倒角，再利用三维球的镜像功能对另一侧倒角。

（3）设计阶梯轴

利用"圆柱体"标准智能图素构建各阶梯轴。

（4）绘制键槽

利用"孔类键槽"图素绘制键槽并定位。

（5）绘制其他部分

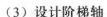 **操作步骤**

01　在【设计元素库】面板中选择【工具】选项卡，从中拖曳"齿轮"图素至设计环境中，在弹出的【齿轮】对话框中设置各项参数，然后单击 确定 按钮，生成直齿圆柱齿轮，如图 3-28 所示。

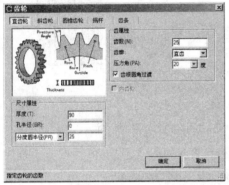

图 3-28　构建直齿圆柱齿轮

02　设计齿轮倒角。单击【特征】功能面板中的【旋转向导】按钮，在左边的命令管理栏中的【平面类型】中选择相应类型，移动鼠标选择齿轮左端中心点。如图 3-29 所示，在弹出的【旋转特征向导】对话框中选择相应选项，单击 确定 按钮，出现二维绘图栅格。

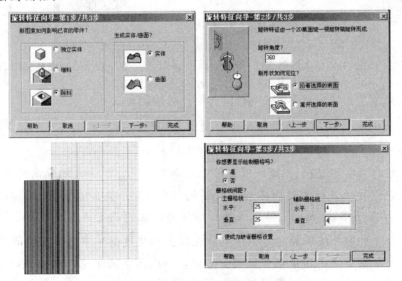

图 3-29　绘图栅格

03 绘制辅助线。经计算可知所构建直齿圆柱齿轮齿顶圆半径为 27；单击【二维辅助线】工具条中的【垂直构造直线】按钮，在绘图栅格中绘制一条通过中心的竖直辅助线；右击竖直数值，在弹出的快捷菜单中选择【编辑数值】命令，在弹出的【编辑位置】对话框中设置所需参数，如图 3-30 所示。

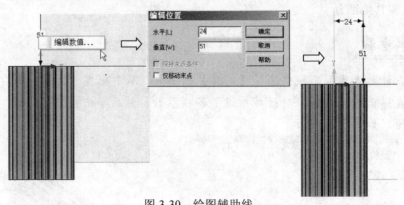

图 3-30　绘图辅助线

04 绘制直线。单击【两点线】按钮，拾取垂直构造线与齿轮上端面投影的交点，绘制一条如图 3-31 所示倾斜直线，并定义其倾斜角度为 45°。

05 绘制三角形。单击【两点线】按钮，绘制如图 3-32 所示三角形，其面积需大于齿轮边角的投影面积。至此，旋转特征 2D 轮廓绘制完毕。

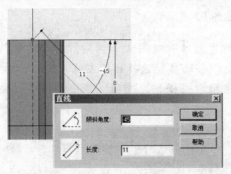

图 3-31　绘制倾斜直线

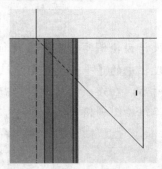

图 3-32　绘制旋转特征 2D 轮廓

06 完成倒角。单击【完成】按钮，齿轮一端的倒角设计结束。

07 单击设计树中倒角造型，使其处于智能图素编辑状态。单击【三维球】按钮，激活三维球。

08 定位三维球。按下 Space 键，使三维球显示为白色；单击左端轴向外控制柄，使其变为黄色；按下鼠标左键，拖动外控制柄向右移动一定距离后释放鼠标；编辑距离为 45；按下空格（Space）键，恢复三维球与图素的锁定状态，如图 3-33 所示。

09 镜像操作。右击三维球轴向定位手柄，在弹出的快捷菜单中选择【镜像/拷贝】命令，将"倒角"图素进行镜像操作。按 Esc 键，关闭图素三维球，单击设计环境空白处，退出智能图素编辑状态。设计结果如图 3-33 所示。

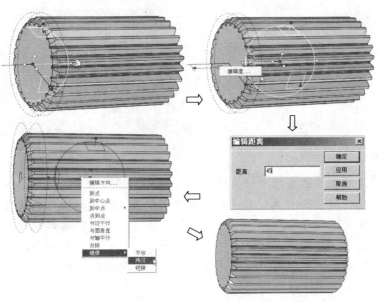

图 3-33　镜像复制倒角

⭐**10** 设计阶梯轴部分结构。根据图 3-34 所示齿轮轴尺寸，设计轴其余部分结构，图中圆角半径皆取 2，结果如图 3-35 所示。

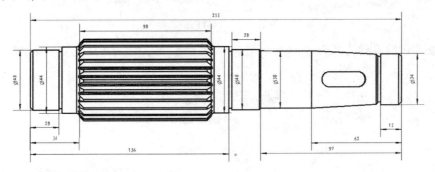

图 3-34　齿轮工程图

图 3-35　齿轮轴轮廓

⭐**11** 绘制键槽。在【设计元素库】面板中选择【图素】选项卡，从中拖曳 "孔类键" 图素至齿轮轴图素右端面四分点位置，待出现浅绿色智能反馈后释放鼠标左键。右击图素前端操作柄，在弹出的快捷菜单中选择【编辑包围盒】命令，在弹出的【编辑包围盒】对话框中设置所需参数，然后单击【确定】按钮，完成调整包围盒尺寸，如图 3-36 所示。

 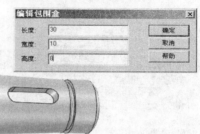

图 3-36　绘制键槽

12 标注键槽。单击"孔类键"图素两次，使其处于智能图素编辑状态；单击【线性标注】按钮，将鼠标移至键槽左端圆弧中心位置，待出现浅绿色反馈后单击圆弧，向左拖动鼠标，捕捉左侧接合面边线，待出现浅绿色反馈后释放鼠标；右击标注的键槽位置尺寸，在弹出的快捷菜单中选择【编辑智能尺寸】命令，在出现的对话框中的【值】文本框中输入"8"，并选中【锁定】复选框，如图 3-37 所示。

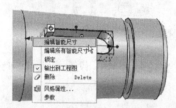 

图 3-37　标注键槽

13 检查无误后，保存文件，结果如图 3-38 所示。

图 3-38　齿轮轴

3.3.2　花键

实例文件　实例\03\花键.ics
操作录像　视频\03\花键.avi

设计目标

设计矩形花键，要求符合 GB/T1144—2001 标准，规格为中系列 8（N）×62（D）×72（D）×12（B），如图 3-39 所示。

 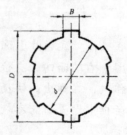

图 3-39　花键

设计思路

花键是一种典型的机械零件，根据其几何形状，在设计过程中可采用二维设计方法绘制其截面轮廓（在绘制过程中，使用【旋转曲线】、【镜像】等命令来绘制花键齿），然后使用二维截面的【拉伸】命令对二维图形进行拉伸，从而生成花键实体造型。

操作步骤

01 单击【二维草图】按钮，在设计环境中的适合位置单击，则出现【二维草图截面】绘制平台。

02 单击【圆：圆心+半径】按钮⊙，在栅格中心单击鼠标，拖动鼠标至合适位置后单击左键，按 Esc 键取消操作。选择该圆，在左侧【属性】栏中的【半径】文本框中输入 "31"，绘制如图 3-40a 所示圆。

03 重复上述操作，绘制同心圆，半径值为 36，如图 3-40b 所示。

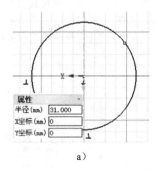
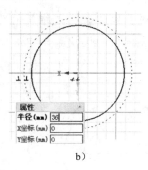

图 3-40 绘制圆

04 单击【两点线】按钮，在圆竖直中心线左侧绘制一竖直线。单击【铅垂约束】按钮，单击竖直线，将此直线进行铅垂约束，如图 3-41 所示。

05 单击【显示曲线尺寸】按钮和【显示端点位置】按钮，单击竖直线，在出现的尺寸标注中，右击水平尺寸标注，在弹出的快捷菜单中选择【编辑数据】命令，在出现的【编辑位置】对话框中的【水平】文本框中输入 "6"，如图 3-41 所示。

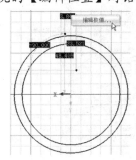

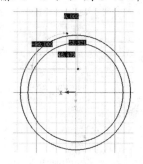

图 3-41 绘制竖直线

06 单击【镜像】按钮，单击竖直线，在【模式】栏中选中【选取镜像轴】单选按钮，然后单击圆竖直中心线，将竖直线进行镜像复制，如图 3-42a 所示。

07　框选两条竖直线，单击【旋转曲线】按钮 ↻，在圆心处出现绿色的旋转操作手柄。在左
边命令管理栏的【属性/参数】栏中输入参数，单击【确认】按钮 ✓，如图 3-42b 所示。

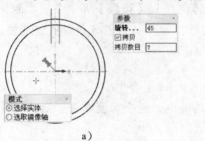
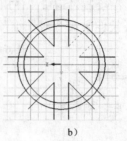

a）　　　　　　　　　　　　　　　　　　b）

图 3-42　旋转竖直线

a）镜像　b）旋转曲线

08　单击【裁剪曲线】按钮 ✄，将图 3-42 中多余线段进行
裁剪，得到如图 3-43 所示花键的截面轮廓。

09　单击【完成】按钮 ✓，二维几何图形绘制结束。右
击图形，在弹出的快捷菜单中选择【拉伸】命令，
如图 3-44 所示。

> ○ 提示
>
> 利用裁剪曲线工具可以裁剪
> 掉一个或多个曲线段，但不会影
> 响曲线的关联关系。

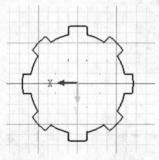

图 3-43　花键截面轮廓　　　　　　　　　　　图 3-44　选择【拉伸】命令

10　在左侧弹出的【拉伸特征】对话框中设置各项参数，然后单击【完成】按钮 ✓ 结束
造型，如图 3-45 所示。

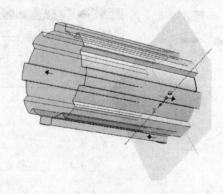

图 3-45　【拉伸】对话框及花键造型

11 利用"齿轮轴"一节中讲述的倒角方法，对花键两端倒角，结果如图 3-46 所示。

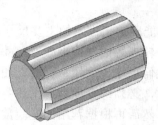

图 3-46 花键倒角

3.4 减速器设计之二：齿轮

齿轮传动是应用极为广泛的传动形式之一。

特点：能够传递任意两轴间的运动和动力，传动平稳、可靠，效率高，寿命长，结构紧凑，传动速度和功率范围广；但需要专门设备制造，加工精度和安装精度较高，且不适宜远距离传动。

3.4.1 齿轮传动分类

1．按照一对齿轮传动时两轮轴线的相互位置划分

（1）平面齿轮传动

平面齿轮传动的两齿轮间的轴线互相平行。平面齿轮传动按不同标准可划分为多种形式。例如，按轮齿方向不同可分为直齿轮传动、斜齿轮传动和人字齿轮传动；按啮合方式可分为外啮合、内啮合和齿轮齿条传动。外啮合转向相反，内啮合转向相同。齿轮齿条传动中，齿轮在水平速度的方向与齿条移动方向一致。

（2）空间齿轮传动

空间齿轮传动的两齿轮间轴线不平行，可分为交错轴斜齿轮传动、锥齿轮传动和蜗杆蜗轮传动。

2．按照装置形式划分

（1）开式、半开式传动

在农业机械、建筑机械以及简易的机械设备中，有一些齿轮传动没有防尘罩或机壳，齿轮完全暴露在外边，通常称之为开式齿轮传动。这种传动不仅外界杂物极易侵入，而且润滑不良，因此工作条件不好，轮齿也容易磨损，故仅适用于低速传动。若齿轮传动装有简单的防护罩，有时还把大齿轮部分地浸入油池中，则称为半开式齿轮传动。这种传动的工作条件虽有改善，但仍不能做到严密防止外界杂物侵入，润滑条件也不算最好。

（2）闭式传动

汽车、机床、航空发动机等所用的齿轮传动，都是装在经过精确加工且封闭严密的箱体（机匣）内，这种传动称为闭式齿轮传动（齿轮箱）。它与开式或半开式的相比，润滑及防护等条件要好得多，多用于重要的场合。

3.4.2 齿轮的结构

通过齿轮传动强度计算，只能确定出齿轮的主要尺寸，如齿数、模数、齿宽、螺旋角、分度圆直径等，而齿圈、轮辐、轮毂等的结构形式及尺寸大小通常都由结构设计而定。

齿轮的结构设计与齿轮的几何尺寸、毛坯、材料、加工方法、使用要求及经济性等因素有关。进行齿轮的结构设计时，必须综合地考虑上述各方面的因素。通常是先按齿轮的直径大小选定合适的结构形式，然后再根据荐用的经验数据，进行结构设计。

1. 齿轮轴

当齿轮的齿根圆到键槽底面的距离 e 很小，如圆柱齿轮 $e \leqslant 2.5m_n$，为了保证轮毂键槽足够的强度，应将齿轮与轴做成一体，形成齿轮轴，如图 3-47 所示。

2. 实心齿轮

当齿顶圆直径 $d_a \leqslant 200mm$ 或高速传动且要求低噪声时，可采用实心结构。实心齿轮和齿轮轴可以用热轧型材或锻造毛坯加工，如图 3-48 所示。

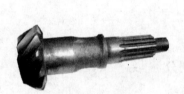
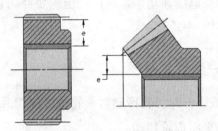

图 3-47　齿轮轴　　　　　　　　　图 3-48　实心齿轮

3. 辐板式齿轮

当齿顶圆直径 $d_a \leqslant 500mm$ 时，可采用辐板式结构，以减轻重量、节约材料。辐板式齿轮通常多选用锻造毛坯，也可用铸造毛坯及焊接结构；有时为了节省材料或解决工艺问题等，而采用组合装配式结构，如过盈组合和螺栓联接组合，如图 3-49 所示。

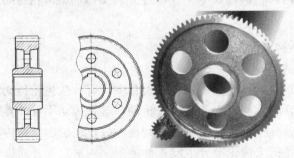

图 3-49　辐板式齿轮

4. 轮辐式齿轮

当齿圆直径 $d_a > 500mm$ 时，采用轮辐式结构。受锻造设备的限制，轮辐式齿轮多为铸造齿轮。轮辐剖面形状可以采用椭圆形（轻载）、十字形（中载）及工字形（重载）等。为

了节约贵重金属，对于尺寸较大的圆柱齿轮，可做成组装齿圈式的结构。齿圈用钢制成，而轮芯则用铸铁或铸钢。轮辐式齿轮如图 3-50 所示。

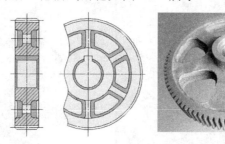

图 3-50   轮辐式齿轮

3.4.3   齿轮设计

<table>
<tr><td>实例文件</td><td>实例\03\减速器齿轮.ics</td></tr>
<tr><td>操作录像</td><td>视频\03\减速器齿轮.avi</td></tr>
</table>

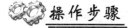 **操作步骤**

（1）结构分析

因为齿顶圆直径 $200\text{mm} \leqslant d_a \leqslant 500\text{mm}$，因此采用锻造辐板式结构，以减轻重量、节约材料、便于运输。具体结构及尺寸如图 3-51 所示。

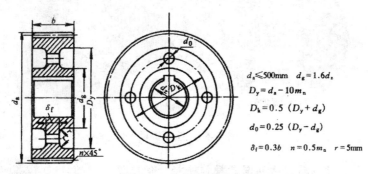

$$d_a \leqslant 500\text{mm} \qquad d_g = 1.6d_z$$
$$D_y = d_a - 10m_n$$
$$D_k = 0.5\,(D_y + d_g)$$
$$d_0 = 0.25\,(D_y - d_g)$$
$$\delta_f = 0.3b \qquad n = 0.5m_n \qquad r = 5\text{mm}$$

图 3-51   腹板式齿轮结构

（2）设计分析

① 利用工具元素库中的"齿轮"标准智能图素建立齿轮外形。

② 构建键槽。

③ 利用拉伸— 减料操作构建辐板。

④ 拖曳"孔类圆柱体"绘制圆孔。

⑤ 利用三维球的阵列功能，建立圆孔圆形阵列。

⑥ 利用三维球的镜像功能，将建立的辐板复制至另一侧。

⑦ 对辐板式齿轮进行"圆角过渡"和"边倒角"操作。

操作步骤

01 从工具元素中拖曳"齿轮"图素至设计环境中，在出现的【齿轮】对话框中设置相应参数，然后单击 确定 按钮，生成齿轮实体造型，如图 3-52 所示。

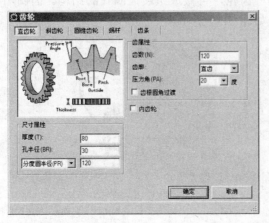

图 3-52　齿轮实体造型

02 绘制键槽。从设计元素库中调用"孔类键"图素，将其拖曳至中心孔的边沿，利用三维球工具调整键槽在中心孔上的位置，使键槽与轴向平行，如图 3-53 所示。

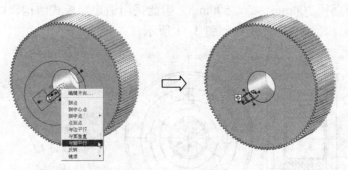

图 3-53　绘制键槽

03 修改参数。鼠标拖动键槽包围盒操作手柄，使键槽贯穿齿轮。右击键槽操作柄，编辑包围盒的宽度值为 18。

04 标注键槽。单击【线性标注】按钮，标注键槽顶部与中心孔之间的距离为 34.4，如图 3-54 所示。

> ○ 提示
>
> 普通花键尺寸摘自 GB/T 1095—2003，GB/T 1096—2003。

> ○ 提示
>
> 利用智能尺寸可以显示图素或零件棱边的标注尺寸或不同图素或零件上两点之间的距离。在标注智能尺寸时，可以将先选择的对象称为 1，第二选择的对象称为 2，那么在改变尺寸驱动定位时，是以 2 为基准，1 的位置根据尺寸进行调整。

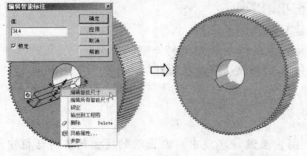

图 3-54　标注键槽

05 绘制凸起端面。单击【拉伸向导】按钮 ![icon]，单击齿轮端面，确定 2D 轮廓定位点。在【拉伸特征向导】对话框中选中【除料】、【实体】、【离开选择的表面】单选按钮，输入距离"28"，单击 [完成] 按钮，在设计环境中显示二维绘图栅格。

06 单击【三维球】按钮 ![icon]，激活绘图栅格的三维球；右击三维球中心手柄，在弹出的快捷菜单中选择【到中心点】命令，然后拾取中心孔边线，将绘图栅格中心与齿轮端面中心重合，如图 3-55 所示。单击【三维球】按钮，关闭三维球功能。

> ○ **提示**
>
> "拉伸"特征可将一个草图的整体拉伸 CAXA 实体设计可将同一视图中的多个不相交轮廓一次性输入到草图中，再选择性地利用轮廓构建特征，大大提高了设计效率。对于那些习惯在实体草图中输入 EXB/DWG 文件，并利用输入 EXB/DWG 文件后生成的轮廓构建特征的用户而言，这个功能比较实用。

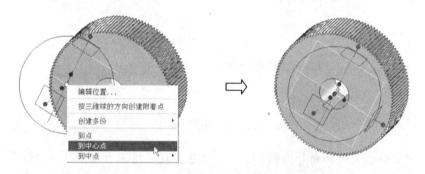

图 3-55　创建拉伸特征二维绘图平面

07 单击【圆：圆心+半径】按钮 ![icon]，在绘图平面中绘制两个同心圆，半径分别为 48、112。单击【完成】按钮 ![icon]，环形槽拉伸—除料生成，如图 3-56 所示。

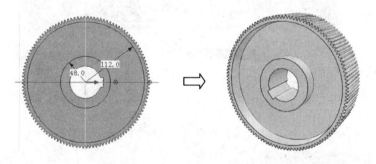

图 3-56　拉伸—除料操作结果

08 生成孔。从设计元素库中拖曳"孔类圆柱体"图素至环形槽内，拖动图素包围盒控制柄，将孔图素贯穿齿轮；调整"孔类圆柱体"图素直径为"32"；利用【线性标注】按钮 ![icon]，标注【孔类圆柱体】到齿轮中心的距离为 80，结果如图 3-57 所示。

09 阵列孔。单击【三维球】按钮 ![icon]，激活"孔类圆柱体"图素的三维球功能；按下 Space 键，使"三维球"与图素脱离；将三维球定位于齿轮中心位置，按下 Space 键，恢复三维球与图素的锁定，如图 3-58 所示。

图 3-57 调用"孔类圆柱体"图素并定位

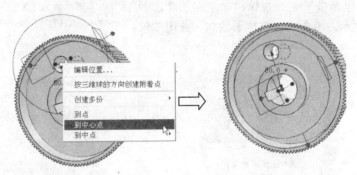

图 3-58 定位三维球

10 单击"三维球"的轴向外控制柄，使其变色。在三维球内按下鼠标右键拖动孔图素，使其旋转；松开鼠标右键后，在弹出的快捷菜单中选择【生成圆形阵列】命令，在打开的【阵列】对话框中设置相应参数，然后单击【确定】按钮，结果如图 3-59 所示。

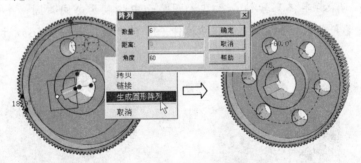

图 3-59 阵列孔图素

○ 提示

在阵列孔操作中，如果存在约束尺寸，系统会给出"警告"信息，如图 3-60 所示。此时需删除智能标注尺寸，然后再进行阵列操作即可。

图 3-60 "警告"对话框

11 镜像拷贝。使用三维球的镜像功能，将上述凸起端面造型镜像拷贝至另一端面，如图 3-61 所示。

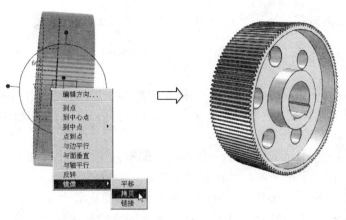

图 3-61 镜像拷贝

12 倒圆角。单击【圆角过渡】按钮 ![btn]，单击齿轮辐板边沿，并定义半径值为 "5"，如图 3-62 所示。

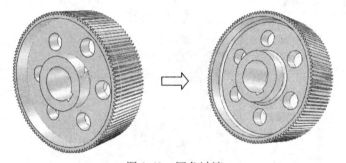

图 3-62 圆角过渡

13 利用 "齿轮轴" 一节的方法，对齿轮进行 1×45° 边倒角。单击【边倒角】按钮 ![btn]，单击其余边沿，距离为 1。最终的圆柱齿轮实体造型如图 3-63 所示。

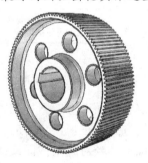

图 3-63 圆柱齿轮实体造型

14 检查无误后，保存文件。

3.5 应用拓展

拔模和变形是 CAXA 实体设计中非常有效的表面编辑方法，而螺纹联接是利用带有螺纹的零件构成的可拆联接，应用广泛。本节将对这两部分内容进行介绍。

3.5.1　软件知识拓展

第 2 章中介绍了利用拉伸、旋转、扫描和放样等手段自定义智能图素的方法，真实在 CAXA 实体设计中还有另外一种方法，即表面编辑方法，在前面的椎体造型中使用过此方法。

CAXA 实体设计提供了两种表面（或曲面）编辑方法，即拔模和变形。

❏　拔模：向图素上增加材料，使其形成锥形。

❏　变形：向图素上增加材料，形成一个光滑的拱顶式的"盖"。

单击两次要进行表面编辑的图素使其进入智能图素编辑状态，然后单击鼠标右键，在弹出的快捷菜单中选择【表面编辑】命令，在出现的【拉伸特征】对话框中选择【表面编辑】选项卡，利用其中相关选项，即可在图素表面上拔模或变形，如图 3-64 所示。

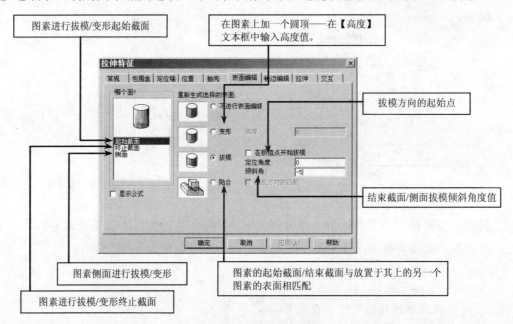

图 3-64　表面编辑

当对侧面拔模时，倾斜角决定着侧面沿着图素扫描轴线从起始截面到终止截面收敛或发散的速度。负值锥角对应于收敛方式，正值锥角对应于发散方式。起始截面保持不变，但终止截面要按比例变化以形成锥形。当对起始截面或终止截面进行拉锥时，倾斜角度和定位角度决定着倾斜的方向和坡度。

3.5.2　行业拓展

螺纹联接是利用带有螺纹的零件构成的可拆联接，具有结构简单、工作可靠、装拆方便、适用范围广等优点，在可拆联接中占有重要的地位。

螺纹有外螺纹和内螺纹之分，共同组成螺纹副使用。起联接作用的螺纹称为联接螺纹，

如图 3-65 所示；起传动作用的螺纹称为传动螺纹，如图 3-66 所示。按螺纹的旋向可分为左旋及右旋，常用的为右旋螺纹。螺纹的螺旋线数分单线、双线及多线，联接螺纹一般用单线。螺纹又分为米制和英制两类，我国除管螺纹外，一般都采用米制螺纹。

图 3-65　联接螺纹——螺栓副

图 3-66　传动螺纹——丝杠

螺纹的加工方法很多，可以在车床、钻床、螺纹铣床、螺纹磨床等机床上利用不同的工具进行加工。选择螺纹的加工方法时，要考虑的因素较多，其中主要的是工件形状、螺纹牙型、螺纹的尺寸和精度、工件材料和热处理以及生产类型等。表 3-1 列出了常见螺纹加工方法所能达到的精度和表面粗糙度。

表 3-1　螺纹加工方法及精度、表面粗糙度

加工方法	精度等级 （GB197—1981）	表面粗糙度 Ra	加工方法	精度等级 （GB197—1981）	表面粗糙度 Ra
攻螺纹（俗称攻丝）	6～7	1.6～6.3	搓螺纹	5	0.8～1.6
套螺纹（俗称套扣）	7～8	1.6～3.2	磨削	4～6	0.1～0.4
车削	4～8	0.4～1.6	滚压	4～8	0.1～0.8
铣刀铣削	6～8	3.2～6.3	研磨	4	0.1
旋风铣削	6～8	1.6～3.2			

普通螺纹是应用最广的一种紧固件。目前我国关于普通螺纹的系列国家标准共有 10 项，其中 GB/T197—1981 对普通螺纹的标记方法作出了规定。该标准的现行版本是 GB/T197—2003《普通螺纹公差》。与 1981 版旧标准相比，2003 版新标准对普通螺纹标记方法的规定有多处改变。

❏ 对于粗牙普通螺纹，不标注螺距，如 M16 表示粗牙普通螺纹，螺距可以通过查阅标准获得；细牙螺纹则必须标注螺距，如 M16×1.25 表示细牙普通螺纹，螺距为 1.25。

❏ 公差代号按照中径、顶径的顺序标注，表示螺纹连接时的松紧程度，用数字、字母表示。数字代表精度等级，数字越小，精度越高，制造越难；字母代表尺寸与标准尺寸偏离的程度。一般外螺纹（杆）要比内螺纹（孔）小一些。外螺纹用小写字母表示，只有 e、f、g、h 4 个字母，离 h 越近，间隙越小。内螺纹用大写字母表示，只有 G、H 两个字母。如果中径和顶径的公差代号相同，标注一个即可。

❏ 旋合长度分为短、中、长 3 种，分别用 S、N、L 代号表示。一般中等旋合长度不用标注。

❏ 右旋螺纹不标注旋向，左旋标注 LH。

3.6 思考与练习

1．思考题

（1）什么是定位锚？共有几种状态？

（2）操作柄中的智能捕捉功能如何实现？

（3）为什么有时调整尺寸时会出现不能注释和编辑的错误提示框？

（4）智能图素与实体特征有何区别？

2．操作题

（1）创建如图 3-67 所示的渐开线圆柱蜗杆。

【操作提示】

☆ 从工具元素库中拖入"齿轮"图素。

☆ 在【齿轮】对话框中选择蜗杆并定义有
关参数。

☆ 绘制两边阶梯轴。

☆ 蜗杆具体尺寸可参考 GB10087—1988。

图 3-67　蜗杆

（2）创建如图 3-68 所示圆柱滚子轴承。

【操作提示】

☆ 拖入管状体作为轴承内圈。

☆ 拖入环状排列圆作为轴承滚子。

☆ 拖入管状体作为轴承的外圈。

☆ 利用智能图素属性对话框对各图素进
行属性编辑。

☆ 具体尺寸可参考 GB/T283—2007。

图 3-68　圆柱滚子轴承

第4章 装配设计

学习目标

掌握 CAXA 装配设计方法

掌握 CAXA 装配定位方法

掌握装配中干涉检查方法

掌握装配剖视

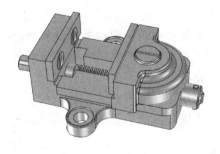

台钳是带有两个平行夹持面的机床夹具，主要用途是靠两个工作面来保持工件的平行度、垂直度等形位公差，从而在快速装夹的过程中保证零件的加工精度。

在装配过程中，涉及到轴类零件、孔类零件和板类零件的三维球的定位与定向。

减速器可将动力源（发动机或柴油机）的转速降至我们需要的转速，增加输出力矩，改善运行特性。通过减速器的装配设计，可掌握无约束实体的建立和零件的表面编辑方法、无约束及约束装配工具的使用，以及结构设计中的各种设计方法。

4.1 相关专业知识

装配技术是随着对产品质量要求的不断提高和生产批量增大而发展起来的。机械制造业发展初期，装配多用锉、磨、修刮、锤击和拧紧螺钉等操作，使零件配合和联接起来。18 世纪末期，随着产品批量增大、加工质量提高，开始出现了互换性装配。例如，1789 年美国惠特尼公司制造 1 万支可以互换零件的滑膛枪时便采用了专门的工夹具，使得不熟练的工人也能从事装配工作，工时大为缩短。19 世纪初至中叶，互换性装配逐步推广到时钟、小型武器、纺织机械和缝纫机等产品。在互换性装配发展的同时，还发展了装配流水作业，至 20 世纪初出现了较完善的汽车装配线。以后，进一步发展了自动化装配（机械装配自动化）。

4.1.1 基本概念

根据规定的技术要求，将零件或部件进行配合和连接，使之成为半成品或成品的过程，称为装配。装配过程使零件、套件、组件和部件间获得一定的相互位置关系，所以装配过程也是一种工艺过程。

为保证有效地进行装配工作，通常将机器划分为若干能进行独立装配的装配单元。

- ❏ 零件：组成机器的最小单元，由整块金属或其他材料制成。
- ❏ 套件（合件）：在一个基准零件上，装上一个或若干个零件而构成，是最小的装配单元。
- ❏ 组件：在一个基准零件上，装上若干套件及零件而构成。例如主轴组件。
- ❏ 部件：在一个基准零件上，装上若干组件、套件和零件而构成。例如车床的主轴箱。部件的特征是在机器中能完成一定的、完整的功能。

常用的装配工艺有清洗、平衡、刮削、螺纹联接、过盈配合联接、胶接、校正等。此外，还可应用其他装配工艺，如焊接、铆接、滚边、压圈和浇铸联接等，以满足各种不同产品结构的需要。

装配是整个机械制造工艺过程中的最后一个环节，涉及到装配、调整、检验和试验等多项工作。装配工作对产品质量影响很大，若装配不当，即使所有零件都合格，也不一定装配出合格的、高质量的机械产品；反之，若零件制造精度并不高，而在装配中采用适当的工艺方法，如进行选配、修配、调整等，也能使产品达到规定的技术要求。

4.1.2 装配方法

根据产品的装配要求和生产批量，零件的装配有修配、调整、互换和选配等 4 种配合方法。

- ❏ 修配法：装配中采用锉、磨和刮削等工艺方法改变个别零件的尺寸、形状和位置，使配合达到规定的精度，但装配效率较低，适用于单件小批量生产，在大型、重型和精密机械装配中应用较多。修配法依靠手工操作，要求装配工人具有较高的技术水平和熟练程度。

- 调整法：装配中调整个别零件的位置或加入补偿件，以达到装配精度。常用的调整件有螺纹件、斜面件和偏心件等；补偿件有垫片和定位圈等。这种方法适用于单件和中小批量生产的结构较复杂的产品，成批生产中也少量应用。
- 互换法：所装配的同一种零件能互换装入，装配时可以不加选择，不进行调整和修配。这类零件的加工公差要求严格，其与配合件公差之和应符合装配精度要求。这种配合方法主要适用于生产批量大的产品，如汽车、拖拉机的某些部件的装配。
- 选配法：对于成批、大量生产的高精度部件如滚动轴承等，为了提高加工经济性，通常将精度高的零件的加工公差放宽，然后按照实际尺寸的大小分成若干组，使各对应的组内相互配合的零件仍能按配合要求实现互换装配。

4.1.3　装配发展趋势

机械装配的发展主要有以下几个方向。
- 根据生产批量改进产品的结构设计，以改善产品的装配工艺性。
- 采用大功率超声波清洗技术和装置有效地清洗大型零件，以提高产品的清洁度。
- 推广和提高胶接技术，发展光孔上丝（螺钉直接拧入光孔）、无孔上丝（不另加工孔，螺钉直接拧入联接件）等加工与装配相结合的新工艺。
- 在检测和校正工作中，推广应用光学、激光等先进技术，以提高产品质量及其稳定性。
- 提高装配工作的机械自动化程度。

4.2　软件设计方法

CAXA 实体设计具有强大的装配功能，它将装配设计与零件造型设计集成在一起，不仅提供了一般三维实体建模所具有的刚性约束能力，同时还提供了三维球装配的柔性装配方法，并保证快捷、精确地利用零件上的特征点、线和面进行装配定位。其中，三维球定位装配、无约束定位装配和约束定位装配比较常用。不同装配方法有各自的应用范围，在产品设计中可根据不同的情况选用不同的装配约束方式。

4.2.1　CAXA 装配方式

在 CAXA 实体设计的设计环境中，并不区分零件设计与装配设计的文件类型和设计界面。对一个装配文件既可以存储零件的全部信息（文件比较大，但可随意移动与复制），也可以只存储零件的位置信息（文件比较小，与零件完全关联），为用户的设计提供了极大的灵活性。

（1）自底向上装配

自底向上装配是指先创建零件几何模型，再组合成子装配，最后生成装配部件的装配方法。这种装配方法的优点是图面简单、操作方便、构建快速；缺点是零件间的尺寸关系无关联性，需在构建过程中分别考虑零件间的几何关系，适用于结构简单的装配体结构。

（2）自顶向下装配

在装配中创建与其他部件（零件或子装配）相关的部件模型，是在装配部件的顶级向下产生子装配和零件的装配方法。这种装配方法的优点是构建零件时可相互参考外形，直接反映零件间的尺寸与位置关系，并可即时更新零件；缺点是图面复杂、系统资源占用大（通常情况下 CAD 软件的系统资源占用都较大），适合于结构尺寸关联密切的装配体。

（3）混合装配

混合装配是指将自顶向下装配和自底向上装配结合在一起的装配方法。对结构中尺寸关联松散的部分，采用自底向上的装配方法；对结构中尺寸关系密切的部分，采用自顶向下的装配方法，从而有效地将两种装配方法的优点结合起来。

4.2.2　装配体中零件的引用方法

（1）直接引用

在装配体中直接引用部件文件，在装配体的设计环境中生成引用几何体的复制造型，对零件的修改只影响装配体中的部件，对其引用的零件不产生影响。

（2）链接引用

在装配体中并不是直接调用部件文件，而是使用文件指针间接引用几何体，当组成装配体的零件改变后（在装配体的设计环境或零件的设计环境中均可），装配体会自动更新。当在装配体中多次引用同一零件时，仅使用一个几何体数据备份即可，节省了计算机内存的占用。这种引用方法效率较高，但相关文件的管理复杂，如不能移动文件等。

4.2.3　CAXA 实体设计的定位和装配方法

从组合元素到编辑修改，零件设计过程中都涉及到图素及零件的定位操作。CAXA 实体设计提供了大量的定位工具，不仅可以用于对图素进行精确的定位，还可以用于装配体中零件的定位，从而帮助用户方便、快捷地生成符合高精确度要求的零件。

1．图素定位方法

❑ 智能捕捉反馈：智能捕捉反馈允许设计者相对于定位锚位置或指定面把新图素定位在现有图素上，并重定位和对齐相同零件的图素组件。

❑ 无约束装配工具：该对齐工具能使设计者能够以源零件和目标零件的指定设置为基准快速定位源文件。

❑ 约束装配工具：该对齐工具采用贴合与对齐约束并在指定设置的基础上快速定位并约束零件。如果要在两个或多个操作对象之间生成永久性的对齐约束，就可以使用这一工具。

❑ 智能尺寸工具：CAXA 实体设计提供了 6 种智能尺寸工具，用于使操作对象定位在一个与同一零件的其他组件或设计环境中其他操作对象等相距一个确切距离、角度、弧度或直径的位置处。

❑ 三维球工具：这是一种通用的定位工具，可对零件和其他各种操作对象的操作提供全面控制，如附着点、灯光和相机等。它可使操作对象相对于自身轴及面、其他操作对象的边和顶点以及旋转体或镜像体等进行可视化精确轴定位。利用三维球工具，用户可以沿任意方向移动操作对象、绕任意轴旋转操作对象并为这些运动设定精确的运动距离和角度。

❑ 定位锚：图素和零件是通过定位锚连接的，定位锚具有多种定位功能。例如，定位锚的交互属性定义了尺寸设置和定位时图素和零件的交互过程。此外，用户还可以重定位图素或零件的定位锚，以改变其方位及其与其他图素或零件的连接点。

❑ 附着点：利用附着点可使图素和零件在除定位锚外的其他点处连接。

❑ 背景栅格：利用背景栅格可使图素/零件相对于设计环境中的某个固定点定位。此外，用户还可以把背景栅格同三维球结合起来使用，从而将多个图素沿某个轴的同一方向放置。

❑ 定位属性：与背景栅格一样，利用这些属性可以使图素和零件相对于设计环境中的某个固定点定位。

2．零件定位方法

对于零件装配，比较常用的定位方法有以下 3 种。

❑ 三维球装配：CAXA 实体设计提供的最为强大的定位工具，但对于一些简单的配对条件，不如无约束装配和约束装配的效率高，主要用于使用装配工具定位困难和无法定位的情况，特别适合于位置关系复杂的零件间的定位。

❑ 无约束装配：使用无约束装配工具可根据源零件与目标零件之间的点、线、面的相对位置关系，将源零件按选定的配对关系快速定位到目标零件。无约束装配中源零件和目标零件之间的位置关系是临时的，即一次定位操作后，零件间的相对位置关系将"丢失"。

❑ 约束装配：使用约束装配工具可根据源零件与目标零件之间的点、线、面的相对位置关系，将源零件按选定的配对关系快速定位到目标零件。与无约束装配工具不同，约束装配所建立的装配关系是"永恒"的，即一次定位操作后，其相对位置关系将永久保留。

4.2.4　三维球装配

三维球是 CAXA 实体设计系统中一种独特而灵活的空间定位工具，利用该工具可实现图素在零件中的定位/定向。

激活三维球的操作方法有如下 3 种。

❑ 选定零件或装配后，选择【工具】/【三维球】命令。

❑ 在工具条中单击【三维球】按钮 。

❑ 在选定零件或装配后，按 F10 键。

1．三维球结构

三维球拥有 3 个外部控制手柄（长轴）、3 个内部控制手柄（短轴）、1 个中心点。在

CAXA 实体设计中，三维球工具的主要功能是解决图素、零件以及装配体的空间点或空间角度定位等问题。三维球结构如图 4-1 所示。

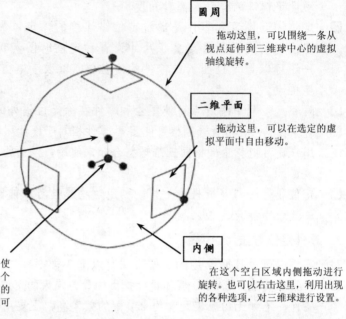

外控制柄

单击它可对轴线进行暂时的约束，使三维物体只能进行沿此轴线上的线性平移，或绕此轴线进行旋转。

定向手柄

用来将三维球中心作为一个固定的支点，进行对象的定向。主要有两种使用方法：拖动控制柄，使轴线对准另一个位置；右击，然后从弹出的快捷菜单中选择相应命令进行移动和定位。

中心控制柄

主要用来进行点到点的移动。使用的方法是将它直接拖至另一个目标位置，或右击，然后从弹出的快捷菜单中选择相应命令。它还可以与约束的轴线配合使用。

圆周

拖动这里，可以围绕一条从视点延伸到三维球中心的虚拟轴线旋转。

二维平面

拖动这里，可以在选定的虚拟平面中自由移动。

内侧

在这个空白区域内侧拖动进行旋转。也可以右击这里，利用出现的各种选项，对三维球进行设置。

图 4-1　三维球结构

其中长轴是解决空间点定位、空间角度定位；短轴是解决图素、零件、装配体之间的相互关系；中心点是解决重合问题。

在默认状态下，CAXA 实体设计为这 3 个轴分别显示了一个红色的平移手柄和一个蓝色的方位手柄。选定某个轴的某个手柄将自动在其相反端显示该手柄。如有必要，也可以选择在任何时候都显示出所有的平移手柄和方位手柄。（只需在三维球的内侧单击鼠标右键，在弹出的快捷菜单中选择【显示所有手柄】命令）。在默认手柄保持其原有颜色时，次级平移手柄显示为红色圆形轮廓，而次级方位手柄则显示为蓝色圆形轮廓。

一般情况下，三维球的移动、旋转等操作中，鼠标的左键不能实现复制的功能；鼠标的右键可以实现图素、零件、装配体的复制功能和平移功能。

在软件的初始化状态下，三维球最初是附着在图素、零件、装配体的定位锚上的。特别是智能图素，三维球与其是完全相符的，三维球的轴向与图素的边、轴向完全是平行或重合的、中心点完全重合。三维球与附着图素的脱离通过按 Space 键来实现。三维球脱离后，移动到指定位置后，一定要再按一次空格键，以便重新附着三维球。

以上是在默认状态下三维球的设置，如有需要，还可以通过右击三维球内侧出现的快捷菜单命令对三维球进行其他设置。

在三维球内及其手柄上移动鼠标时，将会看到指针形状不断变化，用以指示不同的三维球动作，如图 4-2 所示。

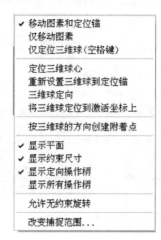

图标	动作
	拖动光标使操作对象绕选定轴旋转。
	拖动光标，以利用选定的一维手柄重定位。
	拖动光标，以利用选定的方位手柄重定位。
	沿三维球的圆周拖动光标，以使操作对象沿着三维球的中心点旋转。
	拖动光标，以利用选定的二维平面重定位。
	拖动光标，以利用中心手柄重定位。
	拖动光标，以沿任意方向自由旋转。

图 4-2　三维球设置及指针形状所代表动作含义

2．三维球定位操作

除外侧平移控制柄外，三维球工具还有一些位于其中心的定位控制柄。这些工具为操作对象提供了相对于其他操作对象上的选定面、边或点的快速轴定位功能，也提供了操作对象的反向或镜像功能。利用这些控制柄进行定位操作，就像移动外控制柄一样。选定某个轴后，在该轴上单击鼠标右键、在弹出的快捷菜单中选择相应命令即可确定特定的定位操作特征。

（1）使用定向控制手柄定位操作对象

选定某个轴后，在该轴上右击，在弹出的快捷菜单中选择相应的命令，即可确定特定的定位操作特征，如图 4-3 所示。

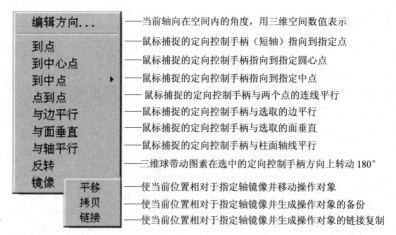

图 4-3　使用定向控制手柄定位操作对象

（2）使用三维球的中心手柄定位操作对象

在三维球的中心手柄上单击鼠标右键，在弹出的快捷菜单中选择相应命令，即可将操作对象定位到指定点，如图 4-4 所示。

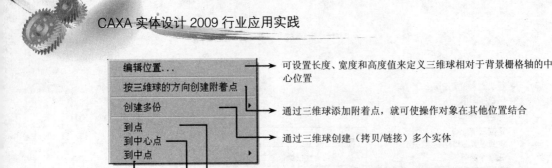

图 4-4 使用三维球中心手柄定位操作对象

（3）利用三维球复制操作对象

在三维球的一维手柄上按下鼠标右键并拖动，至指定位置后释放鼠标，在弹出的快捷菜单中选择相应命令，即可复制操作对象，如图 4-5 所示。

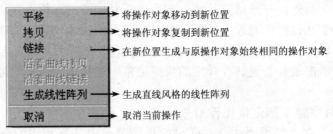

图 4-5 利用三维球一维手柄复制操作对象

> 实例文件　实例\04\无约束装配.ics
> 操作录像　视频\04\无约束装配.avi

4.2.5 无约束装配

使用无约束装配工具可参照源零件和目标零件之间的点、线、面的相对位置关系，快速定位源零件。在指定源零件重定位和/或重定向操作方面，CAXA 实体设计系统提供了极大的灵活性。无约束装配仅仅移动了零件之间的空间相对位置，没有添加固定的约束关系，即没有约束零件的空间自由度。

无约束装配工具定位符号的含义及其操作结果如表 4-1 所示。

表 4-1　无约束装配工具定位符号

源零件定位/ 移动选项	目标零件定位/ 移动选项	定 位 结 果
	➜	相对于一个指定点和零件的定位方向，将源零件重定位至目标零件，获得与指定平面贴合装配效果
➜	○	相对于指定点及其定位方向，把源零件重定位至目标零件，获得与指定平面对齐装配效果
	•	相对于源零件上指定点及定位方向，针对目标零件指定定位方向，重定位源零件

（续）

源零件定位/ 移动选项	目标零件定位/ 移动选项	定 位 结 果
➔	➔	相对于源零件定位方向和目标零件定位方向，重定位源零件，获得与指定平面平行的装配效果
	✖	相对于源零件定位方向和目标零件定位方向，重定位源零件，获得与指定平面垂直的装配效果
•	·	相对于目标零件但不考虑定位方向，把源零件重定位到目标零件上
	⬭	相对于源零件指定点，把源零件重定位到目标零件的指定平面上
	➔	相对于源零件的指定点和目标零件的指定定位方向，重定位源零件

下面通过一个实例来说明无约束装配的各种操作。

操作步骤

01 将图素元素库中的"长方体"和"多棱体"图素拖放到设计环境中。

02 单击"多棱体"图素，在面板标题栏中选择【装配】/【定位】功能面板，单击【无约束装配】按钮，将鼠标移至多棱体表面上，出现黄色箭头符号，选定合适的箭头方向，单击鼠标。

03 将鼠标移至目标零件"长方体"合适的表面上，将看到黄色定位/移动符号显示在长方体上。另外，源零件的轮廓线将出现并随鼠标移动。与源零件相同，可用 Tab 键切换定位方向。在"长方体"图素表面上单击，即可获得贴合装配效果，如图 4-6 所示。

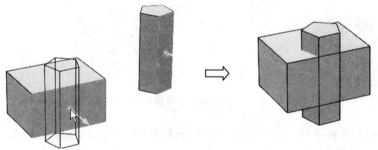

图 4-6 贴合操作

04 重复上述在源零件上的操作，将鼠标移至目标零件，按 Space 键，可切换目标零件圆形黄色定位符号。在合适的表面上单击鼠标，可使源零件的指定表面和目标零件的指定表面处于同一平面。对齐操作如图 4-7 所示。

05 通过按 Space 键使源零件的定位符号变成不带圆点的箭头；将鼠标移至目标零件，按 Space 键，改变目标零件上定位符号为不带圆点的箭头；单击鼠标，可使源零件的指定表面和目标零件的指定表面平行。平行操作如图 4-8 所示。

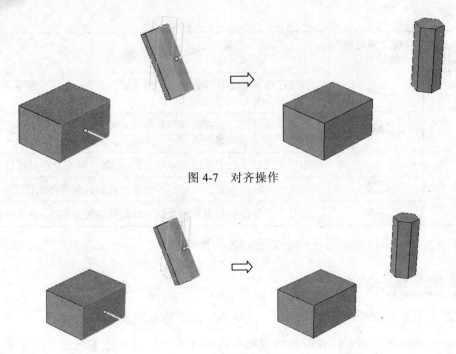

图 4-7　对齐操作

图 4-8　平行操作

06 将源零件的定位符号改为不带圆点箭头，可使源零件指定面和目标零件指定表面垂直，如图 4-9 所示。

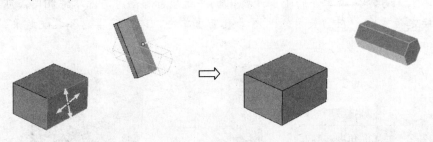

图 4-9　垂直操作

07 在进行源零件操作时，按 Space 键可切换源零件上的定位符号为圆点，然后将鼠标移至目标零件上，可分别得到源零件上选定点与该面贴合、对齐、平行的配合，如图 4-10 所示。

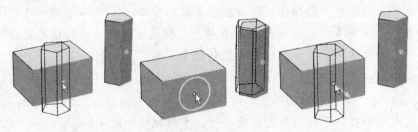

图 4-10　选定点与目标零件的贴合、对齐和平行操作

4.2.6　约束装配

约束装配工具采用约束条件的方法对零件和装配件进行定位和装配。在形式上类似于无约束装配工具，但是约束装配能形成一种"永恒的"约束，即可保留零件或装配件之间的空间关系。其操作方法如下。

01 单击【装配】/【定位】功能面板中的【定位约束】按钮 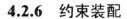，然后选择源零件，此时显示出可用定向/移动选项的符号。

02 在左侧【约束】属性栏中选择相应约束类型，并选定目标零件后，即可产生约束装配。

约束装配工具提供了多种约束，其符号及含义如表 4-2 所示。

表 4-2　约束装配工具符号

约束装配符号	定 位 结 果
몸	对齐：重定位源零件，使其平直面既与目标零件的平直面对齐（采用相同方向）又与其共面
⤵	贴合：重定位源零件，使其平直面既与目标零件的平直面贴合（采用反方向）又与其共面
⊕	重合：重定位源零件，使其平直面既与目标零件的平直面重合（采用相同方向）又与其共面
◈	同心：重定位源零件，使其直线边或轴与目标零件的直线边或轴对齐
‖	平行：重定位源零件，使其平直面或直线边与目标零件的平直面或直线边平行
⊥	垂直：重定位源零件，使其平直面或直线边与目标零件的平直面（相对于其方向）或直线边垂直
◥	相切：重定位源零件，使其平直面或旋转面与目标零件的旋转面相切
⬙	距离：重定位源零件，使其与目标零件相距一定的距离
⬚	角度：重定位源零件，使其与目标零件成一定的角度
⬚	随动：定位源零件，使其随目标零件运动。常用于凸轮机构运动

4.2.7　约束的优先级和装配方式的选用

1. 约束的优先级

CAXA 实体设计提供了多种零件定位操作手段，按优先顺序排列依次为约束装配、3D 投影线、三维球定位、无约束装配和智能尺寸定位。

使用高优先级的约束功能进行零件定位操作，将导致原有的低优先级的约束改变或丢失。如已使用智能尺寸约束两零件的相对位置，当使用三维球移动某一零件后，原智能尺寸值将被改变；已使用 3D 投影线约束两零件的相对位置，当使用约束装配或无约束装配功能进行定位操作后，曲线投射关系将丢失。

2．装配方式的选用

（1）对尺寸关系密切的部分采用自顶向下的装配方法

利用零件间的尺寸、位置关联，进行相关零件的建模，可有效降低工作量，同时为后期的结构修改、调整提供了方便。

（2）对尺寸关系松散的部分，采用自底向上的装配方法

在设计环境中单独建立零件，然后将其加入到装配体中，该种方法可有效节约系统资源，提高设计速度。例如，4.3 节中台钳设计即采用了自底向上的设计方法。

（3）将上述两种方法结合使用的混合装配方法

对尺寸关系松散部分采用自底向上装配的方法，对尺寸关系密切的部分采用自顶向下装配的方法，既可反映零件间的尺寸及位置关系，又可有效地节约系统资源，提高建模速度。例如，4.4 节减速器装配设计中即采用了混合装配方法。

4.3 实例分析——台钳装配设计

实例文件　实例\04\台钳装配\台钳装配.ics
操作录像　视频\04\台钳装配.avi

多数设计项目都是由多个零件经过装配组成的。利用 CAXA 实体设计进行零件设计与装配设计是在同一个设计环境下完成，可以自由组合、解散装配体。其装配分为无约束装配和约束装配，无约束装配可快速定位零件，并且可以根据设计意图修改、解除、改变装配；约束装配可保留配合关系，其装配设计比较快速、自由，动态修改方便（尤其是将一个零件调整到另一个装配体时更为方便）。

设计目标

设计如图 4-11 所示的台钳。

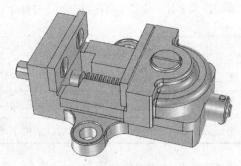

图 4-11　台钳

设计思路

机用虎钳（以下简称台钳）是机床工作台上用于夹紧工件，进行切削加工的一种通用工具。台钳由十余种零件组成，其中螺钉、圆柱销为标准件。本装配采用自底向上的设计方法，先单独设计各零件，然后插入装配设计环境中，主要利用三维球装配功能进行装配，其中涉及到板类、轴类和孔类零件的装配设计。

技术要点

- ❑ 无约束实体的建立。
- ❑ 零件插入设计环境中的方法。
- ❑ 三维球装配工具的使用方法。
- ❑ 结构设计中的自底向上装配方法。

设计过程

（1）构建"台钳装配"文件，并将组成零件拖入其中

这样，装配结束后，所有属于"台钳装配"中的零件对外可以作为一个整体来操作，同时在装配体内部，各零件仍保持原有的属性不变。

（2）孔类零件三维球定向与定位

使用三维球装配工具对台钳孔类零件进行定向与定位。

（3）轴类零件三维球定向与定位

利用三维球装配工具对台钳轴类零件进行定向与定位。

（4）板类零件三维球定向与定位

利用三维球装配工具对台钳板类零件进行定向与定位。

操作步骤

01 打开新的设计环境，选择【装配】/【零件/装配体】命令或单击 按钮，弹出如图 4-12 所示【插入零件】对话框。

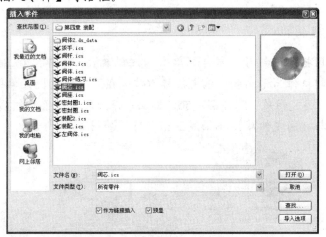

图 4-12　【插入零件】对话框

02 选取所有零件，单击 打开(O) 按钮，将虎钳装配件的所有零件导入设计环境中，如图

4-13 所示。

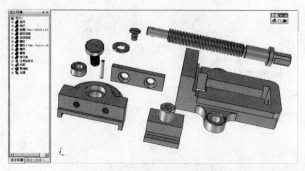

图 4-13 插入虎钳装配件的所有零件

03 单击设计树中的零件"固定钳座",然后单击【装配】工具条上的【装配】按钮，在设计树中将出现一个 装配 装配件，将其修改为"台钳装配"；利用拖动功能，将其他零件拖入"台钳装配"件中，如图 4-14 所示。

> **○ 提示**
>
> 装配结束后，所有属于"台钳装配"件的零件对外可作为一个整体来操作，同时在装配件内部，各零件仍保持原有的属性不变。

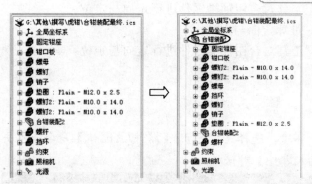

图 4-14 形成装配件

04 在设计工作区拾取"螺母"零件，单击 按钮激活三维球；在三维球上拾取与孔轴线平行的控制柄作为定向轴；单击鼠标右键，在弹出的快捷菜单中选择【与轴平行】命令；单击"固定钳座"零件圆柱孔外圆面，待出现浅绿色反馈后释放鼠标，使"螺母"孔轴线与"固定钳座"孔轴线互相平行，如图 4-15 所示。

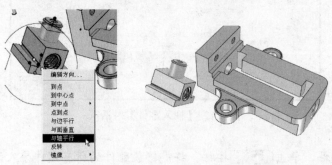

图 4-15 "螺母"与"固定钳座"孔轴线相互平行

05 选取"螺母"三维球上下控制柄，单击鼠标右键，在弹出的快捷菜单中选择【与面垂直】命令，拾取"固定钳座"上表面，如图 4-16 所示。

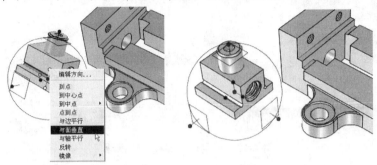

图 4-16 与"固定钳座"上表面垂直

06 重定位"螺母"三维球。按空格键，"螺母"零件上的三维球将呈白色显示，表明零件和三维球处于分离状态。右击三维球中心，在弹出的快捷菜单中选择【到中心点】命令，将其定位于"螺母"右端面圆孔中心上，如图 4-17 所示。

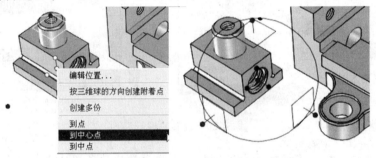

图 4-17 重定位三维球

07 按 Space 键，三维球呈现灰色，使其与零件关联；右击三维球中心，在弹出的快捷菜单中选择【到中心点】命令，然后拾取"固定钳座"内侧中心孔圆心，完成"螺母"零件定位，如图 4-18 所示。

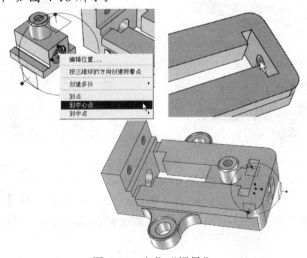

图 4-18 定位"螺母"

08 在左侧设计树中选择"螺杆"零件，激活三维球。首先将"螺杆"三维球重定位于右端轴肩的右端面中心处，如图 4-19 所示。

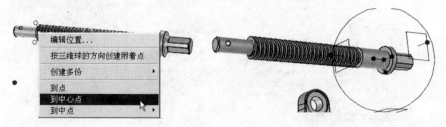

图 4-19　重定位"螺杆"三维球

09 右击三维球轴向控制柄，在弹出的快捷菜单中选择【反转】命令，将"螺杆"反转，与"固定钳座"方向一致，如图 4-20 所示。

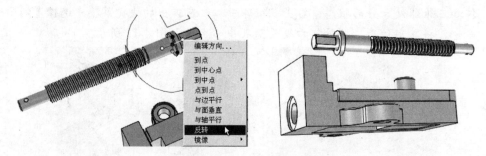

图 4-20　反转"螺杆"

10 右击"螺杆"三维球轴线方向控制柄，在弹出的快捷菜单中选择【与轴平行】命令，然后拾取"固定钳座"与"螺杆"配合孔内圆柱面，使其轴线与"螺杆"轴线平行，如图 4-21 所示。

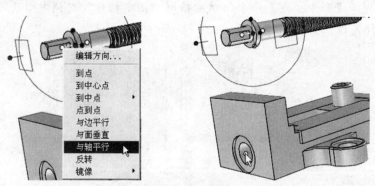

图 4-21　调整"螺杆"轴线方向

11 右击"螺杆"三维球中心控制柄，在弹出的快捷菜单中选择【到中心点】命令，适当旋转和缩放视图，拾取"固定钳座"左端外侧面孔中心，将轴定位于钳座上，如图 4-22 所示。

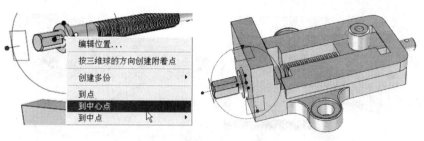

图 4-22 "螺杆"定位于钳座

12 在设计树中单击"钳口板"零件，激活三维球；右击三维球前后控制柄，在弹出的快捷菜单中选择【与面垂直】命令，然后拾取"固定钳座"前表面，如图 4-23 所示。

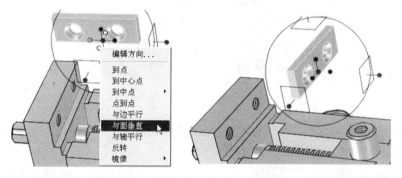

图 4-23 "钳口板"三维球垂直约束

13 同理，使"钳口板"三维球上下控制柄与"固定钳座"上表面垂直。

14 按空格键，使三维球和"钳口板"脱离关联；将三维球定位于"钳口板"后表面螺钉孔中心，按 Space 键，恢复关联，如图 4-24 所示。

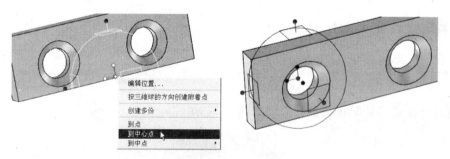

图 4-24 定位"钳口板"三维球

15 右击"钳口板"三维球中心控制柄，在弹出的快捷菜单中选择【到中心点】命令，拾取"固定钳座"右侧前表面孔中心，将"钳口板"定位于"固定钳座"，如图 4-25 所示。

16 利用上述步骤讲述的轴类零件、孔类零件和板类零件定向与定位操作，完成其余零件的装配操作，最终结果如图 4-26 所示。

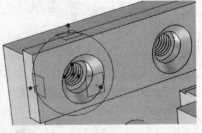

图 4-25 定位"钳口板"于"固定钳座"

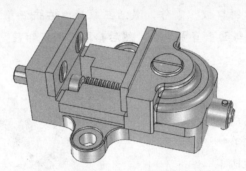

图 4-26 台钳总装配图

4.4 减速器设计之三：装配设计

实例文件	实例\04\减速器装配\减速器装配.ics
操作录像	视频\04\减速器装配.avi

顾名思义，减速器一般用于降速。电机一般输出转速高、输出扭矩小，而减速后转速低、扭矩大，可以产生更大的力量（电机功率一定时，转速与扭矩成反比）。本节将针对减速器的装配设计进行介绍。

4.4.1 装配设计要求

设计目标

下面进行减速器装配设计，其外形如图 4-27 所示。

图 4-27 减速器外形

设计思路

　　减速器包括若干个机械零部件，在进行装配时，可首先将输入轴和输出轴进行装配，形成子部件，然后利用 CAXA 实体设计的装配工具和装配方法对其余零部件依次进行装配，最终组成一个完整的装配体。CAXA 实体设计系统具有强大的装配功能，可以快捷、精确地利用零件上的特征点、线和面进行装配定位。其中，三维球定位装配、无约束定位装配和约束定位装配比较常用。不同的装配方法各有自其使用范围，在设计过程中可根据不同的情况选用不同的装配约束方式。

技术要点

- ❑ 无约束实体的建立。
- ❑ 无约束装配工具的使用方法。
- ❑ 三维球装配工具的使用方法。
- ❑ 约束装配工具的使用方法。
- ❑ 结构设计中的自底向上的设计方法。
- ❑ 结构设计中的自顶而下的设计方法。

设计过程

　　（1）**将输入轴进行装配设计**

　　在设计环境中插入构成输入轴的所有零件，对输入轴进行装配。

　　（2）**构建"减速器装配"文件，并将组成零件拖入其中**

　　这样，装配结束后，所有属于"减速器装配"的零件对外可以作为一个整体来操作，同时在装配体内部，各零件仍保持原有的属性不变。

　　（3）**在箱体中对输入轴进行定向与定位**

　　利用装配工具对输入轴部件进行定向与定位，并根据装配要求，对个别尺寸进行调整。

　　（4）**补充输入轴部分零件**

　　在输入轴部分依据现有尺寸，补充设计调整环、端盖、挡油环等零件，并依照装配关系加入箱体装配中。

　　（5）**设计并装配输出轴**

　　插入大齿轮，并依据尺寸设计轴、挡油环、调整环、端盖等，并依照装配关系加入箱体装配中。

　　（6）**设计箱盖**

　　依据箱体及输入轴、输出轴尺寸及位置关系设计箱盖，并加入减速器装配中。

　　（7）**设计其他零件**

　　设计其他零件，如视孔盖、垫片、进气塞和各种标准件，如螺栓连接等。

4.4.2 减速器装配步骤

操作步骤

01 进入新的设计环境，选择【装配】/【零件/装配】命令或单击【装配】/【生成】功能面板中的 按钮，弹出【插入零件】对话框，从中选择"齿轮轴"、"挡油环"和"40BZ-轴承"插入到设计环境中，如图 4-28 所示。

图 4-28 【插入零件】对话框

02 单击【装配】按钮 ，在设计树中出现一个 装配56 装配件。将其重命名为"输入轴装配"，然后将插入零件拖入"输入轴装配"件中。

03 三维球定向与定位：在设计树中单击"挡油环"零件，激活三维球；右击三维球轴向控制柄，在弹出的快捷菜单中选择【与轴平行】命令，然后拾取齿轮轴左侧轴线，如图 4-29 所示。

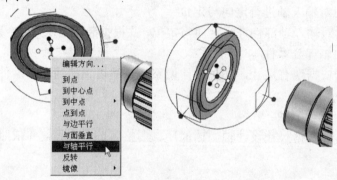

图 4-29 定向"挡油环"

04 在"挡油环"三维球被激活状态下，右击三维球中心点，在弹出的快捷菜单中选择【到中心点】命令，拾取"齿轮轴"左侧轴肩外圆处，将"挡油环"定位于齿轮轴上，如图 4-30 所示。

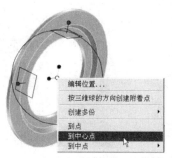
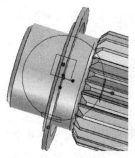

图 4-30　定位"挡油环"

05 同上，将轴承定位于"挡油环"左侧端面处，如图 4-31 所示。

图 4-31　定位"轴承"

06 同理在"齿轮轴"另一侧装入"挡油环"和"轴承"，如图 4-32 所示。

图 4-32　"齿轮轴"另一侧装入"挡油环"和"轴承"

07 打开新的设计环境，插入"减速器箱体"零件。为了在装配过程中便于识别零件，对各零件上色。插入"输入轴装配"至设计环境，如图 4-33 所示。

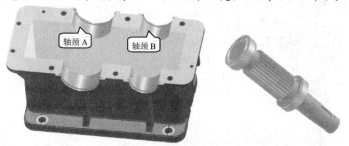

图 4-33　插入"减速器箱体"和"输入轴装配"

08 在设计树中选择"输入轴装配"，单击【定位约束】按钮，在弹出的【约束】对话框中将约束类型设置为"同心"；将鼠标移至输入轴上端面，至出现绿色反馈后单击；

再将鼠标移至箱体轴颈 B 处，待出现绿色反馈后单击鼠标左键，如图 4-34 所示。

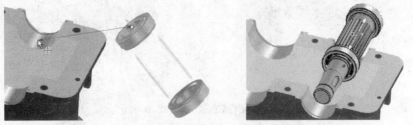

图 4-34　对"输入轴装配"装配件添加同心约束

09 齿轮居中。单击【线性标注】按钮，定义箱体左侧内壁与轮齿左端面距离为 7.5 并锁定，由此将齿轮轴轮齿部分居于箱体中间，如图 4-35 所示。

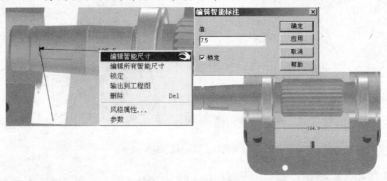

图 4-35　定位齿轮轴

10 调整齿轮轴左端轴颈长度。由图可见齿轮轴右侧轴颈长度合适，而左侧轴颈长度略短，需调整。单击轴颈处，出现包围盒后右击左端手柄，在弹出的快捷菜单中选择【编辑包围盒】命令，调整高度为 22。

11 在设计树中选择"轴承 2"和"挡油环 2"，激活三维球；单击三维球轴线外控制柄，然后按下鼠标左键拖动三维球向左移动一定距离；编辑该距离，调整为 10，如图 4-36 所示。

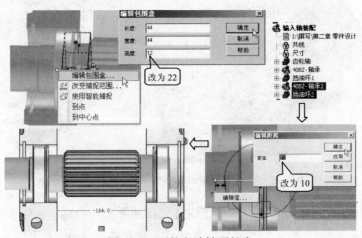

图 4-36　调整左端轴颈长度

12 插入大齿轮。单击【插入零件】按钮📎，在弹出的【插入零件】对话框中选择"大齿轮"零件；在设计树中单击"大齿轮"图标，单击【定位约束】按钮📎，在出现的【约束】对话框中选择约束类型为⊕同心；将鼠标移至"大齿轮"零件轴孔处，至出现绿色反馈后单击，然后单击【确认】按钮✅退出，如图 4-37 所示。

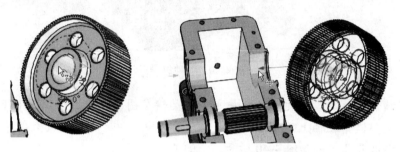

图 4-37　插入大齿轮并使其与轴承座同心

13 调整大齿轮。利用三维球定向功能，将大齿轮键槽调整至正上方。

14 单击【线性标注】按钮✏，将鼠标移至箱体左侧内表面，出现绿色反馈后单击；再将鼠标移至大齿轮轴孔左侧外端面，出现绿色反馈后单击；右击出现的标注尺寸，在弹出的快捷菜单中选择【编辑智能尺寸】命令，将距离调整为 14.5，如图 4-38 所示。

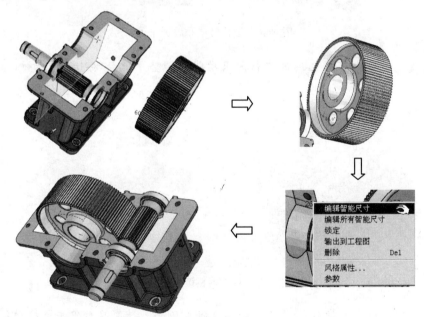

图 4-38　大齿轮定位

15 设计轴。根据大齿轮尺寸，从设计元素库中拖曳"圆柱体"图素至设计环境中，编辑其"直径：60"、"高度：75"；两端各加以圆柱体，编辑尺寸为"直径：56"、"高度：2"；利用定位约束工具使圆柱体图素与齿轮轴孔同心，如图 4-39 所示。

图 4-39　构建轴

16　添加键槽和键。从设计元素库中拖曳"孔类键"图素至轴，依据 GB/T1096—2003 标准，调整键槽在轴上的方位；从设计元素库中拖曳"键"图素至键槽，并依据平键标准调准其尺寸，如图 4-40 所示。

图 4-40　设计键槽和添加平键

17　利用【定位约束】按钮的平行约束功能，调整平键与轴孔键槽平行，如图 4-14 所示。

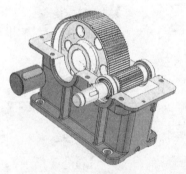
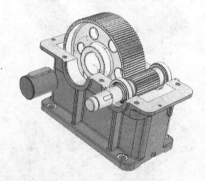

图 4-41　调整键方向

18　单击【线性标注】按钮，将鼠标移至轴左侧面，待亮显后单击并拖动到大齿轮轴颈左端面，出现智能标注，编辑智能尺寸为 0 并锁定，如图 4-42 所示。

19　从设计元素库中拖曳"圆柱体"图素至轴左端面，至出现绿色反馈后释放鼠标；编辑包围盒，输入"长度：55"、"高度：50"；插入轴承 55BZ 至设计环境中，在设计树中单击轴承 55BZ 图标，利用约束定位工具，使其与轴同心；激活轴承 55BZ 三维球，利用三维球定位功能，将轴承移至合适位置，如图 4-43 所示。

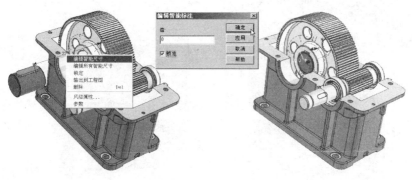

图 4-42　确定轴位置

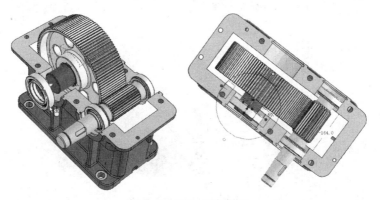

图 4-43　添加轴和轴承

20 添加支承环。利用线性标注工具测得轴承 55BZ 内圈右侧面与大齿轮轴孔左侧面距离为 24.5；利用"圆柱体"图素和"孔类圆柱体"图素设计垫圈，其尺寸为"外径：70"、"内径：55"、"宽度：24.5"；利用约束定位工具使支承环与轴同心，利用线性标注工具使支承环定位，如图 4-44 所示。

图 4-44　添加支承环

21 添加调整环。利用线性标注工具测得环形槽内侧面与轴承 55BZ 外圈左端面距离为 9.6；设计调整环，其尺寸为"外径：90"、"内径：76"、"宽度：9.6"；利用约束定位工具使支承环与轴同心，利用线性标注工具使支承环定位，如图 4-45 所示。

22 添加嵌入端盖。按照图 4-46 所示左侧视图设计嵌入端盖，利用约束定位工具使支承环与轴同心，利用线性标注工具使嵌入端盖定位，结果如图 4-46 所示。

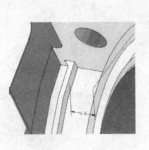

图 4-45　添加调整环

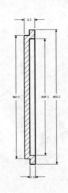

图 4-46　添加嵌入端盖

23 同上述步骤，设计输出轴右侧部分，结果如图 4-47 所示。

24 同理，添加输入轴上各零件，结果如图 4-48 所示。

图 4-47　设计输出轴右侧部分　　　　　　图 4-48　补充输入轴各零件

25 利用概念设计方法构建箱盖。从图素设计库中拖放一个"长方体"图素至设计环境中，编辑包围盒尺寸如图 4-49 所示。

26 底板的定向。激活箱盖底板三维球，右击三维球垂直内控制柄，在弹出的快捷菜单中选择【与面垂直】命令，然后移动鼠标至箱体上端面，如图 4-50 所示。

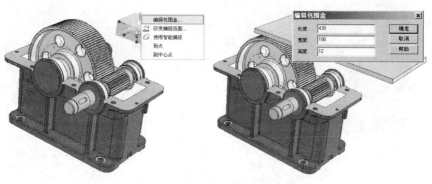

图 4-49　添加箱盖底板

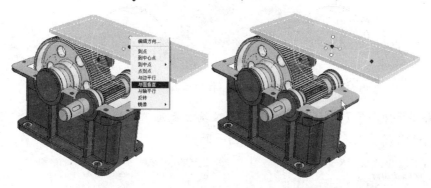

图 4-50　箱盖底板定向

27 底板定位。单击【定位约束】工具按钮 ，在弹出的对话框中选择 对齐，使底板两侧面分别与箱体两侧面对齐，如图 4-51 所示。

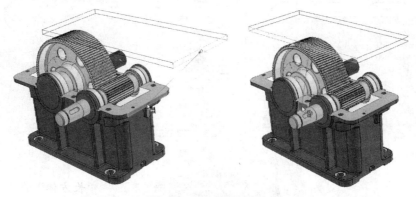

图 4-51　箱盖底板定向

28 利用定位约束工具的贴合功能，使箱盖底板与箱体上表面贴合，如图 4-52 所示。

29 构建箱盖基本造型。参照上述操作，添加箱盖其他部分，如图 4-53 所示。

30 在设计树中将除箱盖以外的零部件压缩，结果如图 4-54 所示。

图 4-52　箱盖底板贴合操作

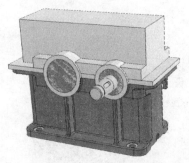

图 4-53　箱盖基本造型

图 4-54　保留箱盖

31 单击【拉伸向导】按钮 ，拾取箱盖顶端上表面，按照图 4-55 所示步骤进行操作，将出现与箱盖上表面垂直的二维绘图平面。

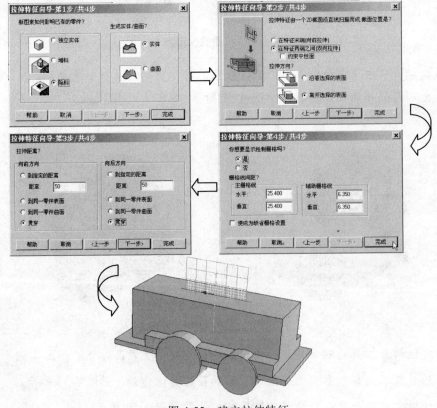

图 4-55　建立拉伸特征

32 在二维截面上，绘制如图 4-56a 所示两个封闭图形，然后单击【完成】按钮 ✔，结果如图 4-56b 所示。

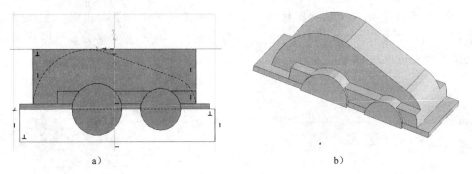

a)   b)

图 4-56　切除实体

33 添加肋板。在箱盖两侧添加肋板，如图 4-57 所示。

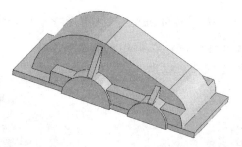

图 4-57　添加肋板

34 构建观察孔。在箱盖顶端添加长方体图素，编辑包围盒尺寸；从图素元素库中拖曳"孔类长方体"图素至长方体图素中心，出现绿色反馈后释放鼠标，编辑其包围盒尺寸，如图 4-58 所示。

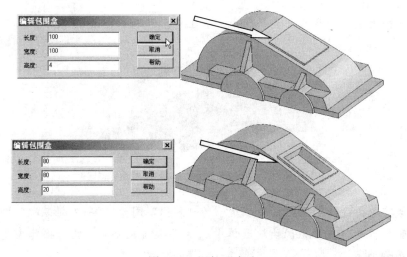

图 4-58　添加观察孔

35 构建内腔。利用拉伸特征去料功能，构造箱盖内腔，壁厚设置为 8，结果如图 4-59 所示。

36 从设计元素库中拖曳"孔类圆柱体"至大轴承支座中心位置，出现绿色反馈后释放鼠标，调整其直径为 90，拖动包围盒轴向控制柄，使图素贯穿箱盖；同理，设计小轴承支座轴承孔，调整其直径为 68，如图 4-60 所示。

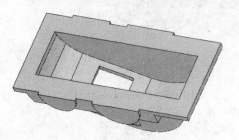
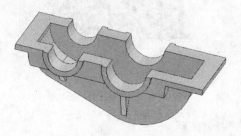

图 4-59　构建箱盖内腔　　　　　　　　图 4-60　构建箱盖轴承支座孔

37 构建密封槽。构建密封槽的具体方法及尺寸参见第 3 章相关内容，结果如图 4-61 所示。

38 添加螺栓孔。与箱体孔相对应，在箱盖底板添加螺栓孔，并通过三维球工具使其与箱体螺栓孔对齐，结果如图 4-62 所示。

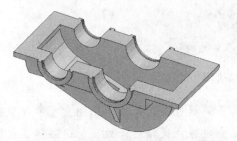
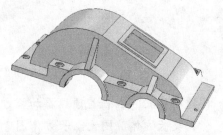

图 4-61　构建箱盖轴承支座孔密封槽　　　　图 4-62　添加螺栓孔

39 倒圆角并上色。将箱盖图素倒圆角，并上色，结果如图 4-63 所示。

图 4-63　箱盖倒圆角

40 分别右键单击设计树中图标灰白显示的"箱体"图素、"输入轴装配"图素和"输出轴装配"图素，在弹出的快捷菜单中选择【压缩】命令，从而将其恢复显示，结果如图 4-64 所示。

41 设计箱盖上部的垫片、视孔盖部件，并在箱盖窗口处添加螺纹孔，在垫片上添加孔图素，在视孔盖处添加自定义孔，螺纹孔尺寸为 M6×8，如图 4-65 所示。

42 在视孔盖上添加开槽沉头螺钉（GB68-1985-M6×12），如图 4-66 所示。

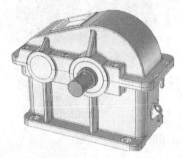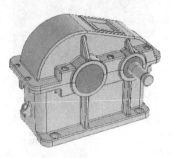

图 4-64　减速器基本造型

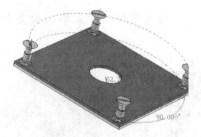

图 4-65　添加垫片、视孔盖　　　　图 4-66　添加开槽沉头螺钉

43 添加进气塞（进气螺栓 GB5780-1986-M24×34），如图 4-67 所示。

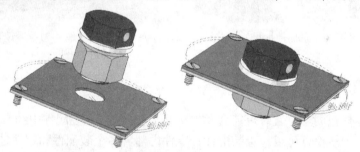

图 4-67　添加进气塞

44 添加箱体螺栓装配（螺栓：GB/T5780-2000-M12×85；垫片：GB/T95-2002；螺母：GB/T41-2000），如图 4-68 所示。

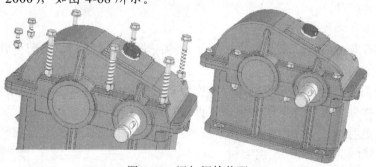

图 4-68　添加螺栓装配

45 添加油塞（螺栓：GB/T5781-2000-M12×10；垫片：GB/T95-2002），如图 4-69 所示。

图 4-69　添加油塞

46 添加油标尺，如图 4-70 所示。

47 至此，减速器装配设计完毕，检查无误后保存文件，如图 4-71 所示。

  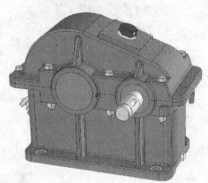

图 4-70　添加油标尺　　　　　　　　　　　　图 4-71　减速器造型

4.4.3　干涉检查

两个独立零件在同一位置时可能会发生相互干涉，所以在装配件中经常需要检查零件之间的相互干涉。干涉检查可以检查装配件、零件内部、多个装配件和零件之间的干涉现象。

干涉检查既可以在设计环境中进行，也可以在设计树中通过选择组件来进行（只有处于同一状态的组件才可选定进行比较）。在设计树中可供选择进行干涉检查的组件包括如下几种。

❑ 装配件中的部分或全部零件。

❑ 单个装配件。

❑ 装配件和零件的任意组合。

通常在进行装配后会由于两种错误引起干涉：零件尺寸错误、装配位置有误差。

干涉检查的步骤如下。

（1）选择需要进行干涉检查的项。若在设计环境中进行多项选择，则应按住 Shift 键，然后在"主零件"编辑状态下依次单击零件进行选择；若在设计树中进行多项选择，则应在单击鼠标左键时按住 Shift 键或 Ctrl 键；若要选择设计环境中的全部组件，可选择【编辑】/【全选】命令或按 Ctrl+A 组合键。

（2）选择【工具】/【干涉检查】命令，（如果所选择项对干涉检查无效，或者在零件编辑状态下未作任何选择，则此命令将呈现为不可用状态），如图 4-72 所示。

（3）在允许进行干涉检查时，会出现下述信息之一，如图 4-73 所示。

❏ 弹出一个提示对话框，报告未检测到任何干涉。

❏ 弹出【干涉报告】对话框，在其中以成对的形式显示出选定项中存在的干涉。

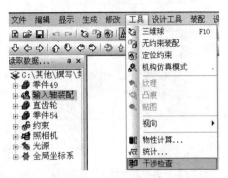

图 4-72　选择【工具】/【干涉检查】命令

图 4-73　干涉报告

此外，在设计环境中，被选定的项会变成透明且所有干涉将以红色加亮状态显示。

【干涉报告】对话框还提供了查看干涉列表中某对干涉的功能。在默认【显示选项】为"干涉部分加亮"时，【如下干涉被检测到】列表框中将显示所有的干涉对，而在设计环境中干涉将呈白色加亮显示。选择显示列表中的某对干涉后，若在【显示选项】选项组中选中【隐藏其他零件】单选按钮，则设计环境中只显示被选定的干涉对，而其他所有图素暂时隐藏。如果单击【关闭】按钮，可以返回设计环境，同时自动取消已隐藏的项。

图 4-74 所示为【显示选项】为"干涉部分加亮"时螺钉与挡口板之间干涉的情况；图 4-75 所示为【显示选项】为"隐藏其他零件"时螺钉与挡口板之间的干涉情况。

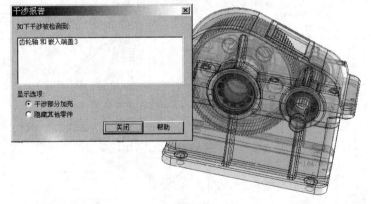

图 4-74　干涉情况 1

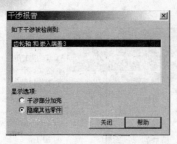
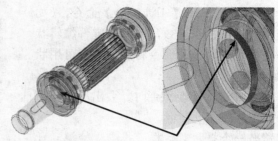

图 4-75　干涉情况 2

通过干涉检查可以了解到零件或装配的缺陷和错误，并且可以根据列表中的干涉情况进行分析，以便进一步改进产品的结构设计。

如图 4-76 所示，将嵌入端盖 3 的孔径扩大至 38.5，即可避免干涉。

图 4-76　修正干涉

4.4.4　减速器装配截面剖视

利用 CAXA 实体设计系统中的【截面】命令，用户可以通过剖视平面或长方体对零件或装配进行剖视。零件或装配经剖视后形成的"断面"以可视模式或精密模式显示在设计环境中，以供参考或测量之用。

对零件或装配进行剖视的方法是：在设计环境中选择需要剖视的零件或装配件，选择【修改】/【截面】命令，打开【生成截面】面板，如图 4-77 所示。从中设置所需参数后，单击 ✔ 按钮即可。

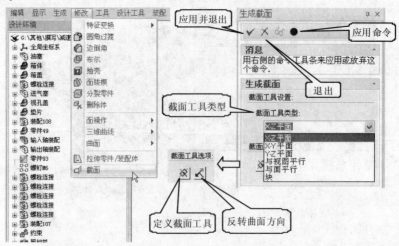

图 4-77　【修改】/【截面】命令及【生成截面】面板

【截面工具类型】下拉列表框中提供了如下几种截面工具类型，用户可视实际需要选用。

❏　*-*平面：沿设计环境*-*平面生成一个无穷的剖视平面（注：*代表 X、Y、Z）。

❏　与面平行：生成与指定面平行的无穷剖视平面。

❏　与视图平行：生成与当前视图平行的无穷剖视平面。

❏　块：生成一个可编辑的长方体块作为剖视工具。

在利用长方体作为剖视工具时，操作方法和过程与使用平面剖视相同。另外，使用长方体作为剖视工具，可通过拖拉其包围盒手柄设置尺寸。

如果同时需要几个剖切平面来表示装配关系，则可单击 ⊙ 按钮，逐一进行剖切选择。

剖切结束后，系统默认剖切面处于显示状态；若想得到较好的显示效果，可单击鼠标右键，在弹出的快捷菜单中选择【隐藏】命令，剖切面即可变为不可见状态，如图4-78 所示。

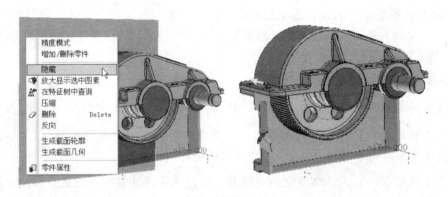

图 4-78　剖切面的隐藏

4.5　应用拓展

设计者在利用 CAXA 实体设计生成零件或装配体之后，可通过多种方式将设计成果保存起来。

生产实践中，产品的装配需遵循一定的工艺规程，以保证产品的稳定性、先进性和可靠性。

本节将讨论 CAXA 实体设计中文件的保存方式和生产实践中应遵循的装配工艺规程，以利于设计者在利用 CAXA 实体设计装配产品时，提高产品质量及工作效率。

4.5.1　文件保存

CAXA 实体设计系统允许设计者选择不同方式保存产品文件。

❏　将产品文件保存到设计元素库的目录中。

❏　保存产品到文件中。

❏　将整个设计环境保存到设计元素库的目录中。

❏　将设计环境保存到文件中。

1. 将产品文件保存到设计元素库的目录中

如要将产品文件保存到设计元素库的目录中，则可以按如下步骤进行。

01 从设计环境中将已完成的部件拖至已存目录或新建的目录中，则该部件的压缩图形或图标就出现在该目录中。

02 为目录中的部件重新命名。单击部件图标将其选定，然后单击【未命名】标签，在弹出的文本框中输入所需的新名称，并单击图标以外的区域以确定。

03 保存此目录。如果是新建目录，可选择【设计元素】/【另存为】命令，在弹出的对话框中【文件名】文本框中输入文件名，然后单击【保存】按钮；如果已对目录命名并保存，则选择【设计元素】/【保存】命令即可。

2. 保存产品到文件中

可以将零件或装配件的设计成果保存在文件中。若想与某个设计者共享某个零件或装配件的成果，这种方法是非常有用的。尽管也可以共享目录，但将零件或装配件保存到【文件】菜单中更为方便。具体操作步骤如下。

01 选择需要保存的零件或装配件。

02 从【文件】菜单或【装配】菜单中选择【存为零件/装配】命令。

03 在随之出现的对话框中输入文件名，并在需要时指定一个目的文件夹，默认的文件格式是带有文件扩展名 ".ics" 的设计环境文件格式。

04 如果要保留零件和设计环境之间的链接，则应选中【链接到当前设计环境】复选框；相反，如果不希望生成链接，就应确保未选中此项。

05 单击【保存】按钮，保存文件并关闭对话框。

3. 将整个设计环境保存到设计元素库的目录中

如果设计环境中的零件不止一个而又希望把零件或装配件与设计环境保存在一起，那么可以将整个设计环境拖进某个目录中。此后，在将该设计环境从该目录拖回时，它会保持原来的模样。保存整个设计环境时，还可以同时保存其背景和采光设置参数值。

将整个设计环境保存到设计元素库的目录中的操作步骤如下。

01 显示设计环境浏览器。

02 在该浏览器中单击设计环境图标并将其拖放到目录中，目录中将出现工型设计环境图标（设计环境的图标是一个工字形图标，放置于设计环境浏览器树形结构的顶部）。

03 为目录中的设计环境指定一个名称。单击目录中设计环境图标，以选定该图标，然后单击【未命名（UnNamed）】标签，在弹出的文本框中输入"示例设计环境"，然后单击该图标以外的区域。

04 保存目录。如果该目录为新建目录，可选择【设计元素】/【另存为】命令，在弹出的对话框中的【文件名】文本框中输入文件名，然后单击【保存】按钮；如果已为目录命名并在前次操作中进行了保存，则只需选择【设计元素】/【保存】命令即可。

4．将设计环境保存到文件中

将设计环境保存到文件中是 CAXA 实体设计保存设计结果的标准做法。例如，如果在完成零件设计之前不得不中断当前工作，则只需将设计环境保存在一个文件中，在需要继续进行该零件设计时，打开该零件文件便可继续完成其设计工作。

（1）**将设计环境保存在文件中的操作步骤**

选择【文件】/【保存】命令，如果是第一次保存该文件，CAXA 实体设计会提示用户为其指定一个文件名，并且自动在该文件名后面加上扩展名".ics"；如果对设计环境中的链接文件未做任何修改，它们也可以保存；如果设计环境文件或已修改的链接文件中的任何文件是以"只读"方式打开的，系统就会提示用户采用另一个文件名保存。

（2）**将设计环境保存在另一个文件中的操作方法**

选择【文件】/【另存为】命令，CAXA 实体设计将提示用户为文件命名，并会在该文件名后添加".ics"扩展名。如果设计环境中有已链接文件，它们也可以根据设计环境文件的保存方式进行保存。具体操作如下：若以与已打开的原始设计环境名称相同的名称保存设计环境，那么将执行"保存"操作，而所有修改的链接文件都将自动按照前文"将设计环境保存在文件中"部分所述方法进行保存；如果改变文件名或改变路径，则可按照如图4-79 所示对话框的提示处理链接文件。

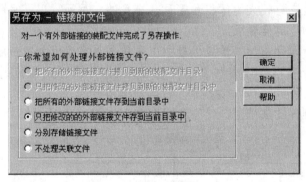

图 4-79　保存链接文件

4.5.2　装配工艺规程

机械产品往往由成千上万个体零件组成，装配就是把加工好的零件按一定的顺序和技术连接到一起，使之成为一体，并且可靠地实现产品设计功能。装配处于产品制造所必需的最后阶段，产品的质量（从产品设计、零件制造到产品装配）最终通过装配得到保证和检验，因此装配是决定产品质量的关键环节。研究制定合理的装配工艺，采用有效的保证装配精度的装配方法，对于提高产品质量有着十分重要的意义。

装配工艺规程是规定产品或部件装配工艺和操作方法等的工艺文件，是制定装配计划和技术准备，指导装配工作和处理装配工作问题的重要依据。它对保证装配质量、提高装配生产效率、降低成本和减轻工人劳动强度等都有积极的作用。

制定装配工艺规程步骤如下。

1．产品图纸分析

从产品的总装图、部装图了解产品结构，明确零、部件间的装配关系；分析并审查产品结构的装配工艺性；分析并审核产品的装配精度要求和验收技术条件；研究装配方法；掌握装配中的关键技术并制定相应的装配工艺措施；进行必要的装配尺寸链计算，确保产品装配精度。

2．确定装配的组织形式

根据产品的生产计划、结构特点及现有生产条件确定生产组织形式。

3．划分装配单元

将产品划分成可进行独立装配的单元是制定装配工艺规程中最主要的一个步骤，在大批量装配结构复杂的机器时尤为重要。将产品划分成装配单元时，应便于装配和拆开；选择各单元件的基件，并明确装配顺序和相互关系；尽可能减少进入总装的单独零件，缩短总装配周期。

4．选择装配基准、建立装配关系

无论哪一级的装配单元，都需要选定某一零件或比它低一级的装配单元作为装配基准件。选择时应遵循以下原则。

- ❑ 尽量选择产品基体或主干零件为装配基准件，以保证产品装配精度。
- ❑ 装配基准件应有较大的体积和重量，有足够支承面，以满足陆续装入零部件时的作业要求和稳定性要求。
- ❑ 装配基准件的补充加工量应尽量小，尽量不再有后续加工工序。
- ❑ 选择的装配基准件应有利于装配过程的检测、工序间的传递运输和翻身转位等作业。

在确立装配基准件的基础上，建立装配关系，如图 4-80 所示。

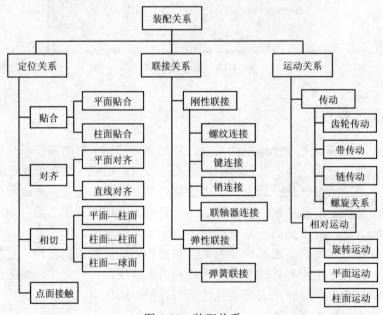

图 4-80　装配关系

5．确定装配顺序

确定装配顺序应注意如下问题。

- ☐ 预处理工序在前，如零件的去毛刺、清洗、防锈、防腐、涂装、干燥等。
- ☐ 先下后上，先内后外，先难后易。首先进行基础零部件的装配，使产品重心稳定；先装产品内部零部件，使其不影响后续装配作业；先利用较大空间进行难装零件的装配。
- ☐ 及时安排检验工序。
- ☐ 采用同一设备、工装及需要特殊环境的装配在不影响装配节拍的情况下尽量集中；处于基准件同一方位的工序尽量集中。
- ☐ 电线、油（气）管路应与相应工序同时进行，以便零部件反复拆卸。
- ☐ 易燃、易爆、易碎、有毒物质或零部件的安装尽量放在最后，以减小安全防护工作量。

6．划分装配工序

装配工序的划分工作包括如下内容。

- ☐ 确定工序集中、分散的程度。
- ☐ 划分装配工序并确定其具体设备。
- ☐ 制订各工序操作规范，如过盈配合所需压力、变温装配的温度、紧固螺栓联接的拧紧扭矩及装配环境要求等。
- ☐ 选择设备及供应商。
- ☐ 制订各工序装配质量要求及检测项目。
- ☐ 确定工时定额，并协调各工序内容。

7．填写装配工艺文件

装配工艺文件主要包括装配工艺过程卡、检验卡和试车卡等。简单的装配工艺过程有时可用装配（工艺）系统图代替。

4.6 思考与练习

1．思考题

（1）查看装配体内部结构有哪些方法？

（2）如何生成爆炸图？

（3）如何创建装配体剖视图？

（4）装配的螺纹和螺母通过干涉检查发现干涉时，该如何取消或隐藏？

2．操作题

（1）创建如图 4-81 所示的管道阀门。

【操作提示】

☆ 无约束实体的建立和零件的表面编辑方法。

☆ 无约束装配工具的使用。

☆ 结构设计中自底向上的设计方法。

☆ 设计元素库的操作。

图 4-81   管道阀门设计

（2）完成如图 4-82 所示齿轮泵装配设计。

【操作提示】

☆ 复杂零件的建模方法。

☆ 自顶向下的设计方法。

☆ 约束装配工具的使用方法。

图 4-82   齿轮泵装配设计

第 5 章　工程图输出

学习目标

掌握基本视图及轴测图
掌握添加新视图、工程标注、文字和明细表
掌握三维设计环境和二维绘图环境的切换
掌握零件和装配体的工程图生成

作为加工和检验零件的重要依据，尺寸是零件图的重要内容之一，是图样中指令性最强的部分。在零件图上标注尺寸，必须做到正确、完整、清晰、合理。在此通过输出轴工程图的生成，着重讨论尺寸标注的合理性问题、常见结构的尺寸标注方法，以及注意事项。

装配图在科研和生产中起着十分重要的作用。在设计产品时，通常是根据设计任务书，先画出符合设计要求的装配图，再根据装配图画出符合要求的零件图；在制造产品的过程中，要根据装配图制定装配工艺规程来进行装配、调试和检验产品；在使用产品时，要从装配图上了解产品的结构、性能、工作原理及保养、维修的方法和要求。通过减速器装配体工程图的生成，我们可以掌握装配图的输出、标注、明细表生成等。

ZeroBook.net
零点工作室

5.1　相关专业知识

利用 CAXA 实体设计可以将构建好的三维零件或装配体生成用二维方法表达的零件图或装配图，这些零件图或装配图又称为二维工程图或简称工程图。由于先有三维实体，所以最常见的绘图方法就是将三维实体零件或装配体以某个视向投影到平面图纸上。CAXA 实体设计有两种类型的图纸：平面布局图和工程图纸。前者本质上也是工程图，但其画法和标准符合 ANSI 标准，图形的布局和变化非常方便，并能生成简单的渲染效果图；而后者（工程图纸）符合我国国家制图标准，一个设计环境只能处理一张图纸。通常是先生成平面布局图，然后将其输出到 CAXA 电子图板，在 CAXA 电子图板的设计环境中对图纸进行最后的处理和修改，主要工作是使其标注、图框、标题栏、工艺符号等符合我国制图标准。

利用 CAXA 实体设计提供的自动生成二维工程图功能，用户可以方便、快捷地生成逻辑上与三维零件或产品关联的二维工程图。例如：

❑　生成初始视图。

❑　添加新的视图。

❑　在三维设计环境和二维绘图环境之间自由切换，以相应修改零件和更新视图。

❑　利用内置 CAXA 电子图板添加尺寸和标注。

❑　添加几何尺寸和文字。

❑　生成明细表。

❑　打印图纸。

5.1.1　机械三视图的第一角法和第三角法

创建 3 个互相垂直的平面（称为三投影面），由这 3 个平面将空间分为 8 个部分，每一部分叫做一个分角，分别称为Ⅰ分角、Ⅱ分角……Ⅷ分角，将该体系称为三投影面体系，如图 5-1 所示。世界上有些国家规定将形体放在第一分角内进行投影，也有一些国家规定将形体放在第三分角内进行投影，我国国家标准《机械制图》（GB4458.1—1984）规定"采用第一分角投影法"。

三投影面体系中通常采用以下的名称和标记：正对着我们的正立投影面称为正面，用 V 标记（也称 V 面）；水平位置的投影面称为水平面，用 H 标记（也称 H 面）；右边的侧立投影面称为侧面，用 W 标记（也称 W 面）。投影面与投影面的交线称为投影轴，分别以 OX、OY、OZ 标记；3 条投影轴的交点 O 称为原点。将形体放置在前面建立的 V、H、W 三投影面体系中，然后分别向 3 个投影面作正投影，即可形成三视图。

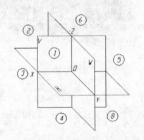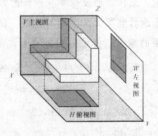

图 5-1　三投影面体系及分角

　　第一视角投影法和第三视角投影法在各个国家的设计实践中都得到了应用，具体工程图投影方式主要是考虑工程人员的习惯而定，表 5-1 反映了两种投影方法的使用情况。

表 5-1　投影方法

投 影 方 法	规 定 采 用	主 要 采 用
第一视角	法国、俄罗斯、波兰、捷克、中国	德国、英国、瑞士、奥地利
第三视角	美国、日本、加拿大、澳大利亚	

　　可以看出围绕太平洋地区的很多国家采用第三视角投影法，而欧洲国家主要采用第一视角投影法。中国因为受到前苏联的影响，规定在工程图中采用第一视角投影法。随着国际合作的加强，许多国家都默许两种投影方法的同时应用，可以在图纸中标注采用的是何种投影方法，以便于交流。

5.1.2　图样画法

　　机件向投影面投射所得的图形称为视图，视图一般只画机件的可见部分，必要时才画出其不可见部分，这与我们以前讨论的视图略有区别。我国国家标准《机械制图》图样画法中规定机件的图形按正投影绘制，并采用第一角画法。

　　视图可分为基本视图、向视图、斜视图和局部视图 4 种。

　　（1）基本视图

　　国家标准规定，使用正六面体的 6 个面作为基本投影面，然后将机件向基本投影面投射所得的视图称为基本视图，如图 5-2 所示。

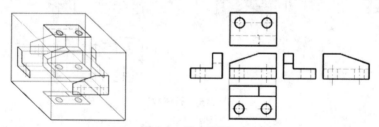

图 5-2　基本视图

　　（2）向视图

　　可自由配置的视图称为向视图，如图 5-3 所示。当基本视图不能按规定位置配置时，可画成向视图。画成向视图时，应在视图上方用拉丁字母标出视图的名称，同时在相应的视图附近用箭头指明投射方向，并注上相同的字母。

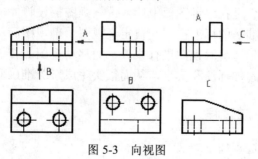

图 5-3　向视图

CAXA 实体设计 2009 行业应用实践

（3）斜视图

机件上的倾斜部分由于与基本投影面不平行，所以该部分在基本投影面的投影并不反映实形。这时选取一个与机件倾斜部分平行的投影面，将倾斜部分在该投影面上投影，即可得到反映这部分实形的视图。机件向不平行于任何基本投影面（但垂直于某一基本投影面）的平面投射所得的视图称为斜视图，如图 5-4 所示。

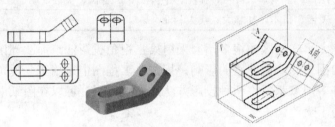

图 5-4　斜视图

（4）局部视图

将机件的某一部分（即局部）向基本投影面投射所得的视图称为局部视图，如图 5-5 所示。当只需表达机件某个方向的局部形状，而没有必要画出整个基本视图时或当需要表达物体局部的内部形状时，即可采用局部视图。

采用局部剖视图时，物体上位于剖切平面前方的部分可视需要断开。视图与局部剖视图的分界线用波浪线表示。

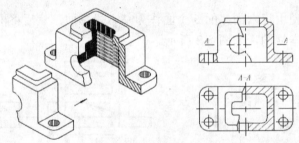

图 5-5　局部视图

5.2　软件设计方法

CAXA 实体设计 2009 直接嵌入了最新的电子图板作为 2D 设计环境，设计者可以在同一软件环境下轻松进行 3D 和 2D 设计，不再需要任何独立的二维软件，彻底解决了采用传统 3D 设计平台遇到的困难。3D 转 2D 功能主要用于解决利用三维实体准确生成二维工程图纸的问题。其设计思想是在二维图板中读入由三维图板设计完成的零件图和装配图，然后根据用户的需求生成准确的标准视图、自定义视图、剖视图和剖面图。视图生成之后，用户可以根据自己的实际情况对视图进行修改，如移动视图、打散视图、更新视图，并且可以对它们重新定位、添加标注和文字，从而很快生成一个准确而全面的工程图。

5.2.1　二维工程图生成过程

二维工程图的生成过程如下。

01 在三维设计环境中保存好包含需生成工程图的三维零件或设计图。

02 选择【文件】/【新文件】/【图纸】命令，在弹出的【新建】对话框中选择相应的绘图模板，然后单击 ⬚确定 按钮，或直接单击快速启动栏中的【新的图纸环境】按钮⬚。

03 在 Ribbon 界面中选择【三维接口】选项卡，在【视图生成】选项组中可选择相应命令生成标准视图、投影视图、向视图等 8 种视图形式。

04 选择相应的零件或设计文件，选定的文件将显示在预览窗口中。在默认状态下，CAXA 实体设计选择的是当前调入的零件文件。如果要调入其他文件，则应使用【浏览】栏查找并选定该文件。

05 调整零件视图的空间位置，使其显示出零件的主视图。利用预览窗口下的定位操纵柄可获得需要的角度。

06 在预览窗口的左边选择将要显示在工程图上的相应视图，然后单击【确定】按钮。

07 利用【视图】工具条上的工具按钮生成需要的视图（支持剖视图、局部放大视图或辅助视图）。

08 利用【标注】工具条上的工具按钮添加必要的中心线、参考几何尺寸和特殊符号。

09 利用【尺寸】工具条上的工具按钮添加必要的尺寸。

10 利用【2D 绘图】工具添加相应的几何元素和文字。

11 保存或输出工程布局图到 CAXA 电子图板。

5.2.2　二维绘图环境

在 CAXA 实体设计环境中，单击⬚按钮，可直接进入"默认模板"空白图纸。

要进入"预设定模板"图纸，首先单击⬚按钮，选择【文件】/【新文件】命令，在弹出的【新建】对话框中选择【图纸】选项，单击 ⬚确定 按钮。然后在弹出的【新建】对话框中选择相应模板，单击 ⬚确定 按钮，即可切换到二维绘图环境。

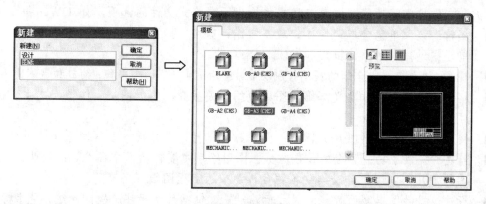

图 5-6　新建图纸

生成新的工程图或打开已有的工程图时，可启动 CAXA 实体设计二维绘图环境。二维绘图环境是二维工程图的生成和编辑环境，如图 5-7 所示。

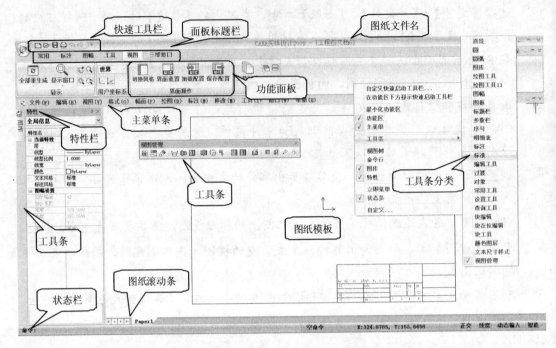

图 5-7　二维绘图环境

CAXA 实体设计 2009 二维环境中的菜单栏及常用工具条简介如下。

1. 菜单栏

菜单栏中默认包含工程图生成时需要的绝大部分命令，如图 5-8 所示。

文件(F)　编辑(E)　视图(V)　格式(O)　幅面(P)　绘图(D)　标注(N)　修改(M)　工具(T)　窗口(W)　帮助(H)

图 5-8　菜单栏

❑ 文件：该菜单除了提供打开、保存和打印功能外，还提供了并入文件、部分存储和文件检索等功能。该菜单还提供输出不同格式文件的选项，如.DWG 和 .DXF

❑ 编辑：该菜单包含取消操作、重复操作、剪切、拷贝、粘贴和删除等命令，该菜单还提供插入对象、链接和 OLE 对象功能。

❑ 视图：该菜单提供全部的视图控制功能，包括重生成、动态平移、缩放和显示比例等。

❑ 格式：用于规范和定义二维绘图环境的相关参数，例如图层、线型、文字、粗糙度及样式管理等。

❑ 幅面：快速设置图纸尺寸，调入图框、标题栏、参数栏、填写图纸属性信息。

❑ 绘图：提供了功能齐全的作图方式。图形绘制主要包括基本曲线、高级曲线、块、图片等几个方面。可以绘制各种各样复杂的工程图纸。

❑ 标注：提供了丰富而智能的尺寸标注功能，包括尺寸标注、坐标标注、文字标注、工程标注等，并可以方便地对标注进行编辑修改。另外，电子图板各种类型的标注都可以通过相应样式进行参数设置，满足各种条件下的标注需求。

- ❑ 修改：主要是对电子图板生成的图形对象，如曲线、块、文字、标注等进行编辑操作。这些功能主要包括删除、删除重线、平移、拷贝、裁剪、齐边、过渡、旋转、镜像、比例缩放、阵列、打断、拉伸和打散等。
- ❑ 工具：提供了多种辅助工具，如查询功能、外部工具、捕捉拾取设置、界面操作等，以及选项定义。
- ❑ 窗口：窗口菜单包含标准的窗口控制命令（如新建、叠层、平铺）并列出当前打开的所有设计和绘图文件列表，帮助用户快速地在这些环境之间切换。
- ❑ 帮助：提供产品信息和在线帮助信息。

2．标准工具

标准绘图工具可用于文件管理，如打开和关闭文件、选定内容的剪切和粘贴以及选择选择显示类型，主要功能如图 5-9 所示。

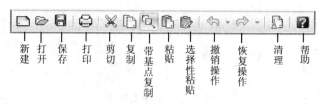

新建　打开　保存　打印　剪切　复制　带基点复制　粘贴　选择性粘贴　撤销操作　恢复操作　清理　帮助

图 5-9　标准工具条

3．工程标注工具

利用工程标注工具条中提供的各种工具，可以方便、快捷地在工程布局图上添加各种标注。工程标注工具条如图 5-10 所示。

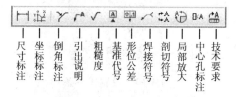

尺寸标注　坐标标注　倒角标注　引出说明　粗糙度　基准代号　形位公差　焊接符号　剖切符号　局部放大　中心孔标注　技术要求

图 5-10　工程标注工具条

4．视图管理工具

CAXA 实体设计提供了多种生成和更新工程图视图的视图管理工具，如图 5-11 所示。

标准视图　投影视图　向视图　剖视图　剖面图　局部剖视图　截断视图　局部放大　视图移动　隐藏图线　取消隐藏图线　视图更新　导入 3D 明细　更新 3D 明细　自动序号　手动序号

图 5-11　视图管理工具条

5．编辑工具

图形编辑主要是对电子图板生成的图形对象，例如曲线、块、文字、标注等进行编辑

操作，如图 5-12 所示。

删除　平移　平移复制　旋转　镜像　阵列　缩放　过渡　剪裁　齐边　拉伸　打断　分解　标注编辑　尺寸驱动　特性匹配　切换尺寸风格　文本参数编辑

图 5-12　编辑工具条

6．绘图工具

绘图工具主要包括直线、平行线、圆、圆弧、中心线、矩形、多段线、等距线、剖面线和填充等工具，如图 5-13 所示。

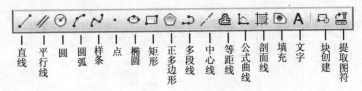

直线　平行线　圆　圆弧　样条　点　椭圆　矩形　正多边形　多段线　中心线　等距线　公式曲线　剖面线　填充　文字　块创建　提取图符

图 5-13　绘图工具条

7．设置工具

设置工具主要包括文本样式、尺寸样式、点样式、样式管理、捕捉设置、拾取设置等，如图 5-14 所示。

文本样式　尺寸样式　点样式　样式管理　捕捉设置　拾取设置

图 5-14　设置工具条

其他工具条同有关章节中工具条内容和功能相似，在此不再赘述。

5.2.3　二维视图生成

采用 CAXA 实体设计可生成各类二维工程图视图，生成后还可对它们进行重新定位、添加标注、补充其他的几何尺寸和文字，从而很容易生成一个准确而全面的工程图。

生成视图的一种方法是单击【视图管理】工具条上的相应按钮。不过，最直接的方法是从【三维接口】选项卡中的【视图生成】功能面板中选择视图选项。

5.2.3.1　标准视图

标准视图是工程制图过程中使用的典型视图，也是 CAXA 实体设计中的两种基本视图类型之一（另一种是普通视图）。在生成局部放大视图、剖视图或辅助视图之前，工程图必须包含一个标准视图或轴测视图。

CAXA 实体设计提供了在二维布局图和其相关三维设计环境之间进行切换的功能。选择视图后右击带有红色线框视图，然后从弹出的快捷菜单中选择【编辑关联文件】命令，即可显示三维设计环境。完成编辑并保存文件后，从三维环境【常用】选项卡中的【窗口】面板中的【窗口】菜单中选择布局图文件名，则又返回到布局图。

工程图的基础是将三维立体模型投影到平面上形成基本的三视图及其他派生的视图。三维实体转化为二位投影图主要有两种方法：第一视角投影法和第三视角投影法。这两种方法都属于正投影，只是视图的配置位置不同而已。

默认状态下，当前三维设计环境显示在【标准视图输出】对话框的预览框中。如果没有显示或显示的不是要选择的三维形状，可单击【浏览】按钮来查找和选择设计文件，该文件将作为与二维工程布局视图相关联的三维文件。如果设计环境文件中包含一个以上的配置，则从下拉列表中选择相应的配置。三维设计环境或指定设计环境配置的【当前主视图方向】将出现在对话框左边的预览窗口中，如图 5-15 所示。

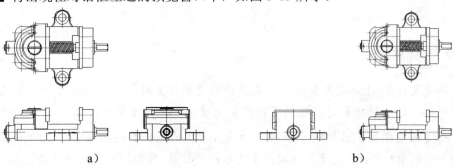

a）　　　　　　　　　　　　　　　　b）

图 5-15　虎钳标准视图

a）第一视角　b）第二视角

利用该对话框中间的箭头定位按钮对零件进行重新定位，可获取用作二维布局图视图参照的主视图方位。在主视图下方单击【来自文件】按钮，将在设计环境中零件的当前方位显示零件。单击【重置】按钮，可随时返回到三维设计环境的当前主视图方向。在靠近预览窗口右侧区域显示的视图选项上单击鼠标，即可在预览窗口中预览到在原有视图方向的基础上生成的视图效果（CAXA 实体设计将自动计算比例）。

标准视图的所有参数设置完毕后，单击【确定】按钮，返回到布局图并显示指定的标准视图，如图 5-16 所示。

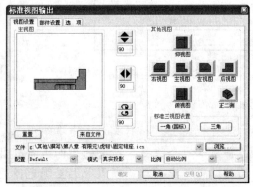

图 5-16　设置参数生成标准视图

实例文件　实例\05\剖视图.exb
操作录像　视频\05\剖视图.avi

5.2.3.2　剖视图

在【视图管理】工具条中单击【剖视图】按钮，或者在【三维接口】/【视图生成】/【剖视图】命令，打开【剖视图】面板，如图 5-17 所示。

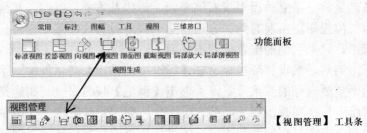

图 5-17　打开【剖视图】面板

生成剖视图的步骤如下。

操作步骤

01 选择【文件】/【新文件】命令，在弹出的【新建】对话框中选择【图纸】选项，在随即弹出的【新建】对话框的【模板】选项卡中选择【空白图纸】。

02 单击【标准视图】按钮，在弹出的【标准视图输出】对话框中，选择第 2 章生成的"轴承座"文件，在【其他视图】选项组中选择"俯视图"，然后单击 确定 按钮，如图 5-18 所示。

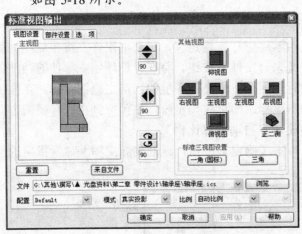
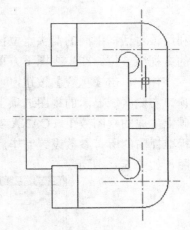

图 5-18　生成轴承座俯视图

03 单击【剖视图】按钮。

04 将鼠标移至要剖切的现有视图上，指针变为十字准线形状，而且如果选择了竖直或水平截面线，其旁边将显示一条红线。所有的剖面线都有智能捕捉功能，鼠标移动时会看到现有视图的关键点（中心点、顶点等）呈绿色高亮显示，这将有利于剖面线的精确定位，如图 5-19 所示。

05 若要放置一条水平或竖直剖面线，只需在水平或垂直剖切面两端各自单击鼠标即可。

06 若要生成一条阶梯剖面线，可单击布局图视图上的一点，再单击所需阶梯线的第二点。重复操作便可得到阶梯剖面线，然后按 Enter 键。在剖面线上出现双向箭头，利用鼠标单击可选择剖视方向，如图 5-20 所示。

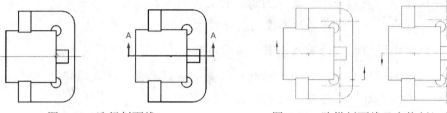

图 5-19　选择剖面线　　　　　　　图 5-20　阶梯剖面线及变换剖切方向

07 按需要设定相应的剖切线及剖切方向后，即可生成剖视图，如图 5-21 所示。

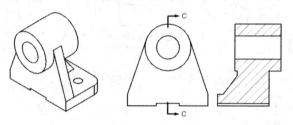

图 5-21　垂直剖面线剖视图

08 若要编辑剖视图的剖切线属性，可右击剖面线区域，在弹出的快捷菜单中选择【视图打散】命令，如图 5-22a 所示；或在剖切区域上右击鼠标，在弹出的快捷菜单中选择【剖切线编辑】命令，即可对剖切线相应属性进行设置，如图 5-22b 所示。

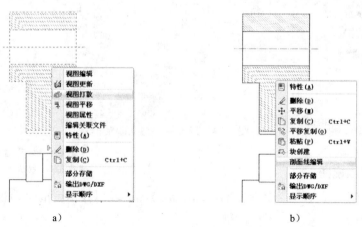

a）　　　　　　　　　　　　　　　b）

图 5-22　编辑剖切线属性

实例文件	实例\05\局部放大图.exb
操作录像	视频\05\局部放大图.avi

5.2.3.3　局部放大视图

局部放大视图是指现有视图中所选区域的放大视图。

操作步骤

01 在【视图生成】功能面板上单击【局部放大】按钮🖑。

02 将鼠标十字准线移至局部放大视图的相应中心点上，然后单击。

03 将鼠标从该中心点移开，定义包围局部放大视图中局部几何形状的圆。当向外移动鼠标时，将出现一个红色的边界圆（具体边界圆的颜色可定义）。

04 当局部放大视图的相应轮廓被包围在该圆内时，单击确定该圆的半径。

05 将鼠标移至要定位局部放大视图的相应位置，然后单击，代表局部放大视图的一个红色轮廓将随光标一起移动，结果如图 5-23 所示。

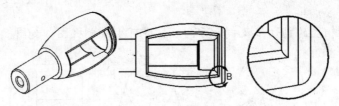

图 5-23 局部放大视图的生成

06 执行【局部放大】命令后，可使用立即菜单进行交互操作。执行【局部放大】命令后弹出的立即菜单如图 5-24a 所示。局部放大根据边界设置不同分为圆形边界和矩形边界两种方式，如图 5-24b 所示是将齿轮轴端部用圆形窗口和矩形窗口两种方式进行放大。

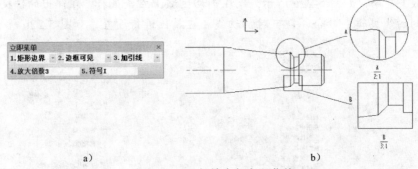

a)   b)

图 5-24 局部放大与立即菜单

> 实例文件　实例\05\局部剖视图.exb
> 操作录像　视频\05\局部剖视图.avi

5.2.3.4 局部剖视图

局部剖视图是基于某一个存在的视图给定封闭区域以及深度的剖切视图。局部剖视也可以是半剖。

在【三维接口】功能面板中单击【局部剖视图】按钮，或者选择【工具】/【视图管理】/【局部剖视图】命令，或者单击【视图管理】工具条中的【局部剖视图】按钮，在弹出的立即菜单中可选择【普通局部剖】命令或【半剖】命令。

生成局部剖视图的操作方法如下：

操作步骤

01　选择要生成局部剖视图的视图，在【三维接口】功能面板中单击【局部剖视图】按钮。

02　选择【普通局部剖】，此时状态栏提示"请依次拾取首尾相接的剖切轮廓线"。在生成局部剖视之前，先使用绘图工具在需要局部剖视的部位绘制一个封闭曲线，拾取完毕后，单击鼠标右键，弹出【是否生成剖视图】对话框，单击【确定】按钮。

03　第 2 项可选择【直接输入深度】或【动态拖放模式】。如果选择【直接输入深度】，可在第 4 项输入深度值，剖切位置在视图上有预显；如果选择【动态拖放模式】，则可以在其他相关视图上选择剖切深度，如图 5-25 所示。

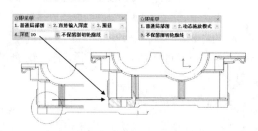

图 5-25　定义普通局部剖视图

04　若选择【半剖】，状态栏将提示"请拾取半剖视图中心线"。在生成半剖视图之前，先使用绘图工具在中心位置绘制一条直线。选择这条直线，出现带有两个方向指示的箭头，单击选择一个方向，弹出【是否生成剖视图】对话框，单击【确定】按钮。

05　其他选项和普通局部剖的含义类似，结果如图 5-26 所示。

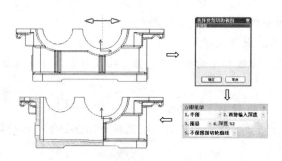

图 5-26　半剖视图

5.2.3.5　正二测图

　　正二测图直观性较强，工程上常需要用正二测图来表达零件的外形等特征。生成正二测图的操作步骤如下：

　　在【三维接口】功能面板中单击【标准视图】按钮，弹出【标准视图输出】对话框；单击【浏览】按钮，弹出【打开】对话框；从中选择要投影的实体文件，然后单击【打开】按钮，在左侧主视图窗口中选择合适的视图，在右下角选择"正二测"，单击 ［ 确定 ］ 按钮，如图 5-27 所示。

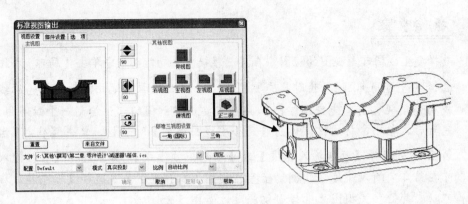

图 5-27　生成正二测视图

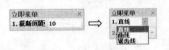

実例文件　实例\05\截断视图.exb
操作录像　视频\05\截断视图.avi

5.2.3.6　截断视图

有时可能不需要或不可能将零件的整体投影在图纸上，这时可以利用截断视图功能，将整个零件截断后再投影显示在图纸上。

截断视图是将某一个存在视图打断显示。

操作步骤

01 首先在二维平台中形成游标零件的主视图。

02 在【三维接口】功能面板中单击【截断视图】按钮，此时将出现立即菜单。

03 可以设置截断间距数值。状态栏提示"请选择一个视图，视图不能是局部放大图、局部剖视图或半剖视图。"这时单击一个视图，出现立即菜单。第 1 项设置截断线的形状，有直线、曲线和锯齿线 3 种；第 2 项设置是水平放置还是竖直放置，如图 5-28 所示。

图 5-28　【截断视图】立即菜单

04 状态栏接着提示"请选择第 1 条截断线位置"，单击视图上一点，然后根据状态栏的提示选择第二点，如图 5-29a 所示。单击后则生成如图 5-29b 所示的截断视图。

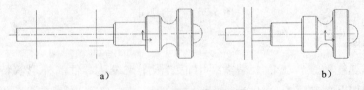

a)　　　　　　　　　　　　　　　　　b)

图 5-29　生成截断视图

実例文件　实例\05\向视图.exb
操作录像　视频\05\向视图.avi

5.2.3.7　向视图

向视图是基于某一个存在视图给定视向的视图。

操作步骤

01 在 2D 环境中生成活动钳座的主视图。

02 在【三维接口】功能面板中单击【向视图】按钮，或者选择【工具】/【视图管理】/
【向视图】命令，或者单击【视图管理】工具条中的【向视图】按钮。

03 状态栏提示"请选择一个视图作为父视图"，单击选择一个视图，然后提示"请选择
向视图的方向"，此时选择一条线作为投影方向，这条线可以是视图上的线或者单独
绘制的一条线。

04 如图 5-30 所示，选择主视图中一条竖直线，分两次生成左、右两个向视图。若先绘
制单独的一条线，把它作为投影方向，则可生成上、下两个向视图。

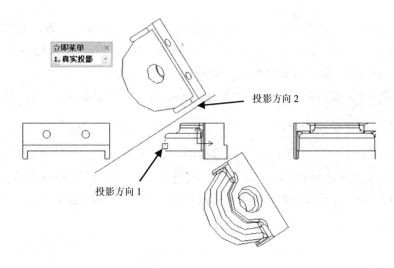

图 5-30　生成方向视图

5.2.3.8　剖面图

剖面图是基于某一个存在视图绘制其剖面图以表达这个面上的结构。生成剖面图的过
程和剖视图的过程有些相似之处。

在【三维接口】功能面板中单击【剖面图】按钮，或者选择【工具】/【视图管理、【剖
面图】命令，或者单击【视图管理】工具条中的【剖面图】按钮，此时状态栏提示"画剖
切轨迹（画线）"，可以选择"正交"或"非正交"，然后用鼠标在视图上画线。

剖切线绘制满意以后，单击鼠标右键结束。出现带有两个方向指示的箭头，单击选
择一个方向。弹出【是否生成剖视图】对话框，单击【确定】按钮。接下来提示"指定
剖面名称标注点"，并且立即菜单中显示了此标注的字母。单击选择标注点，然后单击
鼠标右键，生成剖面图。如图 5-31 所示，中间为剖视图，右边为剖面图。

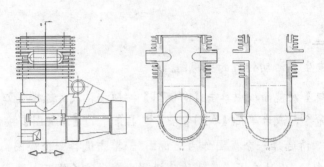

图 5-31　生成剖面图

5.2.4　工程图标注

工程图上的尺寸可由设计环境直接生成，亦可在图纸生成后，通过【生成】菜单中相关命令，或直接用【标注】工具条上相关按钮为图纸添加各种标注。工程图上标注的尺寸与三维零件设计相关联，即零件尺寸的更改会反映到工程图中。

工程图标注主要包括尺寸、公差标注、中心线、技术要求（文字注释）等。

5.2.4.1　图纸标注参数的设置

用【标注】工具条标注的尺寸是零件的实际尺寸。尺寸由尺寸界线、尺寸线、尺寸数值 3 个要素组成，如图 5-32 所示。一般进行标注前需设置相应参数，定义图纸或模板的所有尺寸属性；而编辑选中的尺寸属性时，可智能修改选中尺寸的属性，其他标注尺寸不变。

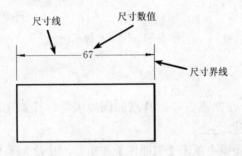

图 5-32　尺寸三要素

标注的形式包括尺寸标注、坐标标注、文字标注和工程标注，已生成的这些标注经常需要编辑位置或内容。

电子图板提供了多种编辑标注对象的方法，如【标注编辑】命令、夹点编辑、【特性】选项板、双击编辑、【尺寸驱动】命令和立即菜单等。如图 5-33 所示为【尺寸标注属性设置】对话框，如图 5-34 所示为【标注风格设置】对话框。

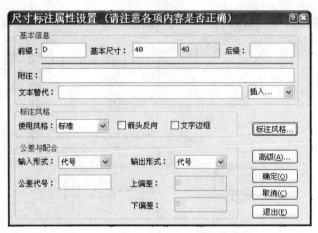

图 5-33　【尺寸标注属性设置】对话框

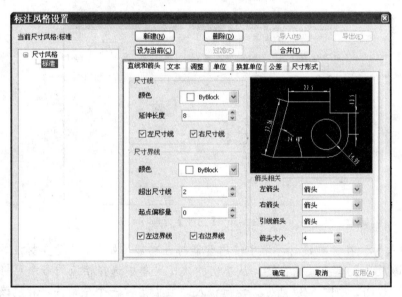

图 5-34　【标注风格设置】对话框

5.2.4.2　尺寸的自动生成

在三维设计环境中，使用【标注】工具为三维零件标注尺寸时，可单击鼠标右键，弹出的快捷菜单中选择【输出到图纸】命令。要将 CAXA 实体设计三维设计环境中标注的所有尺寸全部自动投到工程图中，应在三维设计环境中选择【工具】/【选项】命令，在弹出的【选项】对话框中选择【属性列表】选项卡，选中【智能标注】和【轮廓尺寸】复选框，如图 5-35 所示。

生成投影时，在【标准视图输出】对话框的【选项】选项卡中，可以控制是否自动生成 3D 尺寸、特征尺寸和草图尺寸，如图 5-36 所示。

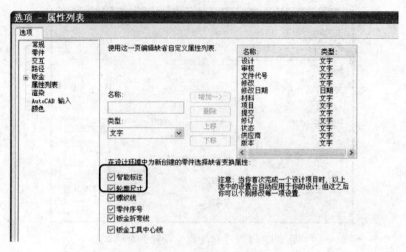

图 5-35 【属性列表】选项卡

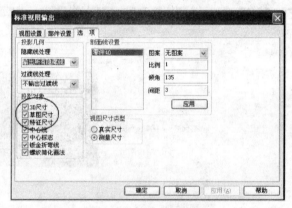

图 5-36 【选项】选项卡

❑ 3D 尺寸：在三维设计环境中使用智能标注功能（如 ✎、⊙ 等）标注的尺寸，并且在该尺寸上单击鼠标右键，从弹出的快捷菜单中选择相应的命令可将该尺寸输出到工程图，如图 5-37 所示。此时该尺寸后面出现一个小箭头，表示该尺寸会输出到图纸。

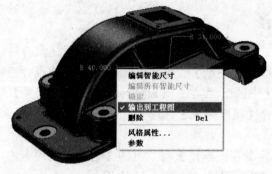

图 5-37 3D 尺寸

□ 草图尺寸：在草图编辑状态，单击【尺寸约束】按钮，标注草图上的尺寸，并且在尺寸上单击鼠标右键，从弹出的快捷菜单中选择【输出到工程图】命令如图 5-38 所示。在尺寸后面带了一个小箭头以后，此尺寸在二维投影图上，即可自动生成。

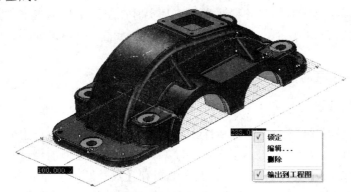

图 5-38　草图尺寸

□ 特征尺寸：特征尺寸是生成特征时操作的尺寸，如拉伸的高度、旋转体的角度、抽壳的厚度、圆角过渡的半径、拔模角度等。

在【投影对象】选项组中选择将 3 种尺寸全部投影，然后生成投影图，此时可自动生成各种尺寸，如图 5-39 所示。

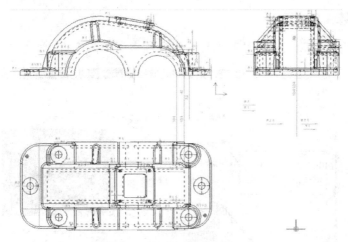

图 5-39　生成的全部尺寸

5.2.4.3　利用尺寸标注工具添加尺寸

图纸生成后，可以在【标注】菜单中选择【尺寸标注】/【粗造度】/【形位公差】等命令为图纸添加各种标注，或直接通过【标注】工具栏上的按钮给视图添加尺寸。

尺寸可添加到视图中的任何几何形状上。如果尺寸添加到投影视图上，则这些尺寸与实际的三维模型尺寸将完全关联。当为视图添加尺寸的时候，系统会自动提示打开关联的三维设计文件。

当选择了一种标注类型后，智能捕捉功能将被激活以帮助选择视图中的特征点（绿色加亮显示，表示可以作为标注对象的点；如果检测到的是不能作为标注对象的点，则会显示一个表示无效选择的标志。

虽然所有尺寸标注工具均可用来生成图纸上的尺寸，但尺寸标注⊢是最常用和方便的工具，可智能地判断出所需的尺寸标注类型，且实时在屏幕上显示出来。其他标注工具具有与智能尺寸工具相同的功能，不同之处在于选定该标注工具后，如不退出，会影响其他尺寸标注。

具体工程标注工具的含义参见 5.2.2 节。

5.2.4.4 标注编辑修改

标注的形式包括尺寸标注、坐标标注、文字标注和工程标注，已生成的这些标注经常需要编辑位置或内容。CAXA 提供了多种手段编辑以上各种类型的标注对象，如【标注编辑】命令、夹点编辑、【特性】选项板、双击编辑和【尺寸驱动】命令等。

要编辑工程图上某个尺寸，可通过单击将其拖移到其他位置进行重定位。在尺寸数值上单击鼠标右键，利用弹出的快捷菜单可对标注尺寸进行删除、平移或粘贴等；若在随之弹出的菜单上选择【标注编辑】命令，然后再次单击右键，则弹出【尺寸标注属性设置】菜单。选择其中的【标注风格】命令，即可对选中的某个"线性尺寸"或"直径尺寸"的属性进行编辑。

坐标标注和工程符号类标注的编辑方法与尺寸编辑和文字编辑基本一样。

1.【直线和箭头】选项卡

该选项卡适用于修改尺寸线及箭头形式，各项含义如图 5-40 所示。

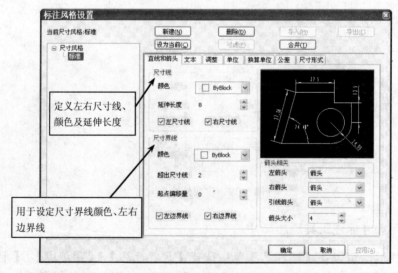

图 5-40 【直线和箭头】选项卡

2.【文本】选项卡

该选项卡用于定义尺寸标注文字的属性，如图 5-41 所示。

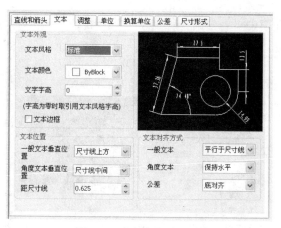

图 5-41　【文本】选项卡

3.【调整】选项卡

该选项卡用于定义文字、箭头和边界线相互位置，如图 5-42 所示。

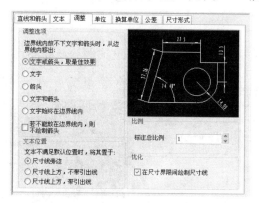

图 5-42　【调整】选项卡

4.【单位】选项卡

利用该选项卡可选择视图上的线性标注单位及标注角度，如图 5-43 所示。

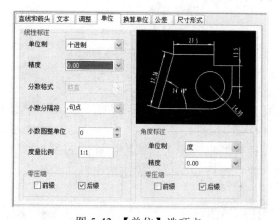

图 5-43　【单位】选项卡

5.【换算单位】选项卡

该选项卡用于定义标注尺寸换算单位及显示位置，如图 5-44 所示。

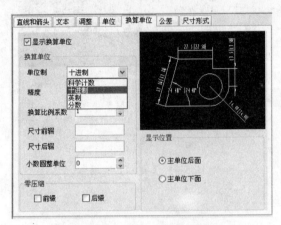

图 5-44 【换算单位】选项卡

6.【公差】选项卡

该选项卡用于定义尺寸标注公差精度和高度比例等，如图 5-45 所示。

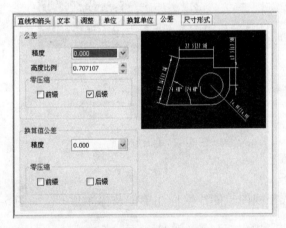

图 5-45 【公差】选项卡

5.2.5 标注样式

不同制图标准及环境下对标注的需求也是不同的，通过标注样式可以设置控制各种标注的外观参数，方便使用维护标注标准。

标注样式是各种标注设置的集合，可用来控制标注的外观，如箭头样式、文字位置和尺寸公差等。用户可以创建标注样式，以便快速指定标注的格式，并确保标注符合行业或项目标准。

创建标注时，标注将使用当前标注样式中的设置。如果要修改标注样式中的设置，则

图形中的所有标注将自动使用更新后的样式。

　　CAXA 提供的标注样式包括文字样式、尺寸样式、引线样式、形位公差样式、粗糙度样式、焊接符号样式、基准代号样式和剖切符号样式等。其中尺寸样式请参看 5.2.4.4 节，下面介绍其他样式的设置和使用方法。

5.2.5.1　文字样式

　　文字样式通常可以控制文字的字体、字高、方向、角度等参数。

　　通过以下方式可以执行【文字样式】命令：单击【格式】主菜单中的 按钮；单击【设置工具】工具栏中的 按钮；单击【标注】选项卡中【标注】面板的 按钮；单击【样式管理】下的 按钮；执行 textpara 命令。

　　执行【文字样式】命令后，打开的对话框如图 5-46 所示。

　　在【文本风格】下列出了当前文件中所使用的文字样式。系统预定义了一个标准的默认样式，该样式不可删除但可以编辑。

　　单击该对话框中的【新建】、【删除】、【设为当前】和【合并】等按钮，可以进行建立、删除、设为当前、合并等管理操作。

　　选中一个文字样式后，在该对话框中可以设置字体、宽度系数、字符间距、倾斜角、字高等参数，并可以在对话框中预览。

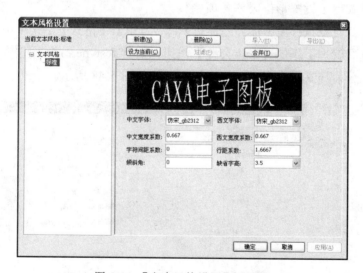

图 5-46　【文本风格设置】对话框

5.2.5.2　引线样式

　　引线样式用于定义各项引线参数，形位公差、粗糙度、基准代号、剖切符号等标注的引线均会引用引线样式。

　　通过以下方式可以执行【引线样式】命令：单击【格式】主菜单中的【引线】按钮；单击【样式管理】下的【引线】按钮；执行 ldtype 命令。

　　执行【引线样式】命令后，打开的对话框如图 5-47 所示。

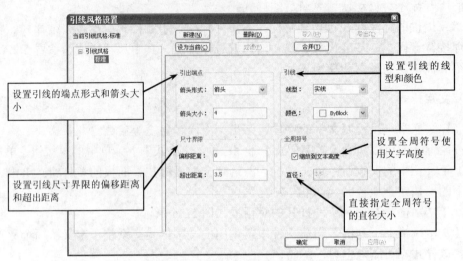

设置引线的端点形式和箭头大小

设置引线的线型和颜色

设置全周符号使用文字高度

设置引线尺寸界限的偏移距离和超出距离

直接指定全周符号的直径大小

图 5-47 【引线风格设置】对话框

5.2.5.3 形位公差样式

形位公差样式用于设置形位公差各项参数。

通过以下方式可以执行【形位公差样式】命令：单击【格式】主菜单中的【形位公差】按钮；单击【样式管理】下的【形位公差】按钮；执行 fcstype 命令。

执行【形位公差样式】命令后，打开的对话框如图 5-48 所示。

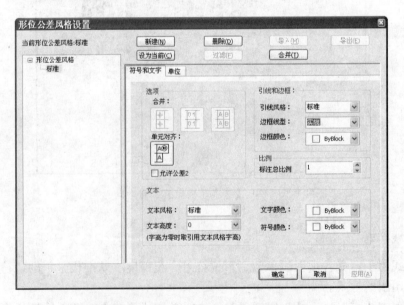

图 5-48 【形位公差风格设置】对话框

其中【单位】选项卡用于设置形位公差单位参数，如图 5-49 所示。

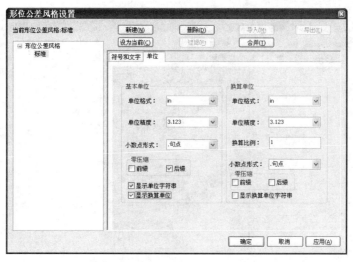

图 5-49　【单位】选项卡

5.2.5.4　粗糙度样式

表面粗糙度符号可放置在工程视图的图形轮廓或与轮廓关联的参考曲线上。

通过以下方式可以执行【粗糙度样式】命令：单击【格式】主菜单中的【粗糙度】按钮；单击【样式管理】下的【粗糙度】按钮；执行 roughtype 命令。

执行【粗糙度样式】命令后，打开的对话框如图 5-50 所示。

5.2.5.5　焊接符号样式

在工程图样上焊缝应尽可能采用符号表示法。完整的焊缝符号包括基本符号、指引线、补充符号及数据等。为了简化，在图样上标注焊缝时通常只采用基本符号和指引线，其他内容一般在有关文件中（如焊接工艺规程等）明确。

通过以下方式可以执行【焊接符号样式】命令：单击【格式】主菜单中的【焊接符号】按钮；单击【样式管理】下的【焊接符号】按钮；执行 weldtype 命令。

执行【焊接符号样式】命令后，打开的对话框如图 5-51 所示。

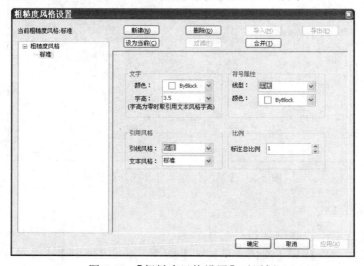

图 5-50　【粗糙度风格设置】对话框

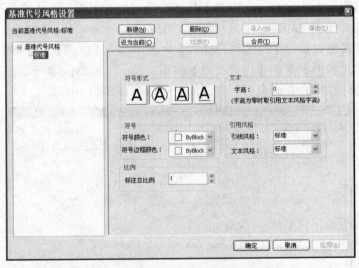

图 5-51 【焊接符号风格设置】对话框

5.2.5.6 基准符号样式

基准代号样式用于设置基准代号各项参数。

通过以下方式可以执行【基准代号样式】命令：单击【格式】主菜单中的【基准代号】按钮；单击【样式管理】下的【基准代号】按钮；执行 datumtype 命令。

执行【基准代号样式】命令后，打开的对话框如图 5-52 所示。

图 5-52 【基准代号风格设置】对话框

5.2.5.7 剖切符号样式

剖切符号样式用于设置剖切符号各项参数。

通过以下方式可以执行【剖切符号样式】命令：单击【格式】主菜单中的【剖切符号】

按钮；单击【样式管理】下的【剖切符号】按钮；执行 hatype 命令。

执行【剖切符号样式】命令后，打开的对话框如图 5-53 所示。

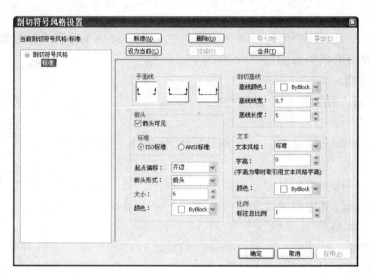

图 5-53　【剖切符号风格设置】对话框

5.3　实例分析——零件工程图输出

操作录像　视频\05\输出轴.avi

本节以减速器输出轴的工程图输出为例，讲述零件工程图输出。一张完整的零件图应包括以下内容。

- ❑　一组视图。把零件的形状完整、清晰、准确地表达出来。
- ❑　标注零件的各部分尺寸。要求标注的尺寸完整、正确、清晰、合理。
- ❑　标注零件的技术要求。如表面粗糙度、尺寸公差、形位公差、热处理等。
- ❑　标题栏。填写零件名称、材料、数量、画图比例、设计者及单位等。

设计目标

完成图 5-54 所示输出轴的工程图输出。

技术要点

图 5-54　输出轴

- ❑　轴是回转体，其直径尺寸是以轴线为基准（即径向尺寸基准）。其长度方向的尺寸，一般是以轴的左、右两端面为主要基准标注的，以便在加工过程中进行测量。轴中有些长度尺寸不是从这两个端面开始标注的，此时轴肩便成了长度方向的另一基准。也就是说，端面是主要基准，轴肩是辅助基准。
- ❑　在同一方向上只能有一个主要基准，左、右两端面也只能根据情况选择一个端面为主要基准。

标注过程

（1）分析零件

此处的输出轴是一轴类零件，视图表达方法采用"按加工位置水平摆放，主视图投影方向为能反映键槽形状的方向"。

（2）选定图幅

选定 A3 图纸，绘制图框和标题栏。

（3）增加剖视图

两处键槽的深度未能反映，故需增加两个剖视图。

（4）标注尺寸

定好基准，先标注重要尺寸，并兼顾加工顺序、测量方便，防止尺寸链封闭等；每一个基本形体都要标注其定形尺寸和定位尺寸，并应有总长、总宽和总高。

（5）添加技术要求

如表面粗糙度、尺寸公差、形位公差、热处理等。

（6）填写标题栏

如零件名称、材料、数量、画图比例、设计者及单位等。

操作步骤

01 选择【文件】/【新文件】命令，在弹出的【新建】对话框中选择【图纸】，单击【确定】按钮；在弹出的【新建】对话框中选择 A3 图幅横排，采用 CAXA 实体设计系统提供的画图框和标题栏，如图 5-55 所示。

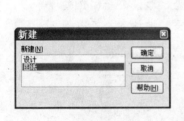
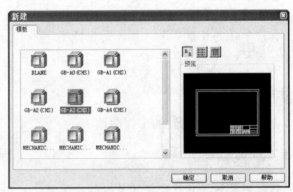

图 5-55　构建设计环境

02 单击【标准视图】按钮，在弹出的【标准视图输出】对话框中单击【浏览】按钮，选择"输出轴.ics"文件。选择主视图，利用右侧箭头按钮调整主视图角度。然后单击 确定 按钮，拖动鼠标将主视图放置到图纸适当位置。两处键槽的深度未能反映，故需增加两个剖视图，结果如图 5-56 所示。

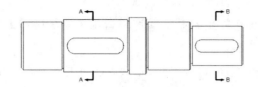

图 5-56 确定主视图及添加键槽剖视图

03 标注重要的长度尺寸，如图 5-57 所示。

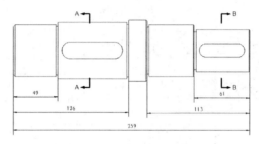

图 5-57 标注重要的长度尺寸

04 添加其他尺寸，结果如图 5-58 所示。

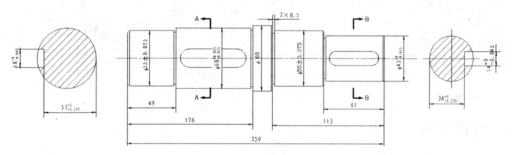

图 5-58 标注其他尺寸

05 单击【标注】工具条中的【粗糙度】按钮√，为图纸添加粗糙度；同理，添加其他标注符号，结果如图 5-59 所示。

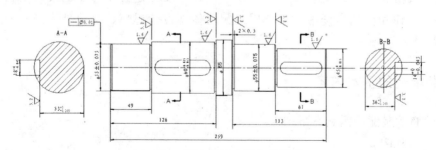

图 5-59 标注粗糙度及其他符号

06 选择【绘图】/【文字】命令或单击【文字】按钮 **A**，在绘图区域合适处按下鼠标左键，拖动鼠标拉出文字输入框，随即弹出【文本编辑器】对话框。在输入框中输入文字，编辑技术要求。

07 填写标题栏，检查工程图样，确认无误后，将其保存，如图 5-60 所示。

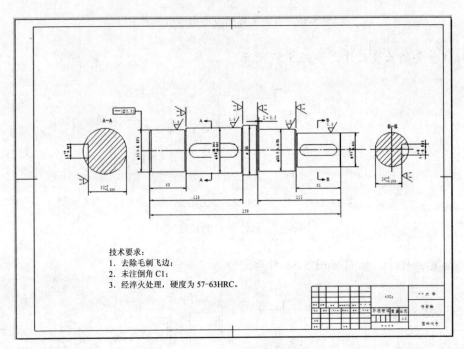

技术要求：
1. 去除毛刺飞边；
2. 未注倒角 C1；
3. 经淬火处理，硬度为 57-63HRC。

图 5-60　输出轴工程图样

5.4　减速器设计之四：装配图

装配图是表示机器或部件的图样，是生产中主要技术文件之一。

在生产新机器或部件的过程中，一般要先进行设计，画出装配图，再由装配图拆画出零件图，然后据此制造零件，最后依据装配图把零件装配成机器或部件。

对现有机器和部件的安装和检修工作中，装配图也是必不可少的技术资料。在技术革新、技术协作和商品市场中，也常用装配图体现设计思想、交流技术经验和传递产品信息。

5.4.1　装配图的基本内容

一张完整的装配图需具有下列内容。

（1）一组视图

用一般表达方法和特殊表达方法绘制的一组完整的视图，主要用于完整、正确、清

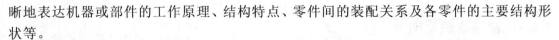

晰地表达机器或部件的工作原理、结构特点、零件间的装配关系及各零件的主要结构形状等。

（2）必要的尺寸

根据装配图的作用和装配图拆画零件图的需要，标注出机器或部件必要的尺寸，主要包括性能规格尺寸、装配尺寸、安装尺寸、总体尺寸及其他重要尺寸。

（3）技术要求

用文字和符号说明机器或部件在制造、装配、检验、安装、调整、使用和维修时要达到的要求。

（4）标题栏、零件编号和明细表

在装配图中，组成机器或部件的每一种零件（结构形状、尺寸规格及材料完全相同的为一种零件），都必须按一定的顺序编上序号，并编制出明细表，在其中注明各种零件的序号、代号、名称、数量、材料、重量、备注等内容，以便读图、管理图样及进行生产准备、生产组织工作。标题栏一般画在图样的右下方，用于说明有关事项（机器或部件的名称、图样代号、比例、重量及责任者的签名和日期等）。

5.4.2　装配图的尺寸标注

在装配图上标注尺寸与在零件图上标注尺寸有所不同，它不需要标出全部零件的所有尺寸，只需标注出以下 5 种必要的尺寸即可。

（1）特征尺寸

表示装配体的性能或规格的尺寸叫做特征尺寸。这类尺寸是在该装配体设计前就已确定的，是设计和使用机器的依据。

（2）装配尺寸

装配尺寸是指与装配体的装配质量有关的尺寸，包括如下两个尺寸。

❑　配合尺寸：表示零件间有配合要求的尺寸，一般用配合代号注出，如 60H7/f6、ϕ45H7/k6 等。

❑　相对位置尺寸：表示零件间比较重要的相对位置尺寸。

（3）安装尺寸

将装配体安装在基础上或将部件装配在机器上所使用的尺寸，即与安装有关的尺寸称为安装尺寸。

（4）外形尺寸

机器或部件的外形轮廓尺寸，即总长、总宽和总高。它是机器在包装、运输、安装和厂房设计时所需要的尺寸。

（5）其他重要尺寸

❑　对实现装配体的功能具有重要意义的零件结构尺寸。

❑　运动件运动范围的极限尺寸。

以上 5 种尺寸在一张装配图上不一定同时都有，某个尺寸也可能具有几种含义，应根据装配体的具体情况和装配图的作用具体分析，从而合理地标出装配图的尺寸。

5.4.3 减速器装配图

实例文件　实例\05\减速器装配图.exb
操作录像　视频\05\减速器装配图.avi

操作步骤

01 选择【文件】/【新文件】命令，在弹出的【新建】对话框中选择【图纸】选项，单击 确定 按钮；在弹出的【新建】对话框中选择 GBEA1（CHS）.icd，然后单击【确定】按钮，进入工程图的二维工作环境。

02 单击【标准视图】按钮，在弹出的【标准视图输出】对话框中设置相应参数（如图 5-61 所示），然后单击【确定】按钮，生成减速器主视图和左视图，如图 5-62 所示。

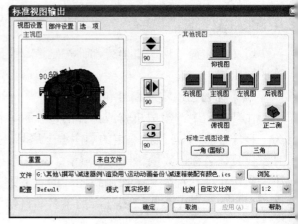

图 5-61 【标准视图输出】对话框

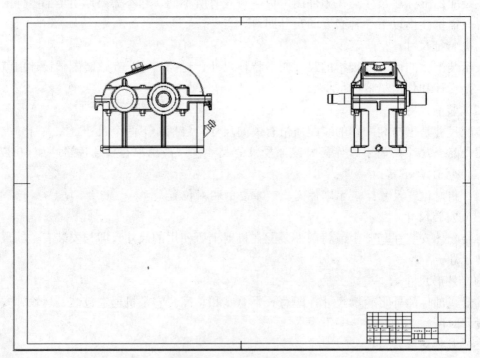

图 5-62 减速器三视图

03 为了表达完整、清晰，下视图为主视图的剖视图，并对剖视图进行修正，结果如图 5-63 所示。

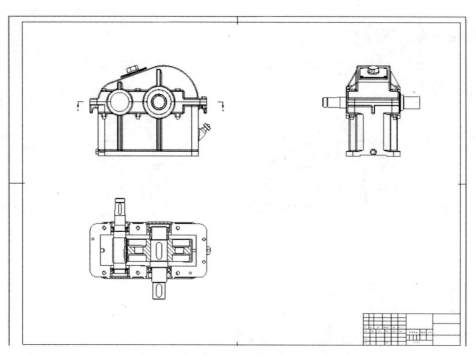

图 5-63　添加俯视图

04 添加中心线，并标注必要尺寸，结果如图 5-64 所示。

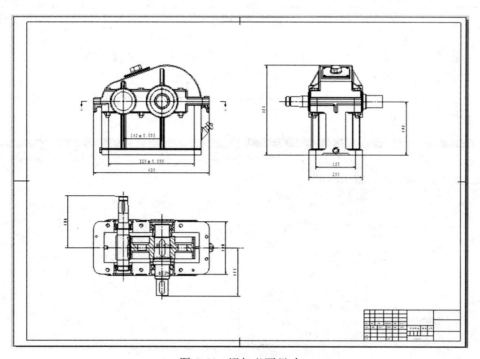

图 5-64　添加必要尺寸

05 整理明细表，结果如图 5-65 所示。

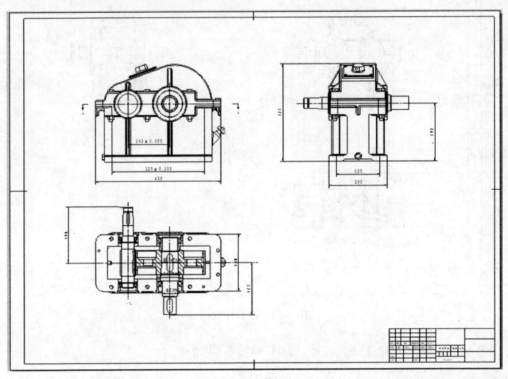

图 5-65　明细表

06 单击【注释】功能面板中的【导入 3D 明细】按钮▦，弹出【导入 3D 明细】对话框。单击【添加】按钮，可在二维图中导入明细表的三维文件。若选择了【填写明细表】复选框，则导入完成后将弹出【填写明细表】对话框，可以在其中填写明细表内容，如图 5-66 所示。

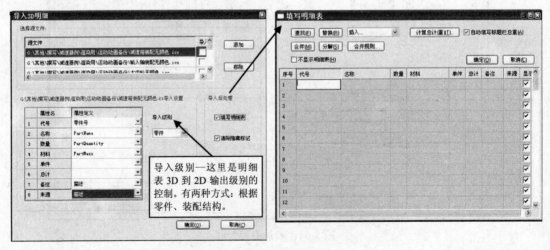

图 5-66　生成明细表内容

○ 提示

　　导入设置即进行对应关系的设置。【导入设置】栏中将出现若干属性名，每个属性名后都有对应的【属性定义】下拉列表，可以在这里选择该属性名对应 3D 环境中的项目。这样 3D 环境中的该项属性定义会自动填入到明细表的对应项中。

07 在三视图中添加序号，并整理明细表，结果如图 5-67 所示。

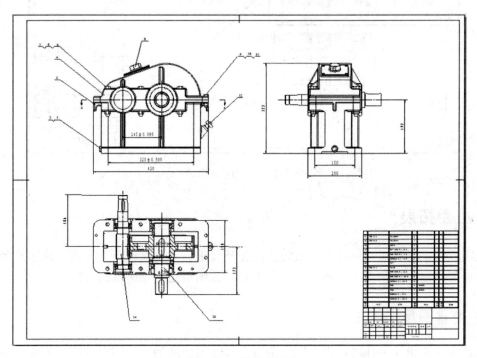

图 5-67　整理明细表

○ 提示

　　明细表（BOM）是装配图中不可缺少的部分。CAXA 实体设计中生成明细的过程是：首先按需要在相关的三维设计属性对话框中设置通用属性和自定义属性，并按需要的格式显示它们，然后在二维绘图环境中利用工程标注工具中的生成明细表功能在工程图上自动生成零件明细表。一旦明细表生成就可以编辑其显示方式、边界、内容等，也可添加或删除、移动或修改明细表的行和列。明细表可与工程图文件一起保存，或者导出到 Excel 表格中或以 Tab 键作分隔符的文本文件中。

08 为减速器添加技术要求，结果如图 5-68 所示。

09 检查无误后，保存文件。

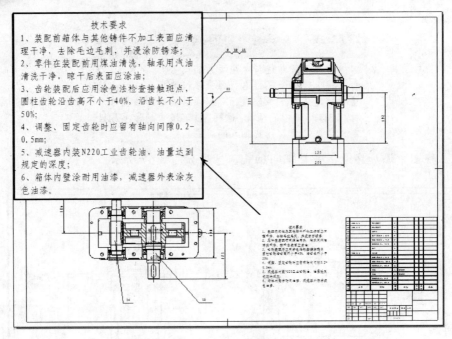

图 5-68　添加技术要求

5.5　应用拓展

在零件图上进行尺寸标注时，既要满足设计要求，又要保证工艺要求，这涉及到基准和尺寸链等问题；而作为一个熟练的设计人员，读图更是一项必备的技能。

5.5.1　零件图尺寸标注

设计人员在设计零件时，零件图上的每个尺寸都应达到一定的设计或工艺要求，这是尺寸标注合理性的一个重要标志。

1．零件图尺寸标注要求

作为加工和检验零件的重要依据，尺寸是零件图的重要内容之一，是图样中指令性最强的部分。

在零件图上标注尺寸，必须做到正确、完整、清晰、合理。

前 3 项要求在前文组合体的尺寸标注中已经作了较详细的介绍，在此着重讨论尺寸标注的合理性问题、常见结构的尺寸标注方法及注意事项。

2．如何合理标注零件图尺寸

标注尺寸的合理性，就是要求图样上所标注的尺寸既要符合零件的设计要求，又要符合生产实际，便于加工和测量，并有利于装配。

标注尺寸的起点称为尺寸基准（简称基准），零件上的面、线、点均可作为尺寸基准，如图 5-69 所示。从设计和工艺不同角度可把基准分为设计基准和工艺基准两类。

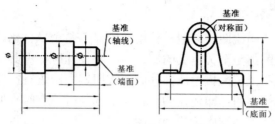

图 5-69 尺寸基准

❑ 设计基准：从设计角度考虑，为满足零件在机器或部件中对其结构、性能的特定要求而选定的一些基准称为设计基准。任何一个零件都有长、宽、高 3 个方向的尺寸，也应有 3 个方向的尺寸基准。

❑ 工艺基准：从加工工艺的角度考虑，为便于零件的加工、测量和装配而选定的一些基准称为工艺基准。

尺寸基准的选择：从设计基准标注尺寸时，可以满足设计要求，能保证零件的功能要求；而从工艺基准标注尺寸时，则便于加工和测量。实际上有不少尺寸从设计基准标注与工艺要求并无矛盾，即有些基准既是设计基准也是工艺基准。在选择零件的尺寸基准时，应尽量使设计基准与工艺基准重合，以减少尺寸误差，保证产品质量。

在标注尺寸时还应注意以下几个问题：

（1）重要尺寸必须从设计基准直接注出

零件上凡是影响产品性能、工作精度和互换性的尺寸都是重要尺寸，为保证产品质量，这些尺寸必须从设计基准直接注出。

（2）避免注成封闭尺寸链

一组首尾相连的链状尺寸称为尺寸链，如图 5-70 中 A、B、C、D 尺寸就组成了一个尺寸链。组成尺寸链的每一个尺寸称为尺寸链的环。如果尺寸链中所有环都注上尺寸，如图 5-70a 所示，这样的尺寸链称为封闭尺寸链。

通常是将尺寸链中最不重要的那个尺寸作为封闭环，不注写尺寸，如图 5-70b 所示。这样，使该尺寸链中其他尺寸的制造误差都集中到这个封闭环上来，从而保证主要尺寸的精度。

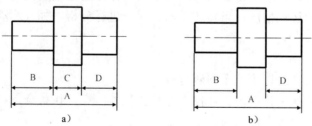

图 5-70 避免封闭尺寸链

（3）适当考虑从工艺基准标注尺寸

零件上除主要尺寸应从设计基准直接注出外，其他尺寸则应适当考虑按加工顺序从工艺基准标注尺寸，以便于工人看图、加工和测量，减少差错。

5.5.2 如何读装配图

机器或部件的"设计－绘图－制造－使用及维修"是个一体化的协调过程，在其中每一个环节中，读懂装配图都是至关重要的。例如，在设计时参考其他机器或部件的图样，当然要读懂它们的装配图；装配机器或部件时要按照装配图进行；安装、使用及维修机器或部件时往往还要参考装配图；即使在购买机器或部件时，有时也要读懂装配图；特别是由装配图拆画零件图时，更要彻底读懂装配图。

读装配图通常可按如下 3 个步骤进行。

（1）概括了解

首先从标题栏入手，了解装配体的名称和绘图比例。从装配体的名称联系生产实践知识，往往可以知道装配体的大致用途。例如，阀一般是用来控制流量，起开关作用的；虎钳一般是用来夹持工件的；减速器则是在传动系统中起减速作用的；各种泵则是在气压、液压或润滑系统中产生一定压力和流量的装置。通过比例，即可大致确定装配体的大小。

接下来，从明细表了解零件的名称和数量，并在视图中找出相应零件所在的位置。

另外，浏览一下所有视图、尺寸和技术要求，初步了解该装配图的表达方法及各视图间的大致对应关系，以便为进一步看图打下基础。

（2）详细分析

其中主要包括：分析装配体的工作原理，分析装配体的装配连接关系，分析装配体的结构组成情况及润滑、密封情况，分析零件的结构形状。

要对照视图，将零件逐一从复杂的装配关系中分离出来，想出其结构形状。分离时，可按零件的序号顺序进行，以免遗漏。标准件、常用件往往一目了然，比较容易看懂。轴套类、轮盘类和其他简单零件一般通过一个或两个视图就能看懂。对于一些比较复杂的零件，应根据零件序号指引线所指部位，分析出该零件在该视图中的范围及外形，然后对照投影关系，找出该零件在其他视图中的位置及外形，并进行综合分析，想象出该零件的结构形状。

在分离零件时，利用剖视图中剖面线的方向或间隔的不同及零件间互相遮挡时的可见性规律来区分零件是十分有效的。

对照投影关系时，借助三角板、分规等工具，往往能大幅度提高看图速度和准确性。

对于运动零件的运动情况，可按传动路线逐一进行分析，如其运动方向、传动关系及运动范围。

（3）归纳总结

归纳总结主要是针对以下几个问题进行。

❑ 装配体的功能是什么；其功能是怎样实现的；在工作状态下，装配体中各零件起什么作用；运动零件之间是如何协调运动的。

❑ 装配体的装配关系、连接方式是怎样的；有无润滑、密封及其实现方式如何。

❑ 装配体的拆卸及装配顺序是怎样的。

❑ 装配体如何使用；使用时应注意什么事项。

❑ 装配图中各视图的表达重点意图如何；是否还有更好的表达方案；装配图中所注

尺寸各属哪一类。

上述读装配图的方法和步骤仅是一个概括的说明，实际读图时几个步骤往往是平行或交叉进行的，因此读图时应根据具体情况和需要灵活运用。通过反复的读图实践，便能逐渐掌握其中的规律，提高读装配图的速度和能力。

5.6　思考与练习

1．思考题

（1）紧固件如何在工程图中形成螺纹线？

（2）如何设置工程图的风格？

（3）草图与精确图纸有何区别？

（4）如何设置尺寸界线的倾斜度？

2．操作题

（1）建立如图 5-71 所示曲轴零件图。

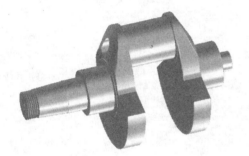

【操作提示】

☆ 标准基准选择。

☆ 粗糙度、形位公差及配合标注。

☆ 技术要求。

图 5-71　曲轴

（2）建立如图 5-72 所示的装配体工程图。

【操作提示】

☆ 设置图幅。

☆ 选择视图。

☆ 尺寸标注。

☆ 添加序号，编制明细表。

☆ 添加技术要求。

图 5-72　管道阀门

第6章 渲染设计

学习目标

掌握智能渲染属性
　掌握添加材质、光亮度、透明度等渲染属性
　　掌握设计环境渲染方法
　　　掌握光源和光照

　　三维造型定义的是所设计产品的几何属性，可以帮助人们更好地理解产品功能和结构，但产品的外观和形象要由渲染来完成。CAXA 实体设计具有强大的高级渲染功能。台灯和茶几是生活中常见的家具，在对其进行渲染时综合运用了多种渲染属性。

　　对机械零件及装配体，设计师优先考虑的是精确的尺寸限定和准确的角度等问题。不过，如果需要向用户展示产品，或者零件需要逼真地表现实际情况，渲染就变得尤为重要。本章以减速器渲染为例，展示了机械产品渲染步骤及注意事项。

6.1　相关专业知识

随着计算机软硬件技术的发展,"虚拟现实"已成为工业设计和制造的重要内容。在当今网络化时代,在几何造型中引入色彩、纹理、材质、光泽、透明、凸痕、散射以及环境灯光效果等内容后,能使我们的设计真正成为一种虚拟现实的设计,即使是那些非专业人士同样能够认识或欣赏专业设计效果。在产品设计、工业设计、建筑效果图、室内装饰、广告艺术、多媒体产品等领域,计算机渲染设计功能得到了广泛的应用。CAXA 实体设计具有非常强大的三维仿真渲染功能,其渲染效果在工程设计类软件中是较为出色的。

在 CAXA 实体设计中进行渲染设计有两大内容。

❑ 零件的外观渲染。

❑ 零件所在设计环境的渲染。

利用 CAXA 实体设计完成了产品的设计工作后,就可利用其提供的色彩、纹理、凸痕、贴图、背景、光照等渲染功能,对产品进行渲染操作,生成如同照片一样逼真的产品图片,用于市场宣传、设计审查等方面。

（1）CAXA 渲染功能操作方法

同其他功能一样,CAXA 实体设计对产品的渲染也提供了多种操作手段。可供选用的方法主要包括以下 3 种。

❑ 使用设计元素库中预置的色彩、纹理、凸痕以及贴图等智能渲染属性图素。

❑ 使用向导（包括智能渲染向导、光源向导、视向向导）快速进行渲染定义。

❑ 使用智能渲染属性对话框来定义高级和详细的自定义型零件渲染属性。

（2）零件及零件表面的渲染属性

在 CAXA 实体设计中,零件的外观属性称为智能渲染属性,主要包括以下几个方面。

❑ 颜色: 定义渲染对象的颜色,方法包括应用实体颜色和应用图像材质（纹理）。

❑ 光亮度: 着色表面上的光亮强度。

❑ 透明度: 指定可以穿过对象的光的数量。

❑ 凸痕: 在零件表面增加凹凸痕迹,表现零件表面粗糙程度。

❑ 反射: 在零件表面上反射光线的形状和强度。

❑ 贴图: 将图像粘贴至零件表面。

❑ 散射: 设置散射光强度,影响零件表面本身的阴影。

（3）设计环境的渲染属性

在 CAXA 实体设计中设置产品的周围环境,以衬托产品形象,称为设计环境渲染。主要包括以下几个方面。

❑ 背景: 设定设计环境背景。

❑ 渲染: 设定设计环境中零件的显示。

❑ 雾化: 产生一种物体处于有雾场景中的效果。

❑ 曝光度: 调节设计环境中图像的亮度和对比度。

（4）光源与光照

CAXA 实体设计的灯光系统可保证生成逼真度较高的三维实体场景，充分表现实体的材质感和纹理效果。主要包括以下几个方面。

- ❑ 光源种类：平行光、点光源、聚光源和区域灯光。
- ❑ 光源颜色和亮度。
- ❑ 光源位置和方向。
- ❑ 投射阴影：设定从光源方向发射的光线在物体背后投射的阴影。
- ❑ 光源细化：光源亮度随距离增加而逐渐降低。

（5）图像投影的方式

在对零件进行纹理、凸痕或贴图等渲染时，可通过将图像投射到零件或零件一个面上的方法来实现。在投影图像时，可使用如下 5 种方式。

- ❑ 自动投影：将投影图像环绕在零件包围盒的所有表面上，形成一个由图像构成的框，然后将图像投射到零件上。
- ❑ 平面投影：将投影图像从一个平面投影到零件上。
- ❑ 圆柱映射：将投影图像投影到一个围绕零件的透明圆柱体上，然后投射到零件上。
- ❑ 球形映射：将投影图像投影到一个围绕零件的透明球体上，然后投射到零件上。
- ❑ 自然映射：使用拉伸、旋转、扫描或放样等方法，将投影图像扩展成三维图像，然后投射到零件上。

（6）输出图像文件

完成产品的渲染设计后，通常需要借助于专业图像处理软件对图像文件进行后期处理，主要包括色彩的调整、添加文字，以及特殊表现手法。CAXA 实体设计可将当前视图输出为图像文件，其中常用的图像文件格式包括 TIFF、BMP 和 JPEG。

6.2 软件设计方法

为了使设计完成的三维实体结构或零件的外观具有更加逼真的效果，可以通过 CAXA 实体设计的渲染功能来实现。零件的外观属性称为零件的智能渲染属性；而光源与光照则是二维和三维设计中的不同之处，通过光照，可以使二维平面中所表现的三维设计具有更加真实的立体感。

6.2.1 智能渲染

智能渲染主要包括两项基本内容：渲染设计元素库和智能渲染使用方法。

6.2.1.1 渲染设计元素库

通过拖放操作可以直接对零件进行智能渲染。智能渲染属性包括以下几项。

- ❑ 颜色和纹理。
- ❑ 反射。
- ❑ 表面光泽。
- ❑ 贴图。

- □ 透明度。
- □ 散射。
- □ 凸痕。

CAXA 实体设计提供了数个预先定义好的智能渲染设计元素库，其中用于材质渲染的有"金属"、"石头"、"织物"和"抽象图案"等，用于产生光照渲染效果的有"颜色"、"纹理"、"表面光泽"、"凸痕"和"背景"等，如图 6-1 所示。如果设计环境中没有相应的智能渲染设计元素库，可通过选择【设计元素】/【打开】命令，在弹出的【打开】对话框中的【查找范围】下拉列表框中选择 CAXA 实体设计软件安装目录中的 Catalogs，在其下的列表框中选择相应设计元素库，单击【打开】按钮，即可将其加入到设计环境中。通过拖放操作可以方便、快捷地检验各种渲染效果。

图 6-1　用于材质渲染和产生光照渲染效果的设计元素库

如果在零件或智能图素编辑状态下选择了某个零件，智能渲染属性将影响整个零件；如果在表面编辑状态下选择了某个表面，那么只有零件被选中表面受影响。如图 6-2 所示，左边零件选择的是实体整个渲染，而右边零件选择的是表面渲染。

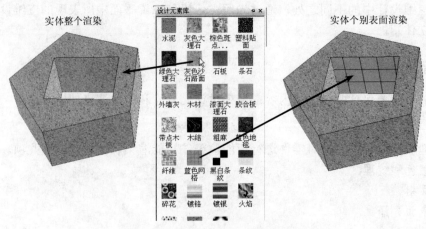

图 6-2　同一零件的不同渲染效果

6.2.1.2　智能渲染使用方法

1．直接应用拖放式操作

所谓拖放式操作，就是在零件编辑状态、图素编辑状态或面编辑状态下选择零件或装配体对象，然后从设计元素库中拖出渲染元素并释放到对象上。利用此方法，可以非常方便、快捷地应用材质、颜色、光泽等。

2．利用【智能渲染属性】对话框

智能渲染属性主要用来优化零件的外观，使其更具空间真实感。

利用【智能渲染属性】对话框进行智能渲染的步骤如下。

01　在零件编辑状态、图素编辑状态或面编辑状态下选择零件或装配对象。

02　右击零件，然后从弹出的快捷菜单中选择【智能渲染】命令，打开【智能渲染属性】对话框，如图 6-3 所示。

> ○ **提示**
>
> 　　也可单击【显示】/【智能渲染】面板中的 🖉 按钮来打开【智能渲染属性】对话框。

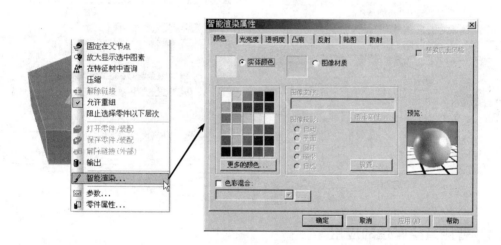

图 6-3　【智能渲染属性】对话框

03　将属性指定给某个零件后，可单击【应用】按钮预览相应变动。此时该对话框依然保持打开状态，以备随时调整相应选项。对零件的外观感到满意后，单击【确定】按钮，关闭【智能渲染属性】对话框。

3．利用智能渲染向导

对零件或图素进行渲染时，也可利用智能渲染向导表进行。操作步骤如下。

01　在设计环境中生成一个标准或自定义零件。

02　在零件编辑状态或面编辑状态下选择零件。

03　单击【智能渲染向导】按钮 ✗，或选择【生成】/【智能渲染】命令，弹出【智能渲染向导】对话框。按照其提示逐步进行操作，完成渲染，如图 6-4 所示。

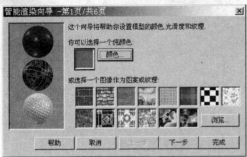

设定颜色、光滑度和纹理

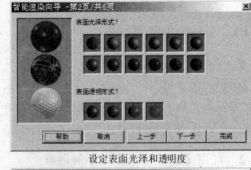

设定表面光泽和透明度

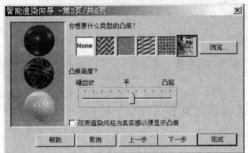

设定凸痕类型和高度

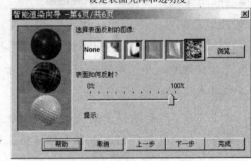

设定反射图案和反射程度

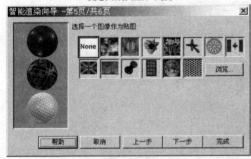

选择贴图

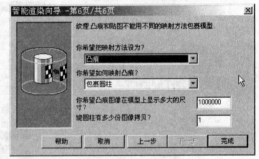

设定图像投影方式

图 6-4　智能渲染向导的 6 个步骤

6.2.2　智能渲染属性的应用

在 CAXA 实体设计中，零件和零件上的某一表面的智能渲染内容都可在【智能渲染属性】对话框中找到。装配件和图素选择状态下智能渲染和智能渲染向导都是灰色的。

6.2.2.1　颜色/材质

无论是拖放颜色设计元素库中的颜色还是访问智能渲染向导或【智能渲染属性】对话框，均可轻松地将颜色应用到整个零件或单个表面上。

1．应用实体颜色

使用智能渲染向导将颜色应用到零件某个面的步骤如下。

01　在零件编辑状态下选择所需的表面。

02 单击【智能渲染】按钮✏或右键单击所选零件或表面，在弹出的快捷菜单中选择【智能渲染】命令，弹出【智能渲染向导—第 1 页/共 6 页】对话框，其中提供了选项颜色和纹理的设定。

03 单击【颜色】按钮，弹出【颜色】对话框，如图 6-5 所示。

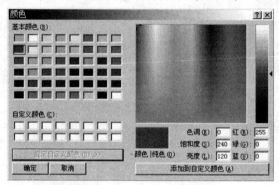

图 6-5 【颜色】对话框

04 单击【添加到自定义颜色】按钮，可生成自定义颜色。

05 单击【确定】按钮，返回【智能渲染向导—第 1 页/共 6 页】对话框，此时自定义颜色将显示在实体颜色选项旁边的空白处和预览窗口的某个范围内。

06 单击【完成】按钮，即可将颜色应用到选中的表面上。

2. 应用图像材质

如果选中【智能渲染属性】对话框中的【图像材质】单选按钮，可以直接赋予零件或其表面各种图像材质，但由于图像的真实感和零件的外形有关，所以必须确定图像投影方式。

为了进一步了解图像投影，可从二维图像的观测角度考虑纹理、凸痕样式或贴图在三维实体上的效果。将二维图像想象成许多可任意弯曲的薄皮，从而能够进行各种变形，然后再将其应用到零件表面上。在此采用了长方体、圆柱体和球体组合，如图 6-6 所示。5 种不同投影方式所获得的图像效果对比如图 6-7 所示。

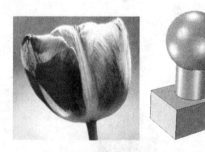

图 6-6 选取的图像和零件

图 6-7 不同投影方式的结果对比

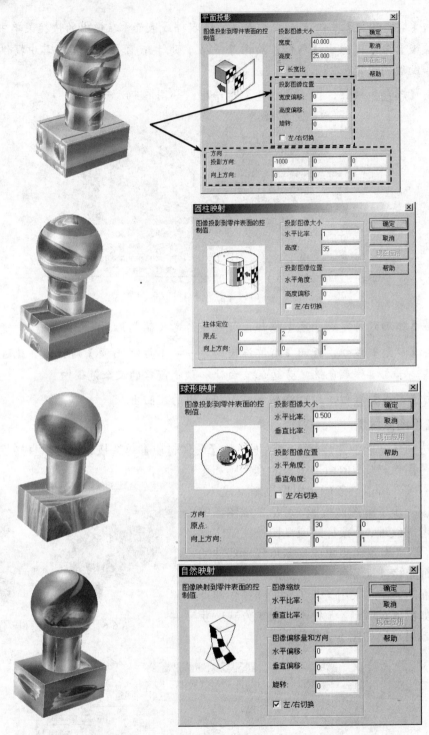

图 6-7 不同投影方式的结果对比（续）

6.2.2.2 光亮度

如图 6-8 所示是【智能渲染属性】对话框的【光亮度】选项卡，主要用来定义表面或

零件的反光方式。在该选项卡中，可拖动相应选项中的滑块或直接在其右侧的文本框中输入所需数值来调整光亮度；在【散射型 BRDF】和【镜面型 BRDF】下拉列表框中选择光照模型；还可选中【金属感增强】复选框，生成与金属表面一样的增强亮度；当预览框中显示出需要的反光时，单击【确定】按钮即可。

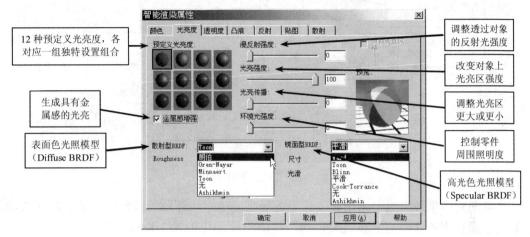

图 6-8　【光亮度】选项卡

6.2.2.3　透明度

【透明度】选项卡如图 6-9 所示，从中设置相关属性后，可以生成能够看穿的对象。例如，在生成机加工中心的窗口时，我们可以通过设置透明度来使窗口透明。

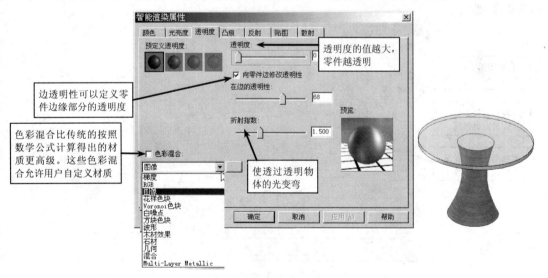

图 6-9　【透明度】选项卡及应用

6.2.2.4　凸痕

为了实现真实感，在 CAXA 实体设计中某些表面是光滑的，有些表面则有凸痕，从而使粗糙表面得以突出显示。

如图 6-10 所示为【凸痕】选项卡，利用其中选项可在零件或零件的单一表面上生成凸痕状外观，以增加立体感和真实感。

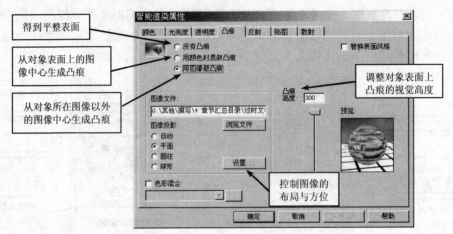

图 6-10 【凸痕】选项卡

生成凸痕渲染效果也可采用智能渲染向导来完成；此外还可以使用【显示】/【智能渲染】功能面板中的【凸痕】按钮，利用移动凸痕工具在零件上编辑凸痕方位和尺寸。

6.2.2.5　反射

对零件应用反射效果，可使零件具有金属质感，更加逼真。

如图 6-11 所示为【反射】选项卡，利用其中选项可以模拟零件或表面上的反射。要见到真正的反射(其中包括设计环境内四周的对象)，需在设计环境渲染属性对话框中选中【光线跟踪】选项。

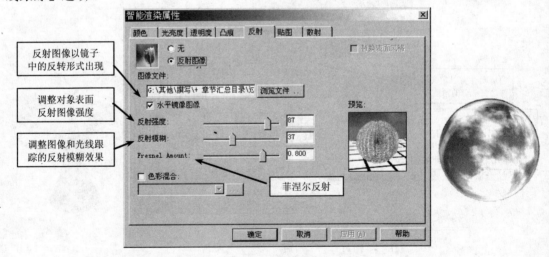

图 6-11 【反射】选项卡及应用

| 实例文件 | 实例\06\帖图.ics |
| 操作录像 | 视频\06\贴图.avi |

6.2.2.6　贴图

贴图与纹理一样，都是由图像文件中的图像生成的，但是它与纹理的不同之处在于贴图图像不能在零件表面上重复。当应用贴图时，只有图像的一个副本显示在指定表面上。我们常使用贴图将公司的徽标放在产品上。

利用 CAXA 实体设计提供的贴图设计元素库，通过拖放的方法或者借助于智能渲染向导，可以十分便捷地应用各种贴图。当通过智能渲染向导应用贴图时，零件表面保留原颜色；而将贴图从贴图设计元素库中拖出并将其放到零件表面上时，零件的表面颜色将变为贴图的背景色。除了这一点不同之外，这两种方法的效果相同。

1. 将贴图添加到球体上

操作步骤

01　在零件编辑状态下选择球体。

02　单击【智能渲染】面板中的【智能渲染向导】按钮，或选择【生成】/【智能渲染】命令，弹出【智能渲染向导】对话框。

03　在此向导的第 5 页中选择子弹孔贴图（图片在 CAXA 目录下）。

04　在此向导的第 6 页中，把映射方法设置为【贴图】，映射设置为【平面投影】。

05　单击【完成】按钮，关闭此向导。此时子弹孔贴图出现在球体上，如图 6-12 所示。

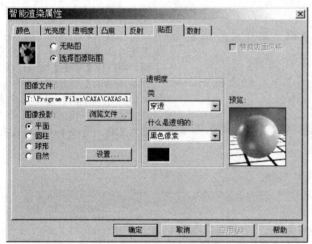

图 6-12　生成带有子弹孔贴图的球体

2. 重新定位贴图

操作步骤

01　在零件编辑状态下选择球体，然后从智能渲染工具条中选择移动贴图工具，或选择【工具】/【贴图】命令，此时长方体上会出现一个带有红色方形手柄的半透明框，表示幻灯机屏幕的位置，在光标旁边也会出现棋盘状的纹理图标，如图 6-13 所示。

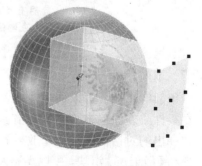

图 6-13　移动贴图

02 从标准工具条中选择三维球工具，或者选择【工具】/【三维球】命令，或者按 F10 键，三维球将出现在半透明框上。

03 使用三维球将贴图移到零件的新位置上。

04 取消标准工具条中三维球工具的选中状态或再次选择【工具】/【三维球】命令，或者再次按 F10 键。

05 取消智能渲染工具条中移动贴图工具的选中状态，或者再次选择【工具】/【贴图】命令。要进一步控制贴图的布局以及大小和方向，可在【智能渲染属性】对话框的【贴图】选项卡中进行设置并修正图像投影。

3．在【贴图】选项卡中编辑贴图的透明度

操作步骤

01 在零件编辑状态下选择球体。

02 右击此球体，从弹出的快捷菜单中选择【智能渲染】命令。

03 弹出【智能渲染属性】对话框，选择【贴图】选项卡。

04 从【透明度】选项组中的【类】下拉列表框中选择【穿透】选项。

05 在【什么是透明的】下拉列表框中选择【黑色像素】选项。

06 单击【确定】按钮，返回设计环境。

> **提示**
>
> 【透明度】选项组用于定义透明效果。选择【无】选项，可使图像按原样应用贴图。如果要用下方表面的材料来代替部分贴图，则选择【穿透】选项。在【什么是透明的】下拉列表框中定义零件部分。如果只想贴图本身出现在表面上，同时其余表面变成看不见的，选择【切断】选项。

> **提示**
>
> 【什么是透明的】下拉列表框中提供了以下选项：
> - ☐ 黑色像素：贴图上所有强度值为 0 的像素将变成不可见。
> - ☐ 白色像素：贴图上所有强度值为 255 的像素将变成不可见。
> - ☐ 用户色彩像素：贴图上所有指定强度值的像素将变成不可见。
> - ☐ Alpha 频道：贴图上所有纹理具有非零 Alpha 值的的像素将变成不可见。如果贴图的纹理具有非 Alpha 值，该设置将无效。
> - ☐ 色度基调：贴图上所有纹理与给定色度或色调相匹配的像素将变成不可见。色度设置与色彩强度无关。例如，如果将色度设置成绿色，浅绿和深绿都将变成不可见。

6.2.2.7　散射

应用散射属性，可以使零件或表面看起来散射光。

在零件或表面编辑状态下右击零件或表面，从弹出的快捷菜单中选择【智能渲染】命令，在弹出的对话框中选择【散射】选项卡，就可以对散射属性进行设置。

拖动【散射度】滑块，可以调整发光的强度；或直接在其文本框中输入 0～100 的数值，该值越大，散射的光就越强，如图 6-14 所示。

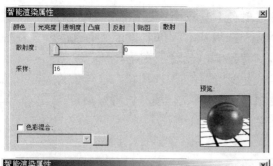 

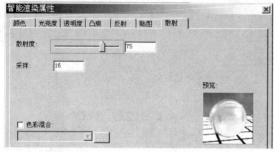 

图 6-14　散射效果对比

6.2.3　设计环境渲染

设计环境渲染是指综合利用背景设置、雾化效果和曝光设置渲染零件或产品的周围环境，使图像在此环境的衬托下更加形象、逼真。

6.2.3.1　背景

对设计环境的背景进行渲染设计时，将设计元素库中的颜色或纹理直接拖放到设计窗口的空白区域即可。

使用【设计环境性质】对话框中的【背景】选项卡，也可设置或修改背景的渲染属性。右击设计窗口的空白区域，在弹出的快捷菜单中选择【背景】命令，在弹出的【设计环境属性】对话框中将默认打开【背景】选项卡，如图 6-15 所示。

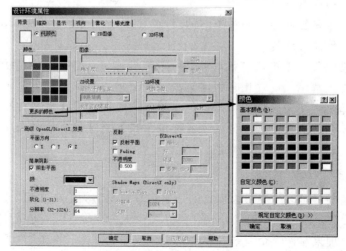

图 6-15　【背景】选项卡

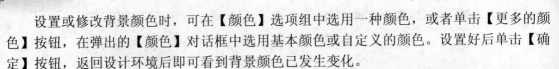

设置或修改背景颜色时，可在【颜色】选项组中选用一种颜色，或者单击【更多的颜色】按钮，在弹出的【颜色】对话框中选用基本颜色或自定义的颜色。设置好后单击【确定】按钮，返回设计环境后即可看到背景颜色已发生变化。

设置或修改背景的纹理时，可选用 2D 图像或 3D 环境，通常在文本框中输入图像所在文件路径或利用【浏览】按钮查找 2D 图像或 3D 环境。设置好后单击【确定】按钮，返回设计环境后即可看到背景已发生变化。

6.2.3.2 渲染

用户可以在【设计环境属性】对话框中的【渲染】选项卡中对渲染方式进行设置，如风格、真实感渲染、环境光层次、边显示属性、智能渲染和透明度等，如图 6-16 所示。

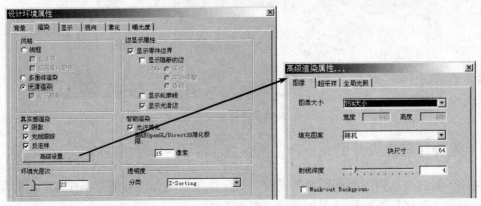

图 6-16 【渲染】选项卡

1. 风格

- 线框：选中该单选按钮，可将零件显示为由网状几何图形组成的线骨架图结构，呈现中空的形态，以线条组成的格子代表其表面。线骨架图渲染不显示表面元素，如颜色或纹理。

- 多面体渲染：选中该单选按钮，将显示由所谓小平面组成的零件的实心近似值。每个小平面都是一个 4 边的二维图素（由更小的三角形表面沿零件的表面创建而成）；每个小平面都显示一种单一的颜色；多个小平面越来越浅或越来越深的阴影，可以给零件添加深度。

- 光滑渲染：选中该单选按钮，可以将零件显示为具有平滑和连续阴影处理表面的实心体。光滑渲染处理比多面体渲染处理更加逼真，而后者则比线骨架图逼真。如果选择光滑渲染处理作为渲染的风格，则可以选中【显示材质】复选框，显示应用于零件的表面纹理（为了使【光滑渲染】对零件有效，必须至少有一种纹理应用于其表面）。

2. 真实感渲染

采用真实感渲染，可以产生最为逼真的效果。真实感渲染沿表面的阴影处理是连续的、细腻的，表面凸痕和真实的反射都会出现，而光照也更为准确，尤其是光谱强光。当使用复杂的表面装饰和纹理来制作一个复杂的零件时，建议等到完工时再采用真实感渲染。

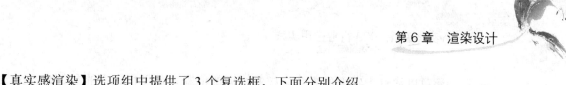

【真实感渲染】选项组中提供了3个复选框，下面分别介绍。

❏ 阴影：光线对准物体时，物体投下阴影。

❏ 光线跟踪：CAXA实体设计通过反复追踪来自设计环境光源的光束，来提高渲染的质量。光线跟踪可以增强零件上的反射和折射光。

❏ 反走样：这种高质量的渲染方法，可以使显示的零件带有光滑和明确的边缘。CAXA实体设计通过沿零件的边缘内插中间色像素，来提高分辨率。选中该复选框后，还可启用真实的透明度和柔和的阴影。

3．其他重要选项

❏ 显示零件边界：选中该复选框，将显示零件表面边缘上的线条，可帮助用户更好地查看边缘和表面。该复选框默认处于选中状态。

❏ 环境光层次：环境光是为整个三维设计环境提供照明的背景光。环境光可以改变阴影、强光和与设计环境有关的其他特征，它并不集中于某个具体的方向。拖动滑块，可以对环境光进行调整。

6.2.3.3 视向

在【设计环境属性】对话框中选择【视向】选项卡，可在其中设置当前视向的投影、角度、位置，如图6-17所示。更改这些属性，就会更改当前的视向位置、景深以及全景模式。

CAXA实体设计表现即时的三维景象。用户可以调整视向的位置、镜头位置以及其他参数（CAXA实体设计提供了视向工具的其他参数，能够更精确地进行视向参数设置）。

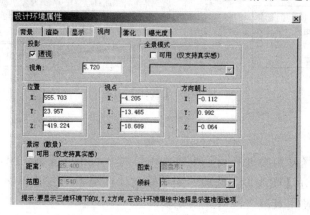

图6-17 【视向】选项卡

❏ 透视：选中该复选框，可以透视显示投影，设计将以三维景深显示，设计环境中的物体会有投影从而真实显示物体。取消选中此复选框，CAXA实体设计以正交方式显示物体，即物体以实际的尺寸显示，但是不能显示前后距离。

❏ 视角：该文本框用于输入视向角度。此设置如同放置一个真实的广角镜头，镜头广角越大，可观察到的物体越多。通常30°的设置可以实现非常真实的三维效果。只有选中【透视】复选框时，此文本框才有效。

对于视向角度，可输入位置参数来改变三维设计物理视向的位置。该参数相对于环境栅格的中心，在L、W和H区域输入相应的长度、宽度和高度即可定位视向参数。

另外，还可以通过指定面的参数来控制视向的位置。定义指定面的参数时，在 L、W 和 H 区域分别输入轴的长度、宽度和高度即可。

如果需要，还可以通过向上移动定义视向的"上"方向。"上"是在视向一个虚构的方向。在 L、W 和 H 输入参数定义 3 个方向，箭头将顺着环境栅格的 L、W 和 H 轴方向。这些参数可正可负，系统自动调整新箭头的长度。若要将"上"方向和特定的轴平行，在适当的区域输入 1，在另外两个区域输入 0 即可。

6.2.3.4 雾化

利用 CAXA 实体设计提供的物化渲染技术，可在设计环境中生成云雾朦胧的景象。要添加物化效果，可右击设计窗口空白区域，在弹出的快捷菜单中选择【雾化效果】命令，在弹出的【设计环境属性】对话框中选择【雾化】选项卡，从中选择所需的雾化效果，并设定有关参数，然后单击【确定】按钮，返回设计环境。

> ⊙ 提示
>
> 在设计环境中添加雾化效果时，必须在【渲染】选项卡中设置【真实感渲染】相关选项。

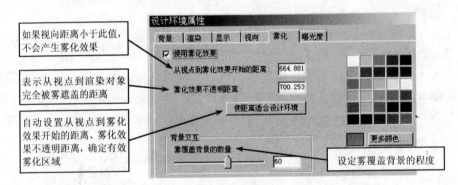

图 6-18 【雾化】选项卡

6.2.3.5 曝光度

设计环境的曝光度由亮度和反差组成，调整的方法和电视机相似。

在如图 6-19 所示【曝光度】选项卡中调整设计环境中的亮度和反差，可以改进其内容的整体外观，这在使用衰减光源时尤其重要。

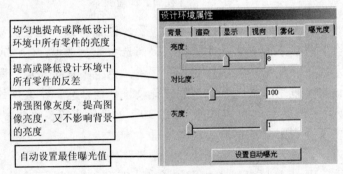

图 6-19 【曝光度】选项卡

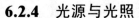

6.2.4　光源与光照

光束是二维和三维世界之间最重要的区别之一。由于以二维形式表现真实三维世界存在一定的局限，效果总是差强人意，而提供光照则可明显提高三维效果。

在表现三维世界时，光的主题是不可避免的。任何一个曾经观看过日落景象的人，都会意识到光对场景外观所产生的影响。当旋转三维物体或移动其光源时，光照方面的问题就会进一步突出。

是否使用光照技巧，取决于 CAXA 实体设计的具体应用。制作机械加工零件图样的工程师或金属预制件的厂商或许不关心光照问题，他们优先考虑的是精确的尺寸限定和准确的角度。不过，如果用户的需要偏重于审美方面，或者零件的表面需要逼真地表现实际情况，光照就变得尤为重要。光照对建筑设计师或工业设计师来说几乎是必不可少的工具。在设计环境光照时，应该尽量遵循生活习惯规律。例如，要在零件上安排光泽、纹理或其他修饰，就应该考虑光照问题，因为颜色是光的反射和吸收的结果；但如果零件不需要颜色和其他的表面修饰，或许就不需要操心光照的问题。

6.2.4.1　光的种类

CAXA 实体设计使用 4 种光来修改三维设计环境的外观和氛围。

（1）平行光

使用这类光在单一的方向上进行光线的投射和平行线照明。平行光可以照亮它在设计环境中所对准的所有组件。尽管平行光在设计环境中同对象的距离是固定的，但用户还是可以拖动其在设计环境中的图标来改变它的位置和角度。平行光存在于所有预定义的 CAXA 实体设计设计环境模板中，尽管它们的数量和属性可能不同。

（2）聚光源

聚光源在设计环境或零件的特定区域中显示为一个集中的锥形光束。就像在剧场中一样，CAXA 实体设计的聚光源可以用来制造戏剧性的效果。用户可以用它在一个零件中表现实际的光源，如汽车的大灯。

和平行光不同，通过鼠标拖动或使用三维球工具移动/旋转聚光源，可以自由改变其位置，而没有任何约束；当然，也可以选择将聚光源固定在一个图素或零件上。

（3）点光源

点光源是球状光线，均匀地向所有方向发光。例如，可以使用点光源表现办公室平面图中的光源。点光源的定位方法与聚光源相同。

（4）区域灯光

在实际生活中就好比日光灯管、灯箱或阴天的天空等，其表面是通体发光的（也可以看作是许多的点光源），它们发出的是漫射光，因此其阴影边缘会产生 Soft Shadow（半影），显得比较真实。

6.2.4.2　光源设置

1．插入和显示光源

插入光源时，选择【生成】/【插入光源】命令，鼠标指针变成光源图标。在设计窗口单击放置光源的地方，弹出【插入光源】对话框。选用一种光源，单击【确定】按钮，弹出【光源向导】对话框，按图 6-20 所示依次设置相应参数后，单击【完成】按钮。

在默认状态下，虽然设置的光源产生了光照效果，但系统会将设计环境中的光源隐藏。如果要显示光源，选择【显示】/【光源】命令，即可显示设计环境中的所有光源。

> ○ 提示
>
> 打开设计树，单击光源图标旁边的展开图标"+"，可查看设计环境中的光源配置及数量。单击任一展开的光源图标，可以观察光源的当前方位。

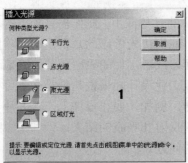
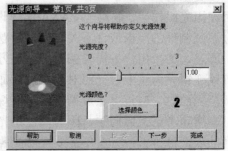
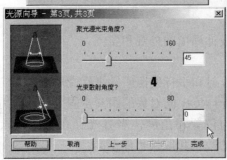
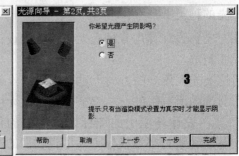

图 6-20　插入光源

2．调整光源

为了满足渲染设计的要求，有时需要进一步调整光源的方位。调整方法有以下 3 种。

❑ 拖动平行光源的图标，可调整照射角度，但不能改变光源与渲染对象之间的距离；拖动聚光源和点光源的图标只改变位置。

❑ 使用三维球可移动或旋转聚光源和点光源，但旋转点光源毫无意义。

❑ 使用光源属性对话框可以精确地修改聚光源和点光源的方位。右击设计环境中的光源图标，或者单击设计树中展开的光源图标，在弹出的快捷菜单中选择【光源属性】命令，在弹出的对话框中选择【位置】选项卡，从中设定方位参数。

3．复制和链接光源

与智能图素一样，用户可以复制和链接 CAXA 实体设计中的聚光源和点光源。如果需要两个相同的光源（如作为汽车大灯），该功能相当有用。复制或链接设计环境中的聚光源或点光源的操作步骤如下。

01　单击选择工具。

02　选中光源图标，按住鼠标右键将其拖到需要添加光源的位置。

03　在弹出的快捷菜单中选择以下选项。

- 移动这里：将现有的光源移动到新位置。其结果与使用鼠标左键拖动是相同的。
- 复制这里：在新的位置创建现有光源的一个副本。
- 链接这里：创建一个链接到原有光源的复制光源。对原有光源进行修改后，如提高其亮度，将会自动应用于链接的光源。
- 取消：取消操作。

4. 关闭或删除光源

关闭光源时，右击光源图标，在弹出的快捷菜单中选择【取消】命令即可。如果要重新打开光源，重复上述步骤，即可再次打开此光源。

删除光源时，右击要删除的光源，在弹出的快捷菜单中选择【删除】命令即可。

> ○ 提示
>
> 即使关闭或删除所有光源，系统仍用环境光提供一定程度的照明。环境光是"渲染"属性页上的一项设置。

6.2.4.3 调整光照

1. 用光源向导调整光照

右击设计环境中的光源图标，或者右击设计树中展开的光源图标，从弹出的快捷菜单中选择【光源向导】命令，即可利用弹出的光源向导调整光照。

聚光源的光源向导包括3页，其他光源则为2页。第一页用于调整光源亮度和颜色，第二页用于设置阴影，第三页用于调整聚光源光束角度及光束散射角度，如图6-20所示。

2. 更改光源属性调整光照

改变光源属性也可调整光照，其方法如下。

01 右击设计环境中的光源图标，或者右击设计树中展开的光源图标，从弹出的快捷菜单中选择【光源属性】命令，4种光源会出现不同名称的对话框，如图6-21所示。

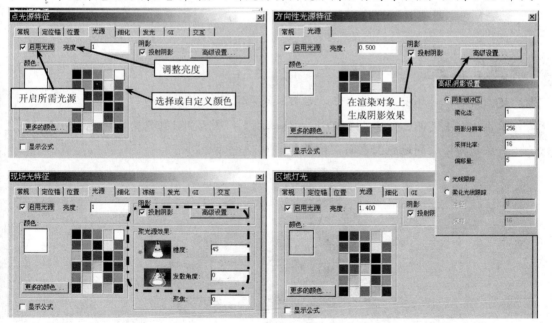

图6-21 不同光源属性对话框

02 选择【光源】选项卡。

03 利用其中各选项调整光照。

6.3 实例分析

针对机械零件及装配体，工程师通常注重的是准确的尺寸及形位关系，渲染要求相对较为简单。下面将利用 CAXA 实体设计对台灯（茶几）和光盘笔进行渲染。

6.3.1 台灯及茶几的渲染

> 实例文件　实例\06\台灯及茶几渲染.ics
> 操作录像　视频\06\台灯及茶几渲染.avi

本节以台灯和茶几的渲染为例，演示如何应用智能渲染中的各种渲染属性（如材质、透明度、光影、颜色等）对设计环境中的三维实体进行渲染设计。

设计目标

对如图 6-22 所示台灯及茶几进行渲染设计。

图 6-22　渲染对象

操作步骤

01 建立新的设计环境，打开文件"台灯及茶几.ics"。

02 单击地毯上表面，使其处于面/边/点编辑状态。从右侧纹理元素库中拖出一个"红色白底瓷砖"放到地毯上表面，结果如图 6-23 所示。

图 6-23　渲染地毯

03 单击台灯罩外表面，使其处于面/边/点编辑状态。从材质元素库中将"漆面大理石"拖放至台灯罩外表面，结果如图 6-24 所示。

04 单击台灯柱表面，使其处于面/边/点编辑状态；右击，在弹出的快捷菜单中选择【智能渲染】命令，选择 CAXA 实体设计所带图片 daffodil.jpg，进行贴图操作，结果如图 6-25 所示。

图 6-24 渲染灯罩

图 6-25 灯柱贴图

05 单击台灯底座，使之处于面/边/点编辑状态；从右侧材质元素库中将"木材"拖放至底座表面，结果如图 6-26 所示。

06 单击茶几表面 A，使其处于零件状态，然后从右侧颜色元素库中将"黄绿色 4"拖放至表面 A，结果如图 6-27 所示。

07 采用上述操作，将茶几表面 B 渲染成"金色 1"，结果如图 6-27 所示。

渲染底座

图 6-26 渲染台灯底座

表面 A

表面 B

图 6-27 渲染茶几

08 增强座脚金属感。单击茶几座脚 A，使其处于零件状态；右击座脚任意位置，在弹出的快捷菜单中选择【智能渲染】命令；在弹出的【智能渲染属性】对话框选择【反射】选项卡，选中【反射图像】单选按钮，浏览所需反射金属材质图像（可从网上下载），并将反射强度调整为 85。

09 单击【提取效果】按钮，并单击座脚 A，提取渲染结果。然后依次单击其余 3 个座脚，结果如图 6-28 所示。

座脚 A

图 6-28　座脚的金属感渲染

10 下面渲染桌面的玻璃感。单击茶几上表面，使其处于零件编辑状态。右击茶几上表面任意位置，在弹出的快捷菜单中选择【智能渲染】命令。

11 在打开的【智能渲染属性】对话框中，依次修改【光亮度】、【透明度】和【散射】选项卡中的相应选项，使茶几上表面产生玻璃感。操作过程及结果如图 6-29 所示。

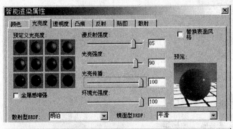

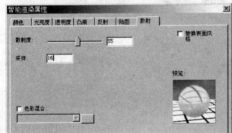

图 6-29　茶几上表面玻璃感

12 接下来渲染灯罩透明感。单击灯罩表面，使其处于零件编辑状态。右击台灯罩表面任意位置，在弹出的快捷菜单中选择【智能渲染】命令，在弹出的对话框中选择【透明度】选项卡，并将透明度调整为 20，结果如图 6-30 所示。

13 下面设计灯泡的发光效果。选择【生成】/【光源】命令，然后单击台灯上表面，在弹出的对话框中选择聚光源。

图 6-30　渲染灯罩

14 将光源颜色改为红色；聚光源光束角度调整为 30°，光束散射角度调整为 15°；然后单击 确定 按钮。

15 利用三维球工具调整聚光源的角度和位置。

16 选择【显示】/【光源】命令，取消光源显示，结果如图 6-31 所示。

17 取消地毯压缩，对灯光位置和角度进行适当调整，如图 6-32 所示。检查无误后，存盘。

图 6-31　灯泡发光效果

图 6-32　整体渲染效果

实例文件	实例\06\光盘笔渲染.ics
操作录像	视频\06\光盘笔渲染.avi

6.3.2　光盘笔渲染设计

本节以光盘笔的渲染为例，介绍利用智能渲染向导渲染零件或表面的步骤和方法、图像的投影方法以及光源的使用方法。

设计目标

对光盘笔进行渲染设计，效果如图 6-33 所示。

图 6-33　光盘笔渲染效果

技术要点

❑ 使用智能渲染向导渲染零件或表面的步骤和方法。
❑ 图像的投影方法。
❑ 光源的种类、属性和使用方法。
❑ 设计环境的渲染功能。

操作步骤

01 选择【文件】/【打开文件】，弹出【打开】对话框，从中选择"光盘笔.ics"文件，单击 [打开⑩] 按钮，结果如图 6-34 所示。

图 6-34　光盘笔

02　对笔帽零件进行初步渲染。单击笔帽零件，使其处于零件编辑状态；右击，在弹出的快捷菜单中选择【智能渲染】命令，在弹出的【智能渲染属性】对话框中选择【颜色】选项卡，从中设置颜色如图 6-35 所示。

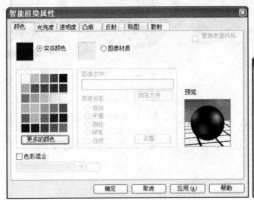
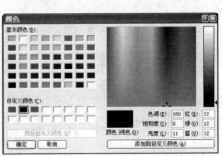

图 6-35　设置颜色

03　选择【光亮度】选项卡，选择适合的表面光泽形式，如图 6-36a 所示。

04　选择【透明度】选项卡，由于该材料不具有任何透明特性，设置【透明度】为 0，然后单击 确定 按钮，结果如图 6-36b 所示。

> ○ **提示**
>
> 颜色的设置方法有两种：ESL 设置和 RGB 设置。

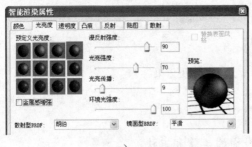
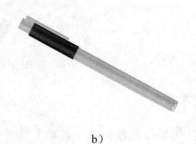

　　a)　　　　　　　　　　　　　　　　　b)

图 6-36　设置光亮度和透明度后的初步渲染结果

a)【光亮度】选项卡　b) 初步渲染结果

05　单击【提取效果】按钮，在笔帽上单击，复制对象的所有智能渲染属性。此时应用效果工具自动被激活。点击按钮，在光盘笔零件上单击，将笔帽零件的全部渲染属性赋予笔体。结果如图 6-37 所示。

06　从表面光泽元素库中拖曳"亮白色"图素至笔杆中部，拖曳"亮橙红色"图素至笔夹，结果如图 6-38 所示。

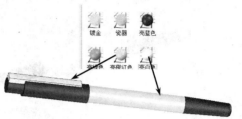

图 6-37 渲染笔帽及笔杆顶部　　　　　　　图 6-38 渲染笔杆和笔夹

07 在笔体表面贴图。单击笔体零件，使其处于表面编辑状态；单击鼠标右键，在弹出的快捷菜单中选择【智能渲染】命令，弹出【智能渲染属性】对话框；选择【贴图】选项卡，选中【选择图像贴图】单选按钮，图像投影方式设置为圆柱投影，单击 确定 按钮，结果如图 6-39 所示。

图 6-39 在笔体表面贴图

08 单击笔体，使其处于零件编辑状态；单击【移动贴图】按钮，出现贴图投射特征操作手柄。右击贴图投影圆柱，在弹出的快捷菜单中选择【设定】命令，在弹出的【圆柱映射】对话框中精确调整贴图属性，如图 6-40 所示。

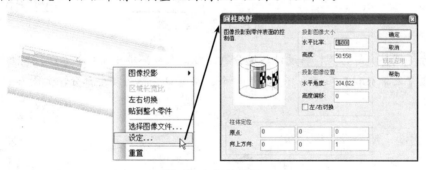

图 6-40 调整贴图

09 激活三维球，将贴图重新定位，结果如图 6-41 所示。

10 设置场景灯光。首先将设计环境中的所有光源删除，在特征树中拾取光源，单击鼠标右键，在弹出的快捷菜单中选择【删除】命令，即可将选定光源逐个删除，如图 6-42 所示。

图 6-41　贴图重定位　　　　　　　　　　　　　　　　　图 6-42　删除所有光源

11 接下来设置主光源。选择【生成】/【光源】命令，在设计环境中单击鼠标左键作为插入光源的位置，在弹出的【插入光源】对话框中选中【点光源】单选按钮，单击 确定 按钮；弹出【光源向导】对话框，按照提示设置相应参数，然后单击 完成 按钮，结果如图 6-43 所示。

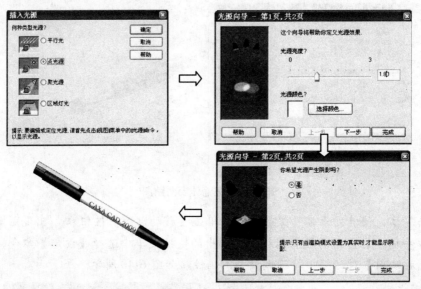

图 6-43　添加点光源

12 为方便调整光源位置，将设计环境分割。右击设计环境中空白处，在弹出的快捷菜单中选择【水平分割】和【垂直分割】命令，将窗口分割为 4 个部分，如图 6-44 所示。

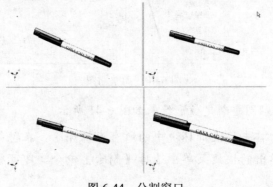

图 6-44　分割窗口

13 通过【视向设置】工具条分别将视图设置为主、俯、左和轴测视向，如图 6-45 所示。

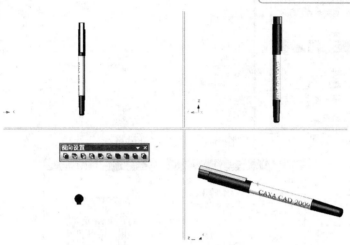

图 6-45　调整视向

14 选择【生成】/【光源】命令，单击笔体上端，在弹出的【插入光源】对话中选中【点光源】单选按钮，将其亮度值设置为 1.8，颜色设置为白色。将光源放置在笔的上方，从侧面照亮场景。

15 同样，添加一个点光源和聚光源。试着调整位置并设置参数，使笔的渲染效果达到最佳。结果如图 6-46 所示。

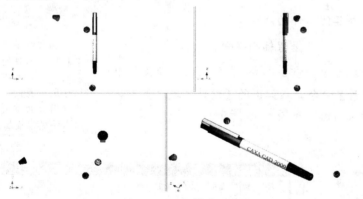

图 6-46　添加其他光源

16 为了观察渲染效果，调整渲染风格。在设计环境中单击鼠标右键，在弹出的快捷菜单中选择【渲染】命令，在弹出的【设计环境属性】对话框中进行相应设置，然后单击【确定】按钮，即可实现表面真实的反射，光照也更为准确，如图 6-47 所示。

17 调整零件渲染属性。单击笔体零件，使其处于零件编辑状态；在零件上右击，在弹出的快捷菜单中选择【零件属性】命令，在弹出的【零件】对话框中选择【渲染】选项卡，向右拖动表面粗糙度滑块，提高零件表面的显示精度，如图 6-48 所示。

CAXA 实体设计 2009 行业应用实践

图 6-47 调整渲染风格

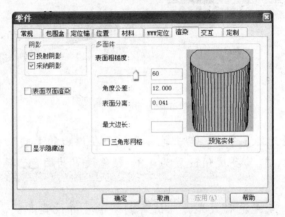

图 6-48 调整零件渲染属性

18 同样，调整其他零件的渲染属性。

19 删除多余窗口，只保留轴测视向窗口。

20 右击设计环境中的空白部分，在弹出的快捷菜单中选择【背景】命令，在弹出的【设计环境设置】对话框中插入图像，如图 6-49 所示。

> ○ 提示
>
> 在零件编辑状态下所做的渲染作用于零件的所有表面，而在表面编辑状态下所做的渲染只作用于所选表面，且该表面的渲染只使用表面渲染属性，而不再使用零件的渲染属性。

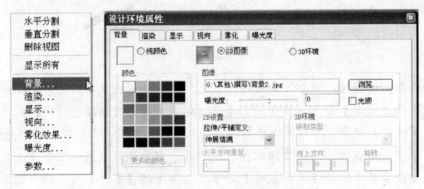

图 6-49 【设计环境属性】对话框

21 单击 确定 按钮，效果如图 6-50 所示。

图 6-50 添加背景图像

22 使用三维球复制功能，将光盘笔复制并拖至适当位置，结果如图 6-51 所示。

图 6-51 复制光盘笔并拖至适当位置

23 检查无误后，保存文件退出。

6.4 减速器设计之五：减速器渲染设计

实例文件 实例\06\减速器渲染.ics
操作录像 视频\06\减速器渲染.avi

设计目标

下面对图 6-52 所示减速器进行渲染设计。

图 6-52 渲染对象

操作步骤

01 选择【文件】/【打开文件】命令，在弹出的【打开】对话框中选择减速器装配体，单击【确定】按钮，将减速器装配体插入三维设计环境中。

02 在设计树中选择箱盖装配体，使其处于零件编辑状态。右击箱盖任意位置，在弹出的快捷菜单中选择【智能渲染】命令，在弹出的【智能渲染属性】对话框中选择【颜色】选项卡，从中选择绿色；然后选择【光亮度】选项卡，从中调整光亮度，其他采用默认值，然后单击【确定】按钮，如图 6-53 所示。

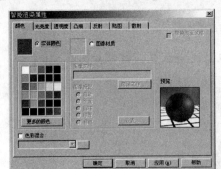
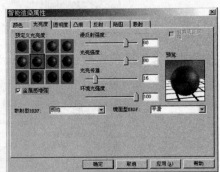

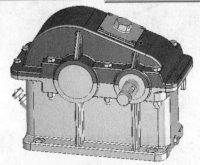

图 6-53　渲染减速器箱盖

03 同理，对减速器下箱体进行渲染，结果如图 6-54 所示。

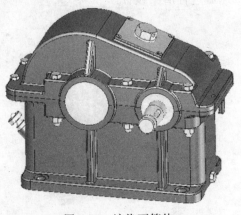

图 6-54　渲染下箱体

04 为了方便辨别下箱体螺钉孔，单击螺钉沉孔内表面，使其处于面/边/点编辑状态；右击表面任意处，在弹出的快捷菜单中选择【智能渲染】命令，在弹出的【智能渲染属性】对话框中调整颜色及其光亮度，其他采用默认值，结果如图 6-55 所示。

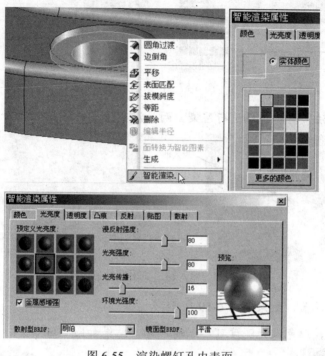

图 6-55　渲染螺钉孔内表面

05 对其他表面及螺钉孔采用同样操作，结果如图 6-56 所示。

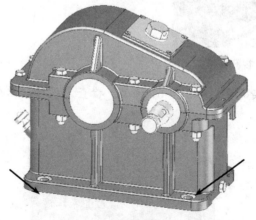

图 6-56　螺钉孔渲染效果

06 下面渲染输入轴。在设计树中点选输入轴，使其处于零件编辑状态。右击输入轴任意表面，在弹出的快捷菜单中选择【智能渲染】命令，在弹出的【智能渲染属性】对话框中调整颜色及光亮度，如图 6-57 所示。

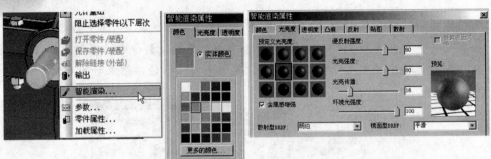

图 6-57 渲染输入轴

07 采用同样方法，对输出轴进行渲染，两轴渲染结果如图 6-58 所示。

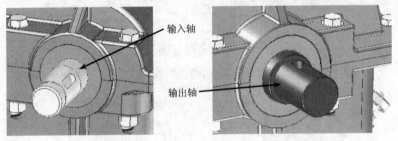

图 6-58 输入轴、输出轴渲染效果

08 渲染轴两侧端盖，结果如图 6-59 所示。

09 渲染游标尺，颜色及光亮度可参照输入轴，结果如图 6-60 所示。

图 6-59 视孔盖渲染   图 6-60 视孔盖渲染

10 至此，减速器渲染完毕，如图 6-61 所示。检查无误后，保存文件。

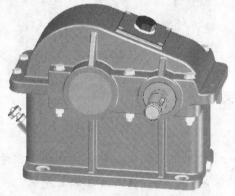

图 6-61 减速器渲染效果

6.5　应用拓展

渲染设计除了涉及颜色、纹理、光亮度等表面装饰，并借助背景、雾化、光照和阴影等环境渲染技术外，还要求设计者掌握光与色彩、色彩与心理及质感等表现技术，以便设计出形象逼真、符合人们审美观念的零件及产品的渲染图像。

6.5.1　光与色彩

光不仅是生命之源，也是色彩的起因。光让我们感受到瑰丽的色彩世界，决定了我们的视觉对自然界的感知，没有了光，色与形在我们的视觉中也就消失了。在 CAXA 实体软件中运用的一切有关渲染的方法都是自然规律的反映，即光、色彩及心理关系的反映。

光是一种自然现象，能够对眼睛产生刺激并由此在头脑中形成图像。人眼所见的物体要么本身发光，要么反射来自其他地方的光。光包含不同颜色、来自不同地点、具有各种角度。

所有的光，无论是自然光或人工室内光，都具有以下特征。

❑　明暗度。明暗度表示光的强弱，随光源能量和距离的变化而变化。

❑　方向。只有一个光源，方向很容易确定；而有多个光源时，如多云天气的漫射光，方向就难以确定，甚至完全迷失。

❑　色彩。光可根据光源及其穿越的物质的不同而变化出多种色彩。例如，自然光与白炽灯光或电子闪光灯下的色彩不同，而且阳光本身的色彩也随大气条件和一天时辰的变化而变化。

任何一种色彩都有其特定的色调、亮度和饱和度，这三者也被称为色彩的三要素。

❑　色调：色彩的相貌，是区别色彩种类的名称，如红、橙、黄、绿、青、蓝、紫即为不同的色相，这 6 种色在色谱上呈直线形排列。

❑　亮度：色彩的明暗程度。同一色调的色，因接收的光强弱不同，会产生明暗的差别，如红色中的亮红、红、暗红等（一系列由于明亮程度不同而出现由浅至深的差异，即色阶）。

❑　人的眼睛对于各种不同色调的颜色的亮度感觉是各不相同的，不同颜色在同等程度的白色光源照射下，其亮度差距是相当明显的。白、黄类色亮度显高，蓝、黑类色亮度显低。这是由于不同颜色受光照后反射光谱成分存在差异所致，因此反映到人们的眼睛便产生了不同的亮度之分。人眼对各种颜色的亮度感觉，大致上是按照白、黄、青、绿、紫、红、蓝、黑的顺序降低的。除了用加白或加黑可提高或降低亮度外，运用不同亮度的颜色调配也可以升降亮度。

❑　饱和度：色彩的纯净程度，也可说色彩的鲜艳程度、饱和程度等。可见光辐射，有波长相当单一的，有波长相当混杂的，也有处在二者之间的，黑、白、灰等色就是波长最为混杂，由纯度和色调感消失造成的。

为了达到较好的渲染效果，应注意做到以下几点。

❑　层次清晰。这就要求设计者有较好的层次感。层次的产生主要靠灯的运用。造型的起伏要明确，强烈的体积感要靠灯光表现。对于细节，比如一个并不起眼的小按钮，也不要疏忽，对于真正的产品设计来说，细节正是关键所在。所以，要习惯使用灯光，可以单独对某一个细节进行重点渲染，进行补光。

❑ 氛围浓烈。每个产品都有其独特的市场倾向、消费心理，时尚电子与机械设备所使用的渲染环境肯定是不同的。此时使用辅助灯光加上颜色营造浓烈的氛围便显得尤为重要。

❑ 材质清晰。客户对于产品的材质（材料）有时是十分敏感的，如磨沙、高反光、亚光、半透明、橡胶等，我们需要在这些材质表现上下些工夫。初学者往往热衷于练习反射、折射和散射等特效，但有的客户只讲究实实在在的材料和很好表现此类产品的氛围感，此时往往会弄巧成拙，得不偿失。因此，应该根据客户需求加入适当特效，而不要把大量时间花在做特效上，以免导致参数难调，效果图难出。

利用 CAXA 实体设计完成设计后，也可输出到其他更专业的软件中进行渲染。现在渲染器种类很多，到底哪个最适合今后实际工作的需要。其实任何一种渲染器都可以作出出色的效果，关键在于"精"，即能够熟操作软件，对各种材料了如指掌等。

目前专业渲染器主要有 Flamingo、Vray、Renderman、MentalRay、Brazil、FinalRender、Lightscape、Maxman、RenderPal for Maya 等。不管学习哪一种渲染软件，都必须适合自己的行业需求。例如，做工业设计，那么较好的选择是用 C4D 和 HYPERSHOT 来做渲染，其效率高、简单方便；如果是做室内设计的，建议用 V-RAY 或者 3ds man 来做渲染，其功能丰富、表现到位。

6.5.2 色彩与心理

色彩是一种既浪漫又复杂的语言，它比其他任何形象或记号更能直接地通透人们的心灵深处，并影响人类精神反应。每种色彩都有其独特个性，但同样的一种色彩，经由视觉传达到人脑，也因人的个性、接收的时间、生理状况、情绪反应而产生不同的歧异，更会因性别、年龄、生活、种族及风俗习惯而有个别或群体的差异。理解色彩与心理的关系，可以帮助我们在利用 CAXA 实体设计进行产品渲染设计时，达到更好的效果。

（1）色彩的冷与暖

从生理及心理角度谈色彩的冷暖，即视觉对外界的反应，主要是用于人们在观察各种色彩时，引起对客观事物和生活经验的联想。如看到红、橙、黄等色，会使人联想到红太阳、炉火，从而感到温暖；当看到蓝色或蓝绿色会联想到大海、冰雪。久而久之，由于经验及条件的反射作用，使视觉变为触觉的先导，看到红、橙等色会觉得温暖，看到蓝、绿等色感到冷，如图 6-62 所示。不仅有彩色会给人冷暖的感觉，就是无彩色也会给人不同的感觉，如白色及明亮的灰色也会给人以寒冷的感觉，而暗灰及黑色则会给人以温暖的感觉。

图 6-62　色彩的暖与冷

（2）色彩的轻与重

决定色彩轻重感觉的主要因素是亮度，即亮度高的色彩感觉轻，亮度低的色彩感觉重。其次是饱和度，在相同亮度和色相的条件下，饱和度高的感觉轻，饱和度低的感觉重。色彩给人的轻重感觉为：暖色（如黄、橙、红）给人的感觉轻，冷色（如蓝、蓝绿、蓝紫）给人的感觉重。

在产品的色彩设计中，对于要求稳定感的，应上轻下重，这时产品下部应涂以重感色；对于要求体现轻巧的产品，则应选亮调的色彩或在下部适当位置配置明度较高的色调。

（3）色彩的远与近

在同一画面或同一产品上，不同的色彩会使人感到有的色在前，有的色在后，即远近之感。如在白色背景下的红色与蓝色，红色感觉比蓝色离人们近；在灰色背景下的白色与黑色，通常会感觉白色比黑色离人们近；在白色背景下的高饱和度的红与低饱和度的红，通常会感觉高饱和度的红比低饱和度的红离人们近。一般暖色、亮度高的色有前进感，而冷色、亮度低的色有后退感。色彩的远近感与画面的底色和产品的主色调有关。在深底色上远近感决定于色彩的亮度和冷暖，在浅底色上的远近感决定于色彩的亮度，在灰底色上则取决于色彩的感觉。

在产品设计时，往往利用色彩的近感色来强调重点部位，对不重要部分用远感色，使其隐退。

（4）色彩的软与硬

色彩的软硬与色彩的亮度和饱和度有关，明亮的色彩感觉软，深暗的色彩感觉硬；高饱和度和低饱和度的色彩有硬感，而中等饱和度的色彩则显得轻、柔软。在无彩色中，黑色和白色给人感觉较硬，而灰色则较柔软；在有彩色中，暖色较柔软，冷色较硬，中性的绿色和紫色则柔软。

在产品设计时常会根据功能要求利用色彩的软硬感体现产品的个性。

（5）色彩的素与艳

从色调看，暖色给人感觉华丽，冷色给人感觉朴素。

从亮度看，明亮度高的色彩给人感觉华丽，明亮度低的色彩感觉朴素。

从饱和度看，饱和度高的色彩给人感觉华丽，饱和度低的色彩感觉朴素。

从质感看，质地细密而有光泽的给人华丽的感觉，质地酥松、无光泽的给人朴素粗犷的感觉，如图6-63所示。

图 6-63　质感的粗犷与华丽

（6）**色彩的积极与消极**

不同的色彩刺激我们，可产生不同的情绪反射。影响感情最大的是色调，其次是饱和度，最后是亮度。

☐ 色调方面，红、橙、黄等暖色是最令人兴奋的积极的色彩，而蓝、蓝紫、蓝绿给人感觉沉静而消极。

☐ 饱和度方面，高饱和度的色彩比低饱和度的色彩刺激性强，给人感觉积极。

☐ 亮度方面，不同亮度给人的感觉不同，亮度高的色彩一般比亮度低的色彩刺激性大。低饱和度、低亮度的色彩比较沉静，而无彩色中低亮度最为消极。

6.5.3 质感表现

（1）**产品的工艺美**

各种产品在形成过程中都不可避免地要经过加工这一环节，而在加工时在产品上留下的加工工艺特征是每一位设计者都需要考虑的。加工工艺包括制造工艺和装饰工艺，设计者必须考虑到这些工艺能使产品获得美的形态，表现出美的特性，如图 6-64 所示。

图 6-64　金属和木材的加工纹理

制造工艺通常指机械精密加工，要针对各种材质选用不同的加工形式。这就要求设计者对各种材料及其加工成型工艺要有全面的了解。金属、木材、塑料、玻璃、陶瓷等产品的加工工艺有着很大不同，即使是金属材料，也会因金属种类的不同而选用不同的工艺。例如同一产品，钢和铝的加工工艺就有很大不同。设计者要综合利用各种材质加工的纹理、光泽、质感、加工痕迹来创造工艺美。

（2）**产品的材质美**

任何产品都离不开各种原材料，材料是实现产品功能的物质基础。材质的不同外观特征表现着不同的质感，其内在质地给人以不同手感。这些就是所谓视觉质感和触觉质感。针对不同的产品，选用不同的材质，给人以美的感受是设计师所要做到的。

设计人员若能熟练地掌握材料及材料的加工技术，合理地利用各种不同的材料，从经济、实用、美观等需要出发，这样设计出来的产品将会给人们以物质和精神的真正享受。

除了材料的以上一些自然特性外，选择材料时还应考虑其感觉物性——人的触觉和视觉对材料的综合印象。例如大理石、花岗岩具有稳重、庄严感，木材纹理具有自然、温馨感，灰黑色的钢铁给人以厚重感，而抛光、电镀后的光泽给人留下的印象却是艳丽、精致。

6.6　思考与练习

1．思考题

（1）如何向零件表面添加颜色、贴图、材质、凸痕和纹理等渲染属性？
（2）如何对产品表面的某些区域进行颜色、贴图、材质、凸痕和纹理等渲染？
（3）如何调整贴图的方向与大小？
（4）什么是光源的衰减？它起什么作用？

2．操作题

（1）建立如图 6-65 所示手机实体造型并渲染。
（2）建立如图 6-66 所示排球实体造型并渲染。

图 6-65　手机

图 6-66　排球

第7章 运动仿真

学习目标

掌握智能动画设计元素的使用

掌握智能动画属性和轨迹编辑

掌握各种类型动画的制作

掌握智能动画序列视频输出方法

台钳是一种常用的装夹工具。本章通过台钳夹紧工件动画设计、台钳装配体装配动画设计和台钳装配体的拆解动画、爆炸视图的制作，演示动画制作和运动仿真的基本操作方法。

在进行现代工业设计时，可利用CAXA实体设计为所设计的产品添加上动画以满其展示需要，在利用多媒体或互联网宣传产品时此方法非常有效。本章通过减速器拆解动画的制作，揭示其工作原理或零部件的装配过程，读者可以从中掌握动画制作过程中动画生成的各种方法、如何编辑智能动画编辑器、调整动画片段和播放顺序等。

7.1 相关专业知识

我们生活的空间是带有时间轴的四维空间,不是所有的产品都是固定的,也不是所有的设计总是静态的。创新设计是对设计过程的仿真,也是对仿真景象(对象及其环境)的真实模拟。作为新一代创新设计软件,CAXA 实体设计提供了强大的动画设计功能,不仅能够形象地展示产品内部的运动关系和结构关系等,还可快速、连续地展现一系列图画,形成更加逼真、生动的动画效果。

如同电影和电视一样,动画也是利用人眼的视觉暂留原理,快速、连续地展现一系列图画,使之看起来像是连续的"情景"。所谓动画,就是在生成对象的一系列独立图像的基础上定义预期的运动轨迹与时间片段后连续播放的动态效果。

随着现代计算机辅助设计技术的发展,企业对三维 CAD 的要求已经不再是简单的设计出模型以进行加工,而是让设计参与到产品的全生命周期,包括前期的方案设计、标书制作和中期的结构设计以及后期的产品维护等。此时软件的动画、渲染功能对表达产品的工作情况、机构运动分析就显得非常重要。

CAD 设计的目的之一就是将设计结果以电子化的方式与他人共享,CAXA 实体设计除了拥有实用、高效的造型装配功能,还集成了完美的渲染和动画功能,非常适合新产品的设计、模拟演示。利用 CAXA 实体设计的动态机构仿真功能,可以对装配结构进行机构运动模拟,以最直接的动态效果演示消除与客户沟通上的障碍。

CAXA 实体设计中自带了一批标准智能动画元素,只需通过可视化拖放施加到选定对象上即可方便、快速地实现对象的动画效果。更高级和个性化的动画效果可以通过编辑智能动画或自定义动画来实现。CAXA 实体提供了强大的动画编辑功能,可以编辑制作各种预期的动画效果,并且还可以将生成的动画保存到设计元素库中以便将来使用。

1．动画的分类

CAXA 实体设计的动画功能适用于设计环境中的大多数对象,包括装配、零件、图素、视向、光源等,因此可生成各种复杂的动画。根据其所表现的内容,主要有以下几类动画。

- ❑ 工作动画:模拟产品实际工作情况的动画效果。
- ❑ 拆装动画:产品的爆炸、装配过程的动画效果。
- ❑ 视向动画:基于视向运动的动画,可获得如飞过和走过等运动的动画效果。
- ❑ 光源动画:基于光源运动的动画。

在制作动画的过程中,可根据要表达的内容将几种动画效果结合起来,全方位展示产品的性能和结构。

2．动画的实现方法

CAXA 实体设计提供了多种生成动画的方法,可方便、迅速地生成所需的动画。生成动画主要有以下几种方法。

- ❑ 自定义动画:利用智能动画向导逐步定义动画的方法。
- ❑ 智能动画:利用动画设计元素库中预定义的动画元素生成动画的方法。
- ❑ 装配动画:将动画应用于装配或子装配中的所有零件,产生整体动画的方法。

❑　约束动画：利用零件间的装配约束、尺寸约束等关系，生成动画的方法。

在制作动画的过程中，可根据要表达的内容将几种动画效果结合起来，全方位展示产品的性能和结构。

7.2　软件设计方法

利用 CAXA 实体设计提供的智能渲染和智能动画工具，可以制作出具有相当水平的渲染效果和演示动画，而这些在新产品的设计、模拟演示及与客户的沟通、交流时非常有用。尤其是与客户交流时，最直接的动态效果显示不仅可消除与客户沟通上的障碍，并可增强客户对产品设计能力的信心。CAXA 动画制作也很简单，将动画设计元素中的动画加到相应的零部件上，通过智能动画编辑器设置其动画属性，可以很容易地完成动画效果。

7.2.1　智能动画设计元素的应用

所谓动画，就是将一系列描述设计对象的空间方位与环境背景变化的图像，按预定的时间播放，产生动态效果。CAXA 实体设计的动画设计包括标准智能动画和自定义动画。

7.2.1.1　从设计元素库添加动画

CAXA 实体设计自带了一个动画设计元素库，如图 7-1 所示。可以使用这些预定义动画快速为零件添加动画，还可以通过编辑属性进行优化，或定义动画的起点位置。动画设计元素库中包括基本的旋转和直线动画，以及一些复杂动画，如弹跳。正如在 CAXA 实体设计中添加其他智能图素一样，这些预定义的智能动画可以直接拖放到设计环境中的任意对象上。

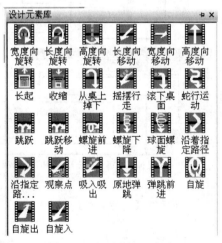

图 7-1　动画设计元素库

7.2.1.2　简单动画设计

智能动画可以应用于任意实体零件上，还可以添加到设计环境中的视向和两种光源上。本节将以多棱体添加简单动画为例演示添加动画技术。

【例 7-1】　为多棱体添加简单动画

操作步骤

01 创建一个新的设计环境。

02 从图素元素库中选择一个多棱体，将其拖入设计环境。

03 在动画元素库中单击【宽度向旋转】按钮，拖放到多棱体上，如图 7-2 所示。

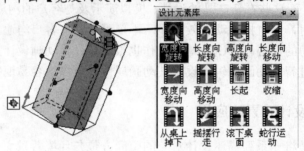

图 7-2　将动画元素拖放到图素上

04 右击设计窗口以外区域，从弹出的快捷菜单中选择【智能动画】命令，弹出【智能动画】工具条，如图 7-3 所示。

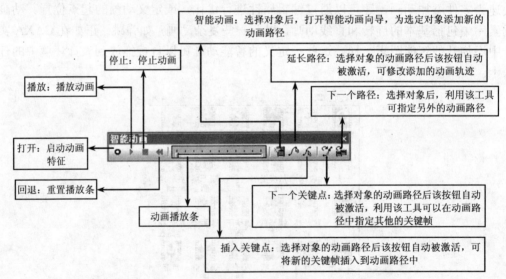

图 7-3　【智能动画】工具条

05 单击【打开】按钮。

06 单击【播放】按钮，多棱体沿宽度方向进行轴旋转。通过移动多棱体的定位锚即可调整旋转轴的位置。

07 单击【停止】按钮，动画停止播放，或者等待播放

> ○ **提示**
>
> 利用三维球工具可按需要旋转或移动定位锚的位置。也可以利用【定位锚】对话框对定位锚进行重新定位。

自动结束。

08　单击【回退】按钮，返回初始状态。

创建自定义动画轨迹最简单的方法是使用智能动画向导。虽然向导中可用动画的范围有限，但对于常用动画来说已基本够用。

【例 7-2】　利用向导创建动画

在设计环境中为某个零件创建动画轨迹时，向导将被激活，用户可在其指导下创建动画。

操作步骤

01　从图素元素库中将一个"球体"拖入到设计环境中。

02　为便于观察动画效果，利用智能渲染为球体添加图像材质。

03　单击球体，使其处于零件编辑状态。单击【智能动画】工具条中的【智能动画】按钮🔲，出现【智能动画向导—第 1 页/共 2 页】对话框，如图 7-4 所示。

04　选择相应的动作、方向及动画轨迹单位，单击【下一步】按钮，在弹出的【智能动画向导—第 2 页/共 2 页】对话框中指定动画持续时间，如图 7-4 所示。

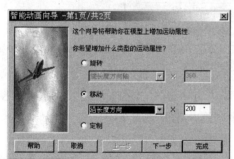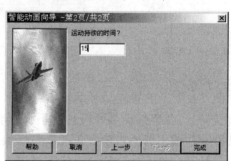

图 7-4　智能动画向导

05　单击【完成】按钮，关闭向导。此时向导将消失，动画轨迹在设计环境中显示，并且动画可以播放。要修改动作轨迹的任何一个端点，只要单击该点，即可先输出动画栅格并将该点拖动至栅格上新的位置，如图 7-5 所示。

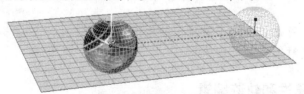

图 7-5　在动画栅格上显示球体动作终点

06　单击【智能动画】工具条上的【打开】按钮💿，然后单击【播放】按钮▶，即可播放动画。

7.2.1.3 智能动画编辑器

智能动画编辑器（如图 7-6 所示）允许调整动画的时间长度，使多个智能动画的效果同步；也可以使用智能动画编辑器来访问动画轨迹和关键属性对话框，以便进行高级动画编辑。

要显示智能动画编辑器，可选择【显示】/【智能动画编辑器】命令。

智能动画编辑器中显示了设计环境中每个动画模型的时间路径，如图 7-6 所示。轨迹中的矩形表示模型的动画片段，并且标有该模型名称。动画沿着动画片段的长度从左到右进行。可以通过调整轨迹片段的位置来调整动画的开始和结束位置；可以通过拖动动画片段的边缘（伸长或缩短）来调整动画的持续时间。

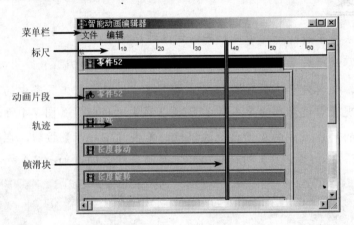

图 7-6　智能动画编辑器

如图 7-6 所示的智能动画编辑器中显示了零件动画的 3 个运动轨迹（跳跃、长度移动和长度旋转）。各零件动画片段长度不同，动画序列从第 0 帧开始。

智能动作编辑器的重要操作元素包括如下几种。

❑ 标尺：显示动画持续时间（以帧为单位）。通常动画以每秒 15 帧的速度播放。使用标尺测量每个动画片段的持续时间，并测量连续动作之间的延迟时间。

❑ 帧滑块：此兰色垂直条表示动画的当前帧。它对应于【智能动画】工具条上的时间栏滑块。播放动画时，帧滑块随着每个连续帧的显示从左到右移动。和时间栏滑块一样，可以将帧滑块拖到动画序列中的任意一点，然后预览从该点到结束的动画序列。

❑ 动画片段：包括轨迹，主要记录动画的路径、时间、变化模式等重要动画属性，是对动画进行编辑更改的依据。

7.2.2　智能动画属性和轨迹编辑

每个动画轨迹与其关键帧都有相关联的属性。利用拖放式或智能动画向导生成的智能动画仅仅是初步的设计结果，为了精确表示实体对象在空间和时间上的运动规律，必须了解有关动画属性和动画轨迹编辑的内容。

7.2.2.1　关键帧属性

关键帧属性定义可以应用于动画路径中的每个关键帧。右击想要编辑的关键帧，在弹出的快捷菜单中选择【关键帧属性】命令，在弹出的【关键帧属性】对话框中即可设置其各种属性。

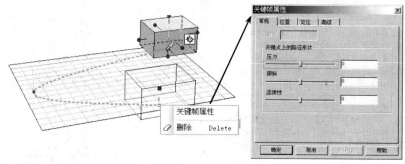

图 7-7　设置关键帧属性

1. 常规

在【常规】选项卡中可以定义关键帧的临时和空间特征，如图 7-8 所示。

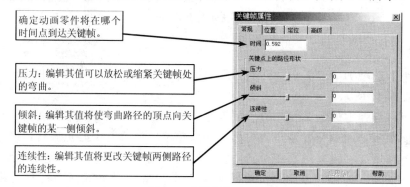

图 7-8　【常规】选项卡

2. 位置

在【位置】选项卡中可以指定零件在关键帧处旋转的位置和轴，如图 7-9 所示。

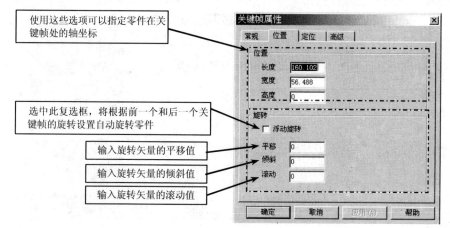

图 7-9　【位置】选项卡

3．定位

在【定位】选项卡中可以定义零件在关键帧的方位，如图 7-10 所示。由于使用"动画路径"属性为整个路径分配了方位类型，因此特定关键帧的方位、方向是在【关键帧属性】对话框中指定的。

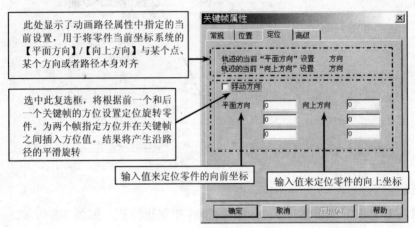

图 7-10 【定位】选项卡

4．高级

在【高级】选项卡中可编辑零件的缩放及旋转属性，还可以为缩放和旋转选择参照点或支点，如图 7-11 所示。

例如，可将导弹零件的锚状图标点放置在一个翼上。如果想要零件在将其放至设计环境中时侧面向上着地，此位置是适当的；但如果想要零件绕其中心点旋转，则它对于旋转是不适当的。使用此字段来指定相对于锚状图标点的支点。支点选项包括如下几种。

❑ 浮动旋转：选中此复选框，将根据前一个和后一个关键帧的设置来设置支点的位置。

❑ 长度、宽度和高度：在这 3 个文本框中手工输入所需支点坐标。实际上，支点位置是由这 3 个相对于当前锚状图标位置的值确定的。

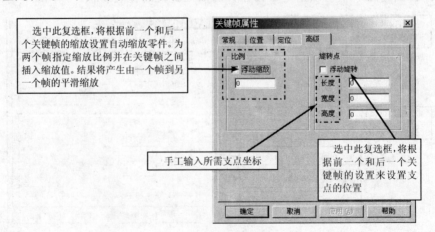

图 7-11 【高级】选项卡

7.2.2.2 修改智能动画的属性

智能动画编辑器只提供了一种访问智能动画属性及其关键帧的方法，而智能动画更强大的功能则更多体现在其属性对话框中。

【例 7-3】 编辑片段属性

下面将通过动画的片段【属性】对话框将多棱体旋转 540°，旋转时逐渐降低角速度。

操作步骤

01 从图素元素库中拖曳"多棱体"图素至设计环境中，从动画元素库中拖入"高度向旋转"至"多棱体"图素。

02 单击【智能动画编辑器】按钮 ，在弹出的【智能动画编辑器】对话框中右击动画片段，在弹出的快捷菜单中选择【展开】命令。

03 右击"高度向旋转"动画片段，并从弹出的快捷菜单中选择【属性】命令，弹出该动画的【片段属性】对话框，如图 7-12 所示。

> **提示**
>
> 　　【常规】选项卡中轨迹【名字】显示的是智能动画的默认名称。如果想准确地命名，可在其文本框中输入自定义的轨迹名称。

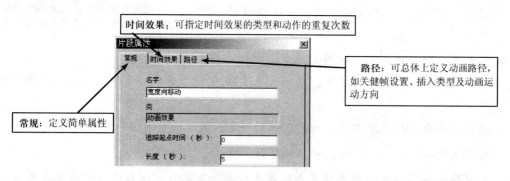

时间效果：可指定时间效果的类型和动作的重复次数

路径：可总体上定义动画路径，如关键帧设置、插入类型及动画运动方向

常规：定义简单属性

图 7-12 【片段属性】对话框

04 选择【片段属性】对话框中的【时间效果】选项卡，从【类】下拉列表框中选择【减速】选项。

05 选择【路径】选项卡，用微调按钮将 Current Key 值调整为"2"。

06 单击【关键点设置】按钮，弹出【关键点】对话框。从【关键点参数】下拉列表框中选择【平移】选项，将显示输入框中的数值改为 540，过程如图 7-13 所示。

07 单击 确定 按钮，返回【片段属性】对话框。单击 确定 按钮，关闭【片段属性】对话框，返回设计环境。播放动画，多棱体减速旋转 540°。

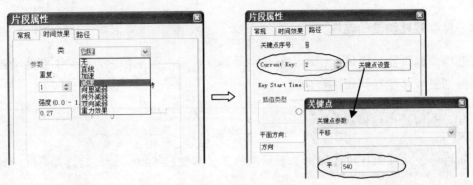

图 7-13　调整动画效果

【例 7-4】　添加第二个动画对象并编辑

除了可在单个对象上应用多个动画外，还可以通过智能动画编辑器采用相同的方法来设置多个对象的动画。

操作步骤

01 从图素元素库中将 "球体" 图素拖放到设计环境中；从动画元素库中将 "高度向旋转" 和 "宽度向移动" 动画拖放到 "球体" 上。

02 播放该动画，此时球体将旋转一周且移动一定距离。

> **提示**
>
> 将智能动画拖放到 "长方体" 上时，寻找该零件的蓝绿色或绿色高亮显示部分，并且确保在释放动画之前光标在 "长方体" 的实体部分之上。

03 添加第二个动画对象。从图素元素库中将 "长方体" 图素拖放到设计环境中。从动画元素库中将 "高度向旋转" 动画拖放到 "长方体" 上。

04 播放该动画，此时球体旋转一周且移动一定距离，而长方体则原地旋转。

05 接下来编辑动画，打开智能动画编辑器。

06 如果任意一个动画片段已展开，则双击该片段关闭它。现在设计环境中有两个动画片段，并标有相应零件的名称。片段的长度表示动画持续的时间，片段的左边和右边的端点分别表示其开始帧和结束帧。

07 将帧滑块向右移动，以免它干扰动画片段的编辑。

08 单击球体的动画片段将其选中，然后将光标移至动画片段的右侧边缘上面，直到它变为指向两个方向的水平箭头。单击边缘并将其向右拖，直到它和第 70 帧对齐。

09 单击长方体的动画片段将其选中。

10 将光标移至动画片段上方，直到其变成十字箭头形状，然后拖动动画片段向右移动，直至长方体动画片段左侧帧与球体动画片段右侧对齐时释放鼠标。调整长方体动画片段右侧帧，使其和第 100 帧对齐，如图 7-14 所示。

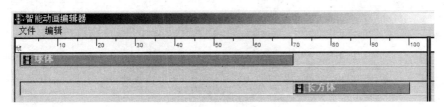

图 7-14　添加第二个动画并调整

11　最小化智能动画编辑器。

12　播放该动画。

7.2.2.3　修改动画轨迹

一旦生成智能动画，这些动画一定会有运动轨迹，这些轨迹可以应用于设计元素库中的图素、自定义图素、零件和装配，或者是多个对象的组合。一组或一个序列"关键帧"可以定义一个对象的动画轨迹（动画轨迹需要两个或更多经过定义的关键帧）。CAXA 实体设计会在固定的时间间隔计算定义的关键帧之间的位置，这些中间位置称为"中间帧"。

【例 7-5】　创建动画轨迹

修改动画运动轨迹的方法有几种，包括重新定位现有关键点、添加/删除关键点、更改片段样式，以及修改关键点位置的零件行为等。

操作步骤

01　创建新的设计环境，从图素元素库中将一个"球体"拖放到设计环境中。

02　单击球体，使其处于零件编辑状态。选择【工具】/【智能动画】/【添加新路径】命令，在弹出的【智能动画向导】对话框中选择【定制】。此时在 CAXA 实体设计中将显示一个动画栅格，球体位于该栅格中心。因为目前只定义了一个关键帧，所以不能使用智能动画工具来播放该动画。球体不能移动，因为移动需要至少两个关键帧。

> **○ 提示**
>
> 如果选择动画栅格外面的点，则 CAXA 实体设计将自动扩展栅格。此时在选中的点上出现一个蓝色轮廓的球体形状，在其定位点处有一个红色小手柄，从该点可以通过红色的四方形手柄扩展黄色区域。

03　单击【延长路径】按钮。

04　在栅格左侧区域内单击，以创建第二个关键点。

05　单击栅格前方边缘附近的某个点，创建第三个点，结果如图 7-15 所示。

06　取消延长路径工具的选中状态。

07　单击【播放】按钮，将播放由自定义的 3 个关键点产生的动画轨迹运动。

> **○ 提示**
>
> 在制作动画过程中，如需要关闭智能动画向导的显示，可选择【工具】/【选项】命令，在弹出对话框的【常规】选项卡中取消选中【显示智能动画向导】选项。

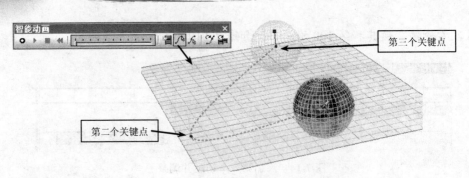

图 7-15　使用延长路径工具创建关键点

【例 7-6】　重新定位现有关键点

有时在预览动画片段后，可能会想重新定位动画栅格上的一个或多个现有关键帧（点），以便获得满意的效果。使用 CAXA 实体设计，可十分方便地实现这一功能。

操作步骤

01　单击"球体"图素以显示动画轨迹。

02　单击轨迹。

03　单击想要重新定位的关键点，将其拖放至新位置后释放鼠标，如图 7-16 所示。

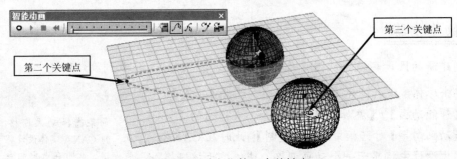

图 7-16　重定位第三个关键点

04　播放动画，观察修改后的轨迹。

【例 7-7】　添加和删除关键点

通过添加或删除关键点也可调整动画轨迹。在此沿用上面的例子，在第二个关键点和第三个关键点之间添加一个新的关键点，来更改现有的 3 个关键点动画轨迹。

操作步骤

01　单击"球体"以显示其动画轨迹。

02　单击轨迹以显示动画栅格。

03 单击【智能动画】工具条中的【插入关键点】按钮 。

04 在轨迹上选择要插入关键点的位置，将光标移至轨迹上，待其变成小手形状时单击即可插入关键点。

05 取消插入关键点工具的选中状态。

06 修改新关键点的动画轨迹，重新定位其在动画栅格上的位置，结果如图 7-17 所示。

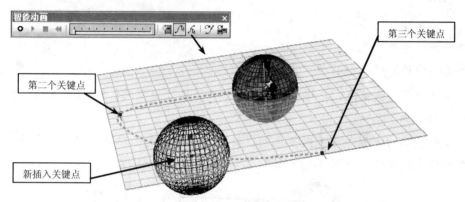

图 7-17 添加关键点并重定位

07 播放动画，并观察修改后的轨迹。

要删除关键点，只需单击轨迹以显示动画栅格，然后在要删除的关键点的红色手柄上右击，在弹出的快捷菜单中选择【删除】命令即可。

【例 7-8】 修改动画轨迹的片段类型

CAXA 实体设计默认引入了插入样条，这些样条会将直线轨迹片段转换为弯曲轨迹片段。样条通常比创建的直线片段更光滑、更真实和更合意，但是某些场合却需要对象按照直线轨迹运动，此时便需对动画轨迹进行修改。

操作步骤

01 单击"球体"以显示其动画轨迹。

02 右击轨迹，并从弹出的快捷菜单中选择【动画路径属性】命令。

03 在弹出的【动画路径属性】对话框中选择【常规】选项卡，在【插值类型】选项组中选中【直线】单选按钮，然后单击【确定】按钮，如图 7-18 所示。

图 7-18 切换动画轨迹的插值类型

04 播放动画，并观察修改后的轨迹，可看到球体运动效果明显不同。

【例 7-9】 在栅格平面上重定位关键帧

如果要引入分离于初始动画轨迹平面的动画，便需要在栅格平面上重定位关键帧。例如，想让某个对象动画产生"过山车"的效果，就需要对象从栅格平面下向上运动，再从上向下运动。

操作步骤

01 单击"球体"以显示其动画轨迹。

02 单击要修改的关键点，球体出现蓝色轮廓（颜色可自定义），球体中央有一个红色的四方形手柄。

03 单击红色的四方形手柄并向上拖动，将关键点重新定位在动画栅格平面的上方，在想要的高度释放，如图 7-19 所示。

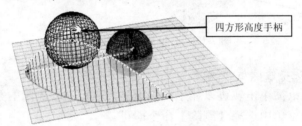

四方形高度手柄

图 7-19 在动画栅格平面上重定位关键点

04 播放动画，并观察修改后的轨迹，查看从动画栅格平面分离后的效果。

【例 7-10】 在某个特定关键点旋转零件

如果要在动画轨迹的任意关键点位置旋转对象，CAXA 实体设计将把旋转包括在其关键点插入位置的计算中。例如，要在球体动画轨迹的第三个关键点位置绕一个或多个轴旋转球体，可按如下步骤操作。

操作步骤

01 单击"球体"以显示其动画轨迹。

02 单击第三个关键点。

03 选择三维球工具，三维球在第三个关键点的球体轮廓上显示出来。

04 使用三维球旋转球体轮廓，如图 7-20 所示。

05 播放动画，应用于轮廓位置的修改将在到达第三个关键点时作用于球体。

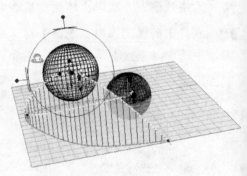

图 7-20 在第三个关键点上设置旋转动作

实例文件	实例\07\光源动画.ics
操作录像	视频\07\光源动画.avi

7.2.3 光源动画

如同在设计环境中制作一个或多个对象的动画，也可制作一个或多个光源的动画。由于 CAXA 实体设计预定义模板中提供了不同数量的默认方向光源，因此还可添加和制作聚光源和点光源的动画。

操作步骤

01 从图素元素库中向设计环境中添加一个"棱锥体"、一个"球体"和一个"多棱体"，在设计环境中从左至右依次直线排列。

02 选择【显示】/【显示光源】命令，设计环境的 4 个默认方向光源变为可见。选择【生成】/【插入光源】命令，并在设计环境中的"球体"下面一点单击。

03 在【插入光源】对话框中选择"聚光源"，单击【确定】按钮。

04 从【智能动画】工具条选择智能动画工具，弹出【智能动画向导】对话框，单击【完成】按钮。

05 选择延长路径工具。

06 单击设计环境中"圆锥"左下方的点，如图 7-21 所示。

07 取消延长路径工具的选中状态。

08 播放该动画，可见光源沿对象前面的动画轨迹运动，经过对象时将其反射方式从左至右置于对象之上。由于光源的初始位置所限，"圆柱体"从光源只接受一点反射光或者不接受反射光。

09 修改"聚光源"的动画路径。

10 选择"聚光源"后将其拖放到"多棱体"右侧，然后释放，即可重新定位光源动画轨迹的初始位置，此时光源将反射光射到多棱体上。

11 单击"聚光源"动画轨迹以显示动画栅格。

12 单击动画轨迹最后一个关键帧并将其拖到"棱锥体"左侧释放，即可重新定位"聚光源"动画轨迹，允许其在设计环境中路经所有 3 个图素。

13 修改后的聚光源动画轨迹如图 7-22 所示。

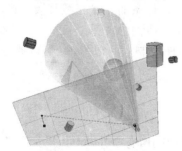

图 7-21 添加聚光源动画

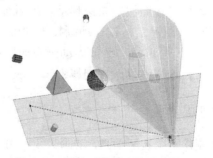

图 7-22 修改后的聚光源动画轨迹

7.2.4　视向动画

假如使用一台摄影机实时拍摄一个对象，在录像中往往会产生飞过、走过、渐远和渐进的效果，这就叫做视向动画。CAXA 实体设计将视向只看作设计环境中的另一个对象，可以访问并赋予动画属性。

制作视向动画时，需要做一些前期准备。默认情况下，视向不在设计环境中显示（CAXA 设计环境中始终有一个不可见的视向，用于为设计环境提供视图）。向设计环境添加第二个视向时，需要提供可以同时查看新视向及其视点的方法。

除通过视向的"眼睛"查看设计环境外，还必须有设计和控制视向移动的方法。

操作步骤

01 从图素元素库中向设计环境中添加一个"棱锥体"、一个"球体"和一个"多棱体"。

02 选择【生成】/【插入视向】命令，然后在设计环境中单击作为视向的初始放置位置。

03 如果出现视向向导，单击【完成】按钮。

04 选择视向，然后单击【智能动画】按钮。如果出现【智能动画向导】，单击【完成】按钮关闭它。

05 选择延长路径工具，在动画栅格上单击想要的端点作为视向的动画轨迹。

06 取消延长路径工具的选中状态。

07 如果需要，可重新定位开始和结束关键帧，动画轨迹移动将经过 3 个对象。

08 在设计环境中右击，在弹出的快捷菜单中选择【垂直分割】命令，便可在 CAXA 实体设计窗口中显示两个设计环境视图，中间由一个垂直栏分隔。可使用左侧的视图来查看视向及其动画，使用右侧的视图通过视向的"眼睛"查看设计环境。

> ○ 提示
>
> 动画将在两个设计环境视图中播放，左侧显示视向移动时经过 3 个对象；右侧视图显示视向经过它们时，3 个对象是通过视向的"眼睛"看到的。

09 右击左侧视图中的视向，在弹出的快捷菜单中选择【视向】命令。

10 播放该动画。

当然，可以通过三维球来调整视向在每个关键帧的方向，或者添加关键帧来修改视向轨迹。可以指导视向按照轨迹移动，或者如果轨迹包括样条而不是直线片段，则转向动画轨迹。所有 CAXA 实体设计动画技术均可应用于设计环境中的视向。

某些情况下，可能需要放大动画视向以便更精确地控制它的视图。这可以通过使用【缩放视向】工具或通过修改视向属性来实现。

7.2.5　分层动画

如要制作一个装配动画，动画必须应用于该装配中的所有零件，但如果又定义了一个零件的动画，就产生了装配体及其组成零件之间的分层或父子动画关系，设计环境浏览器可以

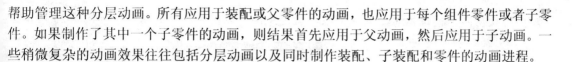

帮助管理这种分层动画。所有应用于装配或父零件的动画，也应用于每个组件零件或者子零件。如果制作了其中一个子零件的动画，则结果首先应用于父动画，然后应用于子动画。一些稍微复杂的动画效果往往包括分层动画以及同时制作装配、子装配和零件的动画进程。

操作步骤

01 从图素元素库中向设计环境中添加一个"棱锥体"、一个"球体"和一个"多棱体"，此时设计环境中包含 3 个独立零件。

02 在零件编辑状态下选择"棱锥体"。

03 按下 Shift 键后选择"球体"，再选择"多棱体"，此时 3 个零件在零件编辑状态下呈高亮轮廓。

04 选择【装配】/【装配】命令，生成一个装配的组件。装配的默认锚状图标是在创建时选择的第一个零件的锚状图标，是在"棱锥体"上。

> **提示**
>
> 在生成的动画中，3 个零件将绕装配的锚状图标点的高度轴旋转。当然，也可以重新定位锚状图标来更改旋转的中心。

05 从动画元素库中将"高度向旋转"拖放到装配的任一零件上。

06 播放该动画，如图 7-23 所示。

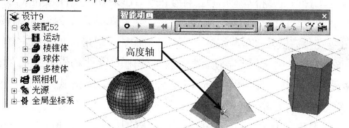

图 7-23　组合件绕棱锥体定位锚高度轴旋转

07 显示"设计树"，单击"+"图标将其展开，以显示各组合零件。

08 在设计环境中选择"棱锥体"，此时装配（父）被选定。

09 再次单击"棱锥体"，此时只有它高亮显示，表明它在零件编辑状态下作为子零件被选中。

10 从动画元素库中将"宽度向旋转"拖放到"棱锥体"上，即可将"宽度向旋转"作为子装配应用于棱锥体，效果如图 7-24 所示。

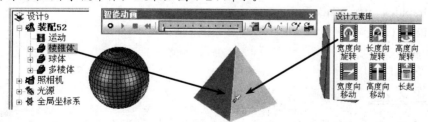

图 7-24　添加装配组合中棱锥体的子动画

11 播放动画，棱锥体看起来在翻滚，这是绕两个轴同时旋转的结果，如图 7-25 所示。

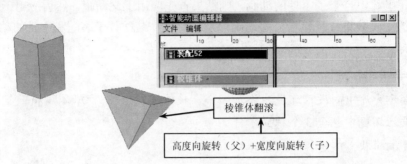

图 7-25 棱锥体的父子动画构成"翻滚"动作

7.2.6 动画的输出

Windows 的视频文件（.avi）和 GIF 格式的动画文件由于具有较高的数据压缩比，通常用于动画测试和在 Internet 上发布（许多 WWW 浏览器都支持 GIF 格式文件，它是 Web 应用程序的最佳选择）。在 CAXA 实体设计中完成动画制作后，可将其以 Windows 压缩视频文件格式输出，也可以位图文件格式输出。

对于广播质量的动画，可将动画通过编号的方式以光栅文件（位图文件）格式输出。许多视频编辑程序可直接输入这类图像文件。数字视频记录器和单帧模拟视频记录器也支持各种格式的图像文件。虽然 TGA 格式可能是动画中应用最广的，但它绝不是唯一的格式。实际工作中，用户需要检查用于输出高质量动画所使用的软件和硬件支持的图像文件格式。

为获得最好质量的效果，最好考虑通用性好的压缩文件格式。因为光栅映像文件通常非常大，因此许多光栅映像文件含有一些压缩特性(轻微压缩不会丢失任何原始图形信息)。这里的压缩是指"不丢失"压缩，或者根本不压缩的压缩，这种压缩文件格式是输出高质量动画的最佳选择。

CAXA 实体设计可以使用以下文件格式输出整个动画设计环境。

❏　Audio/Video Interlaced（.avi）。
❏　TIFF（.tif）。
❏　Targa（.tga）。
❏　PC Paintbrush（.pcx）。
❏　Encapsulated Postscript（.eps）。
❏　Windows bitmap（.bmp）。
❏　Graphics Interchange Format（.gif）。
❏　JPEG（.jpg）。
❏　PNG（.png）。

操作步骤

01 继续应用 7.2.5 节中的装配动画，确保关闭动画播放开关。

02 选择【文件】/【输出】/【动画】命令，弹出【输出动画】对话框，提示输入输出文件的文件名。

03 在【文件名】文本框中输入"装配"，保持默认的保存类型——.avi，单击【确定】按钮，弹出如图 7-26 所示【动画帧尺寸】对话框。

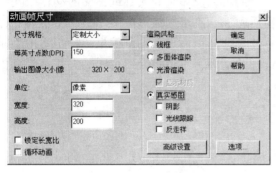

图 7-26 【动画帧尺寸】对话框

> ○ 提示
>
> 　　【动画帧尺寸】对话框主要用于指定如大小、分辨率和渲染风格等参数。虽然 Windows 视频支持多种分辨率，但当前版本优化为帧大小 320×200 像素，这是 CAXA 实体设计的默认设置。

04 根据需要，从【渲染风格】选项组中选中【真实感图】单选按钮。

05 单击【选项】按钮，打开【视频压缩】对话框，可在其中定义图像的质量、压缩类型以及颜色格式等选项，如图 7-27 所示。

06 完成设置后单击【确定】按钮，返回【动画帧尺寸】对话框，在其中单击【确定】按钮，弹出【输出动画】对话框，如图 7-28 所示。

图 7-27 【视频压缩】对话框

图 7-28 【输出动画】对话框

07 单击【开始】按钮，动画被提交并且输出 AVI 文件。

　　输出其他类型动画的过程与输出 AVI 文件的过程几乎相同，弹出【输出动画】对话框后，在【保存类型】下拉列表中选择其他项即可。不过这些文件类型之间也存在一些细微的差别，唯一针对特定文件类型的选项可通过【动画帧尺寸】对话框的【选项】按钮访问。大多数情况下，动画序列的输出十分类似于将单个静止图像输出为这些文件格式中的一个。

　　所有文件类型（除 AVI 和 GIF 以外）都为生成的动画的每个帧产生单独的、不连续的光栅文件。在这些文件类型中，通常将【输出文件】对话框中指定的文件名与每个单独帧的编号相结合，在每个光栅文件被写入时创建文件名。

7.3 实例分析——台钳装夹和装配过程动画模拟

在进行现代工业设计时，可利用 CAXA 实体设计来为所设计的产品添加上动画来满足其展示需要。在利用多媒体或互联网宣传产品时此方法非常有效。目前有许多专业动画制作软件，有的可以产生平面影视效果，有的可以制作空间实体或曲面的动作或变形，较为高级的三维动画可以产生灯光变幻、物质湮灭、流水气体等效果。CAXA 实体设计的动画功能主要是针对实体或曲面的空间位置变化和环境而设计动画效果，特别适用于制作反映机械机构的工作原理或零部件的装配过程的动画。本节将介绍台钳装夹和装配过程的动画制作。

设计目标

图 7-29　台钳

技术要点

- ❏ 台钳夹持零件动画设计。
- ❏ 台钳装配动画设计。
- ❏ 台钳装配体爆炸拆解设计。

操作步骤

| 实例文件 | 实例\07\台钳装夹动画.ics |
| 操作录像 | 视频\07\台钳装夹动画.avi |

1. 台钳夹持零件的动画设计

01 创建一个新的设计环境。

02 插入台钳装配体。

03 在图素元素库中选择"长方体"，拖入设计环境中。

04 用包围盒调整长方体尺寸，使其适合夹持。

05 利用三维球工具，将长方体按夹持状态摆放到钳口处，如图 7-30 所示。

06 单击螺杆，使其处于编辑状态。

07 单击【智能动画】工具条中的【智能动画】按钮，从弹出的【智能动画向导】对话框中单

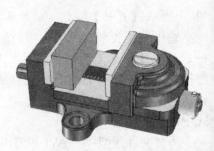

图 7-30　台钳与长方体零件

击【旋转】，并从下拉列表框中选择【沿高度方向】，在文本框中输入旋转角度 "360"，然后单击【下一步】按钮；在【运动持续时间】文本框中输入 "2"，单击【完成】按钮。

08　单击与活动钳体相连的其他零件，按上述方法依次设置动画，其移动方向、距离及运动持续时间与活动钳体相同。

09　单击活动钳体，使其处于编辑状态。

10　单击【智能动画】工具条上的【打开】按钮，然后单击【播放】按钮，观察台钳夹持长方体的动画，如图 7-31 所示。

图 7-31　台钳夹持长方体零件

实例文件	实例\07\台钳装配动画.ics
操作录像	视频\07\台钳装配动画.avi

2. 台钳装配动画设计

01　创建一个新的设计环境。

02　插入台钳装配体。

03　利用三维球工具将各零件分解，如图 7-32 所示，并记录移动距离。

图 7-32　用三维球工具分解台钳装配体

04　单击螺杆，使其处于编辑状态。

05　单击【智能动画】工具条上的【智能动画】按钮，从弹出的【智能动画向导】对话框中单击【移动】，并在文本框中输入已知距离（负值），在【运动持续时间】文本框中输入 "2"，单击【完成】按钮。

06　单击其他零件，按上述方法依次设置动画，其移动方向与分解方向相同，但位移量为负值。

07　打开智能动画编辑器，按装配顺序衔接各动画片段，调整片段长度。

08　拖动编辑器上的帧滑块，依次观察各个零件的装配位置。然后关闭智能动画编辑器，返回设计环境。

09　单击【智能动画】工具条上的【打开】按钮，再单击【播放】按钮，观察台钳装配动画效果。

3. 台钳装配体爆炸分解动画

实例文件　实例\07\台钳分解动画.ics
操作录像　视频\07\台钳分解动画.avi

01 打开台钳装配体文件。

02 插入台钳装配体。

03 在工具元素库中选择"装配"，将其拖到台钳装配体上。

04 在弹出的【装配】对话框中的【爆炸类型】选项组选中【爆炸（无动画）】单选按钮，在【动画】选项组中选中【装配→爆炸图】单选按钮，如图 7-33 所示。

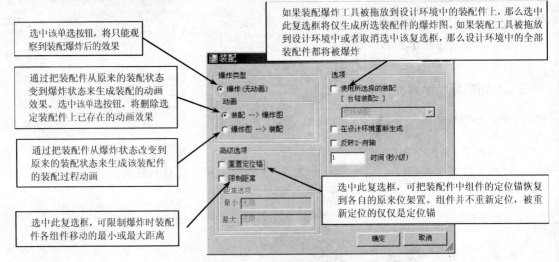

图 7-33 【装配】对话框

05 单击【确定】按钮，系统自动为各个零件设置爆炸动画路径。

06 单击【智能动画】工具条上的【打开】按钮，然后将滑块拖到右端点，观察装配体爆炸分解。

07 由于装配体分解后，一些零件可能相互重叠，或间距过小，需要进一步调整爆炸动画路径。单击需要调整的零件显示其动画路径，单击此路径，在编辑状态下调整关键点的位置，或添加关键点，如图 7-34 所示。

08 单击【智能动画】工具条上的【打开】按钮，然后单击【播放】按钮，台钳装配体爆炸分解，如图 7-35 所示。

图 7-34　调整关键点位置

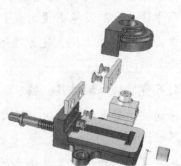

图 7-35　台钳装配体爆炸动画

7.4 减速器设计之六：拆解动画

实例文件　实例\07\减速器分解动画.ics
操作录像　视频\07\减速器分解动画.avi

利用 CAXA 实体设计提供的智能动画功能，可以生成准确反映产品结构及工作情况的动画，以供产品审查和市场宣传、交流设计思想等。

设计目标

完成如图 7-36 所示减速器拆解动画。

图 7-36　减速器拆解视图

技术要点

- ❑ 使用智能动画向导，逐步定义生成动画片段。
- ❑ 使用智能动画元素，通过访问其属性对话框调整动画片段。
- ❑ 智能动画编辑器的使用方法。
- ❑ 智能动画序列输出为视频文件的方法。

设计过程

（1）生成进气塞、视孔盖及螺钉移出减速器装配体的动画片段

使用动画设计元素，生成进气塞、视孔盖及螺钉同步移出的动画效果。调整时间间隔，使螺钉的旋出动作在进气塞及视孔盖等之前。

（2）生成紧固螺柱及箱盖移出的动画效果

先将动画元素作用于紧固螺柱，然后再作用于箱盖，通过智能动画编辑器调整零件的动作时间。

（3）生成输出轴和输入轴的拆解动画片段

将动画设计元素作用于输出轴子装配和输入轴子装配，然后分别生成各自的拆解动画。

（4）油塞和游标尺的移出动画

在输出轴和输入轴拆解的同时，生成油塞和游标尺移出箱体的动画片段。

（5）生成视频文件

使用动画输出功能，生成压缩视频文件。

操作步骤

01 启动 CAXA 实体设计，进入三维设计环境，打开减速器装配体。如未出现【智能动画】工具条，选择【工具】/【智能动画】命令，即可启动【智能动画】工具条。

02 生成视孔盖等移出动画。在设计环境或特征树中单击选择视孔盖螺钉零件，使其处于零件编辑状态。单击【智能动画】工具条上的【智能动画】按钮▣。

03 在【智能动画向导】对话框中选择【移动】，在下拉列表框中选择【沿长度方向】，在【距离】文本框中输入 "200"，单击【下一步】按钮，在弹出对话框中的【运动持续的时间】文本框输入 "2"，单击【完成】按钮。观察螺钉的移动动画片段，如果发现其移动方向有误，可使用三维球进行调整。如果发现移动距离不适合，单击动画路径，出现动画栅格，利用鼠标移动关键点即可。

04 仿照步骤 2～3，生成透气塞、视孔盖、垫片的移动效果。

05 播放动画序列，可发现各零件的动画是同步的，而在实际拆解中，螺钉应先旋出，然后依次是视孔盖、透气塞等。

06 恢复智能动画编辑器的显示，将光标移至动画片段，待其变为四向箭头形状时按住鼠标并左键，拖动即可调整动画片段的位置。如想调整动画片段长度，可将光标移至动画片段右侧边缘，待向变为双向箭头时按住鼠标左键并拖动，即可调整动画片段长度。

07 若要精确调整动画片段的长度和开始时间，可在动画片段上单击鼠标右键，在弹出的快捷菜单中选择【属性】命令，在弹出的【片段属性】对话框中调整相应参数。

08 播放动画片段，查看动画效果，结果如图 7-37 所示。

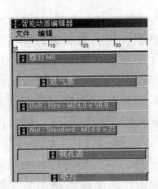

图 7-37 视孔盖部分拆解视图

09 按照以上步骤，制作箱盖和箱体螺柱联接的移出动画。为生成螺柱、垫圈和螺母的同步移出效果，方便生成动画，先将零件组成子装配。在特征树中拾取螺柱、垫圈和螺母，单击【装配】按钮，生成子装配，并将其命名为 "紧固件"。

10 在特征树中单击选中"紧固件"子装配，观察其定位锚。其中，较长的绿线指示零件的高度方向，较短的绿线指示零件的长度方向，宽度方向依右手螺旋法则确定。CAXA 实体设计中动画中各动作均以定位锚为参照确定位置及方向。

11 从设计元素库中拖曳"高度向移动"到该子装配上，返回动画编辑器窗口，将紧固件动画片段进行调整，移至视孔盖之后，结果如图 7-38 所示。

图 7-38　紧固件移出视图

12 同上述步骤，将箱盖移至右上侧，结果如图 7-39 所示。

图 7-39　移出箱盖

13 为了便于观察和生成输入轴和输出轴的移出动画，将箱盖以上部分及紧固件压缩，如图 7-40 所示。

14 在设计树中单击输入轴装配体，在【智能动画】工具条上单击【智能动画】按钮，在弹出的【智能动画向导—第 1 页/共 2 页】对话框中选择【移动】，在下拉列表框中选择【沿宽度方向】，单击【完成】按钮。单击输入轴装配体，显示动画路径栅格，可利用三维球工具调整动画路径及方向。

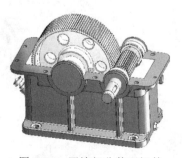

图 7-40　压缩部分装配组件

15 同上述步骤，生成输入轴装配体移出动画，结果如图 7-41 所示。

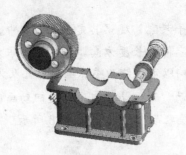

图 7-41　生成输入轴及输出轴移出动画

16 生成输出轴各零件轴向移动动画。在设计树中展开输出轴装配体，单击输入端盖 1，依照 7.3 节中介绍的方法，生成其输出轴轴向移出动画，如图 7-42 所示。

17 同理生成输出轴上其他零件移出动画，如图 7-43 所示。

图 7-42　输出轴端盖 1 移出动画

图 7-43　输出轴各零件移出动画

18 同理生成输入轴各零件移出动画，如图 7-44 所示。

图 7-44　输入轴各零件移出动画

19 生成游标尺及油塞移出动画，最终结果如图 7-45 所示。

图 7-45　箱体部分装配体动画视图

20 播放整个动画序列，查看动画效果，并根据减速器装配体拆解顺序调整各动画片段的持续时间、动画顺序、动画协调等内容。可将各拆解动画片段的开始时间部分重叠，以在较短时间内获得连续的动作。如图 7-46 所示为部分动画片段。

21 结果如图 7-47 所示。检查无误后，存盘。

22 为使动画序列连贯、流畅，调整播放帧数。显示智能动画编辑器，在其中空白处单击鼠标右键，在弹出的快捷菜单中选择【属性】命令，在弹出的【片段属性】对话框中将帧速率改为 25 帧/秒。如图 7-48 所示。

图 7-46　智能动画编辑器中部分动画片段

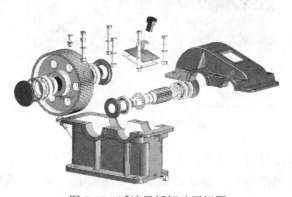

图 7-47　减速器拆解动画视图

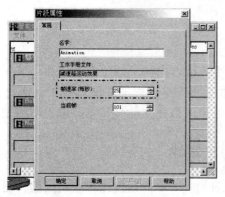

图 7-48　调整帧速率

○ 提示

　　默认情况下，帧速率为 15 帧/秒，生成预览动画时建议使用，可加快生成速度。

23 生成动画序列。选择【文件】/【输出】/【动画】命令，选择文件夹并命名动画文件，单击【确定】按钮，在弹出的【动画帧尺寸】对话框中设置相应参数。为生成高质量动画序列，建议每英寸点数设置为 300，根据个人需求设置视频大小，建议长宽比为 4:3。单击【选项】按钮，在弹出的【视频压缩】对话框中，按画质要求选择相应压缩程序、压缩质量和相关参数，如图 7-49 所示。

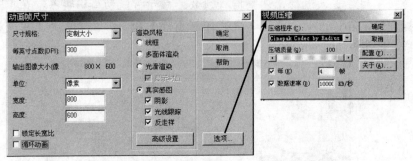

图 7-49 输出动画文件

24 单击【开始】按钮，计算机开始进行动画文件生成操作。生成动画文件后，使用播放器播放此动画文件。可在生成动画过程中单击【取消】按钮，播放动画片段，观察动画效果，以节约时间，如图 7-50 所示。

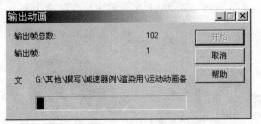

图 7-50 开始生成动画

25 如对生成的动画序列的质量不满意，建议多尝试几种设置，包括画质、输出图像大小、渲染、零件模型等。注意每种设置的文件大小、回放速度以及图像质量，直到找到最佳组合。确认完成后，保存设计结果。

7.5 应用拓展

CAXA 实体设计的动画功能主要是针对实体或曲面的空间位置变化和环境而设计动画效果，特别适用于制作反映机械机构的工作原理或零部件的装配过程的动画。下面讲述 CAXA 实体设计产生动画的规律、如何利用约束关系建立动画和动画编辑器的使用。

7.5.1 CAXA 实体设计中产生动画运动的规律

在利用 CAXA 实体设计进行动画运动的计算时，将首先按照智能动画编辑器中的动画序列使零件或装配体产生动画运动，并即时依照约束建立的顺序，根据约束条件的要求，

判断被约束对象（零件或装配体）的位置，使被约束对象产生运动。对于在运动过程中能够保持的约束关系，系统将在满足约束关系的情况下产生动画运动；对于在运动过程中不能满足的约束关系，在动画运动中将被忽略。

7.5.2　利用约束关系建立动画过程中需注意的几个问题

根据 CAXA 实体设计中产生动画运动的规律，在利用约束关系建立动画的过程中，需注意以下几点。

- ❑ 注意装配约束和尺寸约束的建立顺序，按照先主动后从动的顺序建立约束关系。
- ❑ 将从动件约束到主动件，以限制从动件的运动。
- ❑ 在建立约束关系的过程中不要删除约束，否则约束关系的建立顺序将被忽略。可采用【解锁】命令恢复操作的方法，取消错误的约束关系，此时约束的加密顺序不会混乱。在每个约束建立之后，使用三维球移动源动件，如被约束对象位置符合要求，则说明对动画的运动约束是有效的；反之，约束无效。
- ❑ 在可能的情况下，将作简单运动（平动或转动）的对象作为主动件，可有效地降低动画的建立难度。
- ❑ 尺寸约束必须锁定，否则系统将忽略尺寸约束条件。
- ❑ 将在装配过程中建立的装配约束关系删除，依动画动作序列的要求重新建立约束。

7.5.3　智能动画编辑器使用详解

无论是使用智能动画元素，还是使用智能动画向导生成的动画动作，都有一定的局限性，如需生成符合产品实际动作要求的自定义动画动作，则必须通过智能动画编辑器编辑动画属性来获得较好、符合要求和反映真实运动状态的动画。

智能动画编辑器可以调整动画的时间长度，可以使多个智能动画动作的效果同步；也可以使用智能动画编辑器来访问动画轨迹和关键帧属性对话框，以便进行高级动作编辑。

1．管理智能动画

智能动画编辑器中显示了设计环境中所有动画模型的水平轨迹，如图 7-51 所示。在其窗口内，可完成属性访问、协调动画动作、清除动画片段等动画管理工作。

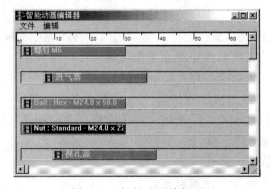

图 7-51　智能动画编辑器

2．修改智能动画属性

右击【智能动画编辑器】窗口中的零件动画片段，在弹出的【片段属性】对话框中提供了编辑智能动画属性的多种方法。

（1）时间效果

【类】下拉列表框主要用于设置动画对象在动画进行过程中的速度特征，其中提供了如下选项。

❑ 无：对动画对象的运动速度不作修改。

❑ 直线：对动画对象的运动速度不作修改。但选择此项可使用重复、反转和重叠选项。

❑ 加速：使动画对象在动画进行过程中的速度逐渐增加。

❑ 减速：使动画对象在动画进行过程中的速度逐渐降低。

❑ 向里减弱：指导动画对象在动画进行时缓慢开始，然后逐渐增加到正常速度。

❑ 向外减弱：指导对象在动画进行时先以正常速度开始，然后减速。

❑ 双向减弱：指导对象在动画进行时先缓慢开始，然后加速到正常速度，最后减速。

❑ 重力效果：这是一种快捷方式，用于将类似重力的加速附加到动画对象的动画上。

其他几个参数含义如下。

❑ 重复：在该数值框中可以输入动画序列过程中动画应重复的次数。

❑ 重叠：选择此选项可以指导动画连续来回重复，产生连续的频繁动画。

❑ 反转：选中此选项可以指导整个动画（包括所有重复）及时倒转。

（2）关键点参数

设置动画对象在关键点位置的坐标和方位，可用选项如下。

❑ 位置：关键点相对于动画对象定位锚的位置。

❑ 原点：动画对象在关键点位置的原点相对于动画对象的定位锚原点的坐标值。

❑ 比例：动画对象在关键点位置相对于动画对象原大小的比例。

❑ 平面方向：动画对象在关键点位置的平面方向相对于动画对象的定位锚坐标的方位。

❑ 向上方向：动画对象在关键点位置的向上方向相对于动画对象的定位锚坐标的方位。

❑ 倾斜：动画对象在关键点位置绕定位锚的长度方向旋过的角度。

❑ 滚动：动画对象在关键点位置绕定位锚的宽度方向旋过的角度。

❑ 平移：动画对象在关键点位置绕定位锚的高度方向旋过的角度。

（3）插值类型

定义 CAXA 实体设计沿动画路径在关键帧之间如何填充中间帧。

❑ 线型：定义所选择的动画路径由直线组成。

❑ 样条：定义所选择的动画路径由曲线组成。

（4）平面方向

定义当对象沿所选择动画路径移动时面向的方向，其可用选项如下。

❑ 方向：沿轴或者任意矢量方向排列对象。

❑ 位置：向一个指定点排列对象。

❑ 沿路径：沿着动画路径排列对象。

（5）向上方向

为对象定义以哪种方式向上，其可用选项如下。

- ❑ 方向：沿轴或者任意矢量方向排列对象。
- ❑ 位置：向一个指定点排列对象。
- ❑ 拐弯到轨迹：定义真实的物理运动，类似于车辆转弯。

7.6 思考与练习

1．思考题

（1）如何删除一个动画或动画片段？

（2）如何转换装配动画和爆炸动画？

（3）如何创建自由轨迹动画？

（4）如何制作减速器装配的剖切动画？

2．操作题

（1）建立如图 7-52 所示浮动球阀爆炸图。

图 7-52 浮动球阀

（2）建立如图 7-53 所示的柱塞泵装配体的拆装动画。

【操作提示】

☆ 使用智能动画向导，逐步定义生成动画片段。

☆ 智能动画编辑器使用方法。

☆ 智能动画序列输出视频方法。

图 7-53 柱塞泵

第 8 章　实体设计有限元分析

 学习目标

掌握 CAXA 实体设计与 ALGOR 软件的交互使用

掌握 ALGOR 软件有限元分析流程

掌握 ALGOR 前后处理

掌握 ALGOR 几种常用分析类型

线性材料静力分析是最基本且应用非常广泛的一类分析，主要适用于线弹性材料静态加载的情况。在此以箱体结构的静力学分析为例，了解 ALGOR 操作方法及有限元分析的大体步骤。

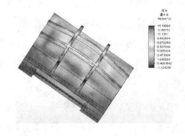

以曲柄活塞机构为例，讲解 ALGOR 在非线性运动仿真中的应用。

模态分析是最基本的动力学分析，也是其他动力学分析的基础。本例以减速器箱体的模态分析为例，讲解如何利用 ALGOR 软件进行模态分析。

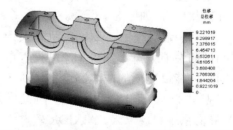

零点工作室

8.1 相关专业知识

ALGOR 作为世界著名的大型通用工程仿真软件，可以为 CAXA 实体设计软件提供直接的、完全关联的 CAD/CAE 数据接口。

8.1.1 ALGOR 概要

伴随着现代技术的迅猛发展，对产品性能的要求在不断提高，产品设计流程、制造工艺更加复杂化。激烈的市场竞争形势对产品研发设计提出了高效率、低成本和更高性能的要求，因此借助于先进的计算机辅助工程技术和手段以提升产品研发、设计和制造能力，保持市场竞争优势势在必行。在这样一种背景下，工程界对以有限元技术为主的 CAE 技术的认识不断提高，CAE 技术的重要性越来越得到重视，各行各业纷纷引进先进的 CAE 技术以提升其产品研发水平。与此同时，CAE 软件百花齐放、百家争鸣，在激烈竞争的同时进一步促进了 CAE 技术的发展。

ALGOR 软件在软件发展潮流中充当了领头羊的角色，其前身是著名的有限元分析软件 SAP5（进入中国最早的有限元软件之一）。20 世纪 90 年代中期，在多数 CAE 软件还在单纯追求功能的情况下，美国 ALGOR 公司就敏锐地意识到了未来用户对软件的需求趋势，大力开发易学易用的 Windows 风格的界面和强大的多物理场耦合分析功能，推出了 ALGOR 系列产品。ALGOR 陆续有以下系列产品问世。

❑ ALGOR95、98（1995—1998 年）。

❑ ALGORR12、R13、R14（1999—2003 年）。

❑ ALGOR V15～V22（2004—2008 年）。

从 ALGOR V17 开始，ALGOR 推出了中文版，进一步方便了中国用户的使用。

目前 ALGOR 已经成为一款具备结构、热、流体、静电以及多物理场耦合分析功能的、强大而易学易用的大型通用有限元分析软件，分析功能齐全、使用操作简便、硬件要求低，备受从事设计、分析的科技工作者的青睐，被誉为"世界上学习周期最短的多物理场分析软件"，如图 8-1 所示。

工程师们通过使用 ALGOR 进行设计、虚拟测试和性能分析，缩短了产品投入市场的时间，并能以更低的成本制造出优质而可靠的产品。自从有限元分析程序问世以及 CAD 界面系统出现以来，ALGOR 软件已逐步发展成为计算机辅助设计与分析类工程软件领域内的重要一员，在全球已有超过 3 万多家企业用户选择使用，其业务涉及多个行业，如汽车、电子、航空航天、医学、日用

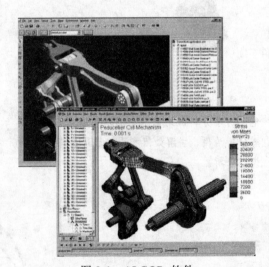

图 8-1　ALGOR 软件

品生产、军事、电力系统、石油、大型建筑以及微电子机械系统等诸多领域。

ALGOR 软件的特点可以概括如下。

❑ Windows 风格的界面直观友好、易学易用，如图 8-2 所示。

❑ 硬件要求低。

❑ CAD/CAE 协同的前处理器和分析平台。

❑ 丰富的后处理功能。

❑ 强大的线性、非线性，静、动力，刚、柔体运动学一体化的结构分析功能以及包括结构、热、流体、静电在内的多物理场分析功能。

❑ 开放的平台。

❑ 针对压力容器、管路系统的专用建模模板。

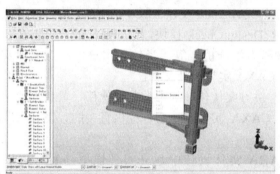
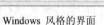
Windows 风格的界面

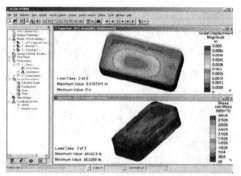
多视图窗口进行方案比较

图 8-2　ALGOR 界面

8.1.2　ALGOR 强大而方便的接口技术

将 CAE 分析系统与 CAD 设计系统集成是目前仿真设计的一个发展趋势，ALGOR 在其 Windows 风格的分析管理平台下集成了所有的前、后处理和分析功能，其前处理最大的特点便是 CAD/CAE 的一体化，ALGOR 可以与各种流行的 CAD 设计系统与 CAE 分析软件实现模型数据直接交换，并且提供了强大的分网器和灵活的建模功能，可以满足用户各方面的要求。

ALGOR 自身提供了专用的参数化 CAD 实体建模模块 Alibre Design，可以建立任意复杂的三维实体模型。此外，ALGOR 具有嵌入式的接口，可以与多种 CAD 系统产品（如 Pro/ENGINEER、Alibre Design、Solid Edge、IronCAD、SolidWorks、CADKEY、CAXA Solid、Rhinoceros、CATIA、KeyCreator、Inventor、AutoCAD、MDT）直接实现数据交换。

ALGOR 支持多种通用图形格式，如 STEP、ACIS、IGES、DXF、STL 和 CDL。

ALGOR 的 CAD 接口采用插件技术，即 ALGOR 选项会出现在 CAD 系统中，用户可以在 CAD 系统中建立模型后直接进入 ALGOR 环境进行分析，而无须通过输出图形文件来转换。插件技术采用 CAD 内核完成模型转换，保证了模型传送的效率、完整性和成功率。

ALGOR 可以与多种有限元分析软件进行模型数据交换，如 ANSYS（.cdb、.ans）、NASTRAN（.nas、.bdf、.dat、.op2）、ABAQUS（.inp）、FEMAP（.neu）、PATRAN（.pat）、SDRC I-DEAS（.unv）、Stereolithography（.stl）和 Blue Ridge Numerics（.neu）。ALGOR 可以导入这些有限元软件的有限元模型，也可以输出这些软件的模型供其使用，这对于拥有多种 CAE 分析工具的用户来说非常方便，甚至是非常必要的（熟悉不同软件的分析人员之间可以方便地交换模型数据而无须重新处理，也利于采用不同软件对同一分析模型进行校核检验）。

8.1.3　CAXA 实体设计与 ALGOR

为了满足用户对 CAE 的需求，CAXA 实体设计从 2006 版本开始为用户免费提供集成的有限元分析模块 ALGOR。凡是 CAXA 实体设计 2006 及以上版本的用户，均可免费获得世界著名的大型通用工程仿真软件 ALGOR DesignCheck 模块，经注册，用户可以在一年有效期内免费使用该模块进行零件的一般静力学分析计算。当然，用户也可以单独安装 ALGOR 软件，在其 FEMPRO 环境中打开 CAXA 实体设计文件。

ALGOR 系列产品是 CAXA 实体设计解决方案伙伴计划中的黄金伙伴，黄金伙伴地位意味着 ALGOR 的有限元分析产品可以为 CAXA 实体设计软件提供直接的、完全关联的 CAD/CAE 数据接口。

集成的设计与分析允许工程师在 CAXA 实体设计中建立实体模型，然后直接在 ALGOR 中精确地导入模型进行分析。通过行业标准的插件技术，ALGOR 结构设计的全系列产品为 CAXA 实体设计提供了免费的支持接口。ALGOR 的 InCAD 技术为 CAXA 实体设计提供了完全关联接口，允许用户进行反复的设计修改而无须重新定义有限元载荷、约束以及其他数据。所有这些功能均位于 ALGOR 功能强大、直观统一的有限元环境 FEMPRO 中，FEMPRO 提供了所有的分析类型，包括静力和线性非线性材料的机械运动仿真、线性动力、稳态和瞬态热分析、稳定和非稳态流、静电以及完全的多物理场。

CAXA 实体设计与 ALGOR 的结合可满足当今工程师的设计和分析需求，使企业在竞争激烈的市场压力下通过先进的技术缩短产品开发周期，比如在概念设计阶段就引入有限元工具。CAXA 实体设计和 ALGOR 的联手给企业提供了物有所值的紧密集成、功能强大的 CAD/CAE 解决方案，可以通过虚拟原型设计验证和改进产品，而避免了昂贵的物理原型。

8.2　软件设计方法

易学易用是 ALGOR 的独到之处。ALGOR 软件提供了非常方便的前处理工具，既包含 CAD 建模模块，也具有功能强大、应用广泛的 CAD 模型接口，使用户可以从 CAD 模型出发，利用其强大智能的网格自动划分器划分网格，也可以从无到有直接建立有限元模型，并可以导入/导出其他有限元软件的有限元模型，还可以对其进行编辑操作，真正做到 CAD 与 CAE 系统的协同。

8.2.1　ALGOR 分析环境——FEMPRO

FEMPRO 是 ALGOR 的 Windows 风格的有限元分析集成环境，ALGOR 分析流程的各个环节——前处理、求解、后处理均需要在 FEMPRO 环境中进行。

1．启动

在 Windows 2000 以上版本的 Windows 操作系统中安装 ALGOR 软件以后，可以按以下步骤启动 ALGOR FEMPRO。

01 选择【开始】/【所有程序】/【ALGOR 23.00】/【FEMPRO】命令，弹出【新增功能】对话框，用户可以从中了解相应版本的新增功能信息，如图 8-3 所示。

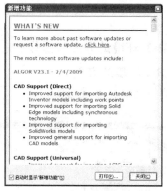

图 8-3　启动 ALGOR

02 单击 关闭(C) 按钮，关闭该对话框，打开【打开】对话框。

❑ 利用【打开】选项可以打开已有的模型，可以是 ALGOR 模型、CAD 实体模型或者第三方有限元软件模型，如图 8-4 所示。

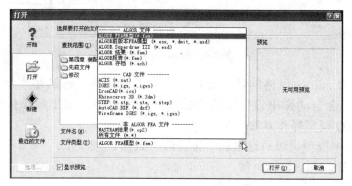

图 8-4　打开已有模型

❑ 利用【新建】选项可以新建一个任务，选择【FEA 模型】选项可以在 FEMPRO 中从无到有直接建立有限元模型，如图 8-5 所示。

❑ 【开始】选项提供了指向超文本教程、在线教程和 ALGOR 总部网站的链接。

❑ 【最近的文件】选项用于快速打开最近使用过的模型。

单击 取消 按钮则退出该对话框，选择【文件】/【打开】或【新建】命令，可重新打开此对话框。

图 8-5　建立新模型

2．FEMPRO 环境的界面与操作

（1）FEMPRO 环境的界面

FEMPRO 界面如图 8-6 所示。

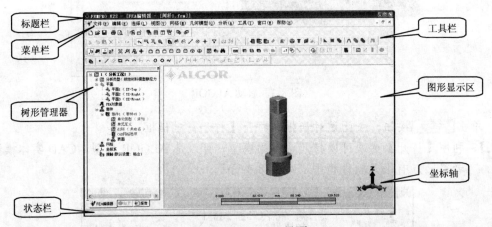

图 8-6　FEMPRO 界面

ALGOR 的 Windows 风格的环境提供了快捷按钮说明，将鼠标移至某个工具按钮上停留 1～2 秒，就会自动弹出该按钮的快捷说明，用户可快速了解该按钮的功能。

（2）FEMPRO 模型操作方法

在 FEMPRO 中模型可以通过鼠标、按键或工具按钮来操作。

❏　移动模型：Ctrl+鼠标中键，拖动鼠标。

❏　旋转模型：鼠标中键，拖动鼠标。

❏　缩放模型：滚动鼠标中键。

❏　【视点】工具条：如图 8-7 所示。

❏　【选择形状】工具条：如图 8-8 所示。

❏　【显示选项】工具条：如图 8-9 所示。

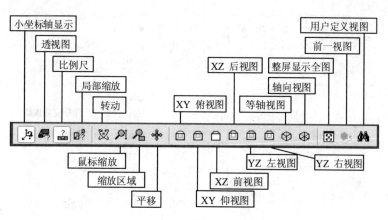

图 8-7 【视点】工具条

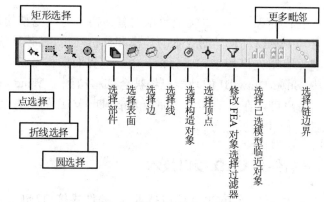

图 8-8 【选择形状】工具条

（3）FEMPRO 环境的组成

FEMPRO 包括 4 个环境，用于完成分析中不同阶段的不同功能。

❏ FEA Editor 环境：导入 CAD 实体模型，进行网格控制并划分网格；导入或直接建立有限元模型，建立分析方案，施加载荷、约束，求解参数、进行求解等。

❏ 结果环境：进行后处理，查看计算结果、数据处理。

❏ 报告环境：自动生成 HTML 计算报告，提供了报告向导。

图 8-9 【显示选项】工具条

❏ SuperDraw Ⅲ环境：直接生成有限元模型，对模型进行修改、编辑。

前 3 个环境直接通过 FEMPRO 界面左下角的标签来切换，如图 8-10a 所示；SuperDraw Ⅲ 环境可以通过 FEMPRO 的【工具】/【导出到 SuperDraw Ⅲ】命令进入，如图 8-10b 所示。

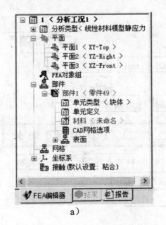

图 8-10　FEMPRO 中环境的切换

a）环境切换标签　b）FEMPRO 与 SuperDraw III环境的切换

ALGOR 的上述 4 个环境之间可以实现数据无缝切换，完成完整的分析。

SuperDraw III 环境是 ALGOR 早期版本的建模和分析环境，在该环境中不建立 CAD 模型，而是通过直接建立有限元模型来完成分析。由于其界面操作不符合 Windows 风格，因此在当前 ALGOR 中，SuperDraw III 的功能已经被全部移植到了 Windows 风格的 FEMPRO FEA Editor 环境中，用户可以在新的环境中完成 SuperDraw III 的所有功能，并且利用新增功能完成更为复杂的建模和分析任务。

8.2.2　ALGOR 的插件式 CAD 接口技术

ALGOR 为 CAD 软件促供了 InCAD 接口技术，即插件式接口，也就是说在安装 ALGOR 软件和 CAD 软件后，CAD 系统的菜单栏中会出现 ALGOR 菜单项，通过该菜单项可以直接启动 ALGOR 软件并将 CAD 模型导入 ALGOR 进行分析，如图 8-11 所示。

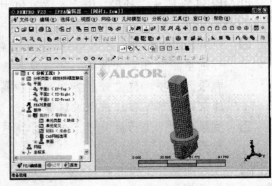

图 8-11　ALGOR 的插件式接口技术

插件式接口技术直接采用 CAD 软件的内核转换模型到 ALGOR 环境，避免了通过中间文件或者不同内核的转换，从而保证了模型传输的成功率。

基于参数化建模的 CAD 系统可以利用插件式接口技术方便地进行各种模型方案的分

析和对比，从而灵活地修改模型；而且 ALGOR 和 CAD 模型可以参数相关，在 CAD 系统中修改模型后，可以自动更新 ALGOR 中的模型。

8.2.3　网格划分

利用 ALGOR 提供的强大而智能的网格划分功能，工程师可以快速、方便地分析实际的工程问题。ALGOR 提供了全自动的六面体、四面体以及混合网格的高度智能化的网格功能，即使不进行任何控制，也可以生成复杂模型的高精度的网格，甚至是全六面体的网格，保证了计算的高效性和高精度。

8.2.3.1　网格划分一般步骤

ALGOR 可以通过如下几种方法生成有限元模型。

❑　在 FEA Editor 环境中对 CAD 实体模型自动划分网格（三维或板壳）。

❑　在 FEA Editor 环境中建立。

❑　在 SuperDraw III 中直接建立。

❑　利用 PV/Designer 专用压力容器建模模块。

❑　利用 PipePak 管路系统专用建模模块。

对于体型复杂的几何实体，在有限元软件中直接建立模型会相当困难，而借助于商业 CAD 软件的强大三维造型功能则可以完成极其复杂的建模任务。ALGOR 提供了强大的 CAD 接口，为用户在 CAD 模型的基础上进行有限元计算提供了方便，而在 CAD 模型基础上的网格功能则是保证有限元计算效率和精度的一个关键因素。

ALGOR 提供了独特、智能、强大的六面体主导网格划分功能，对于任意复杂的 CAD 几何实体均可以生成以六面体为主的网格，而六面体网格是有限元计算中效率最高、精度最好的网格形式。

ALGOR 的这种网格技术得益于其内在的网格划分流程，即首先在外表面生成规则的四边形表面网格，然后向内部扩展生成六面体网格，六面体网格无法填充的空隙则用过渡单元填充。这种方法既保证了六面体主导网格的实现，又保证了表面附近的网格质量最好。由于应力最大的区域通常位于结构的表面，高质量的表面网格可以保证应力分析的精度。

ALGOR 的网格划分功能在其 FEA Editor 环境中完成。在 FEA Editor 环境中可以导入三维实体模型或者面模型，三维实体模型可以自动生成三维实体网格，而面模型可以自动划分板壳有限元模型。如果导入的面模型位于 YZ 平面内，则可以生成二维有限元模型。

ALGOR 提供了智能的网格控制参数，用户也可以自定义参数对网格进行控制。

ALGOR 进行网格划分的一般步骤如下。

01　在 FEA Editor 环境中打开 CAD 模型。

02　打开【模型网格设置】对话框，从中进行网格参数设置并划分网格，如图 8-12 所示。

03　如果网格可以接受，则进行后续步骤；如果网格不能接受，则修改控制参数或进行网格细化、增强。

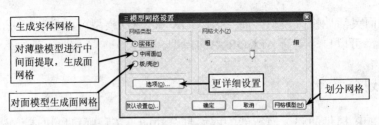

生成实体网格

对薄壁模型进行中间面提取，生成面网格

对面模型生成面网格

更详细设置

划分网格

图 8-12 【模型网格设置】对话框

8.2.3.2 模型网格设置

导入 CAD 模型后，选择【网格】/【模型网格设置】命令或者单击相应按钮，打开【模型网格设置】对话框。

1. 表面

在该对话框中单击 选项(O)... 按钮，在弹出的【模型网格设置】对话框中单击【表面】图标，其中【通用】选项卡如图 8-13 所示。

2. 实体

单击【实体】图标，其中【通用】选项卡中各项含义如图 8-14 所示。

> **○ 提示**
>
> 利用 ALGOR 中文版进行网格划分时，如果网格化进程结束后出现提示信息"出现错误，促使网格化停止，严重错误中止了操作"等，则可能是文件名出错所致。ALGOR 的存储文件夹及文件名都支持英文名，但不支持中文名。ALGOR 中文版的操作界面都是中文，但实际存储文件时，一定要注意文件名不要是中文。

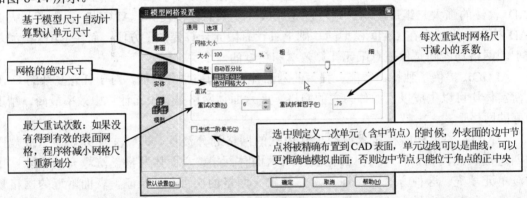

基于模型尺寸自动计算默认单元尺寸

网格的绝对尺寸

最大重试次数：如果没有得到有效的表面网格，程序将减小网格尺寸重新划分

每次重试时网格尺寸减小的系数

选中则定义二次单元（含中节点）的时候，外表面的边中节点将被精确布置到 CAD 表面，单元边线可以是曲线，可以更准确地模拟曲面；否则边中节点只能位于角点的正中央

图 8-13 用于对表面进行设置的【通用】选项卡

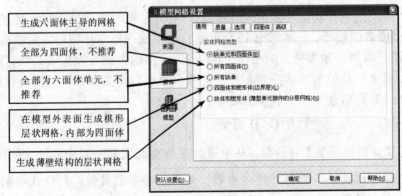

生成六面体主导的网格

全部为四面体，不推荐

全部为六面体单元，不推荐

在模型外表面生成棋形层状网格，内部为四面体

生成薄壁结构的层状网格

图 8-14 用于对实体进行设置的【通用】选项卡

【质量】选项卡中各项含义如图 8-15 所示。

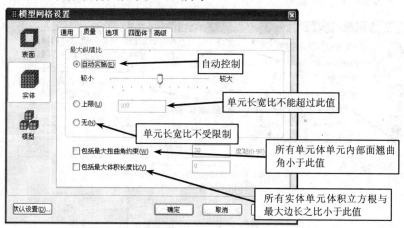

图 8-15 用于对实体进行设置的【质量】选项卡

【选项】选项卡中各项含义如图 8-16 所示。

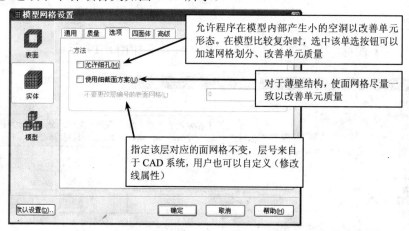

图 8-16 用于对实体进行设置的【选项】选项卡

【四面体】选项卡中各项含义如图 8-17 所示。

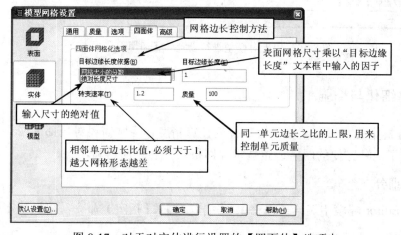

图 8-17 对于对实体进行设置的【四面体】选项卡

【高级】选项卡中各项含义如图 8-18 所示。

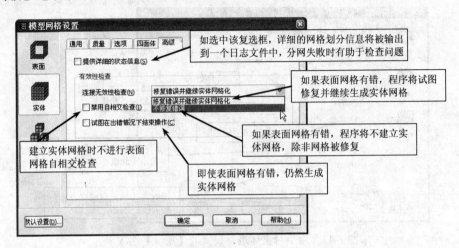

图 8-18　用于对实体进行设置的【高级】选项卡

3. 模型

单击【模型】图标，其【通用】选项卡中各项含义如图 8-19 所示。

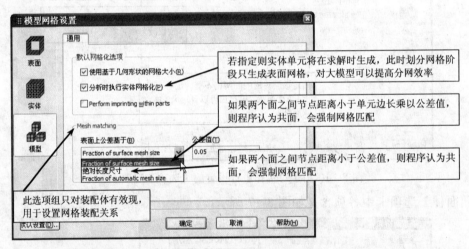

图 8-19　用于对模型进行设置的【通用】选项卡

8.2.4　网格细化与增强

有限元分析中为了提高某些关键部位的计算精度，经常需要对局部的网格进行调整。ALGOR 提供了两种方便的网格调整技术：网格细分和表面增强。

1. 网格细分

在 FEA Editor 环境中选择【网格】/【细分点】/【指定】命令，可以指定细化点，如图 8-20 所示。

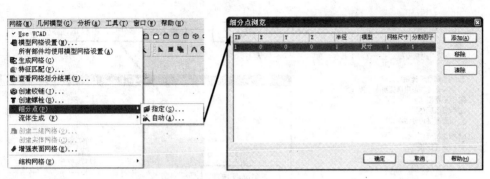

图 8-20 指定细分点

选择【网格】/【细分点】/【自动】命令，可以自动生成细分点，如图 8-21 所示。

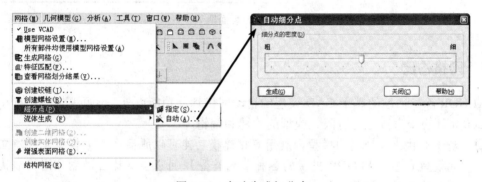

图 8-21 自动生成细分点

○ 提示

　　网格数量的多少将影响计算结果的精度和计算规模的大小。一般来讲，网格数量增加，计算精度会有所提高，但同时计算规模也会增加，所以在确定网格数量时应权衡两个因素综合考虑。网格较少时增加网格数量可使计算精度明显提高，而计算时间不会有大的增加，但当网格数量增加到一定程度后，在继续增加网格时精度提高甚微。

2. 表面增强

有限元模型中表面的网格质量是最关键的，因为表面通常是应力最大的区域。对于 ALGOR 来说，表面网格尤其关键，因为 ALGOR 基于表面网格向内部扩展生成三维实体网格，高质量的表面网格不仅能够保证计算精度，而且可以保证 ALGOR 生成质量更好的六面体主导网格。

表面增强功能可以对 ALGOR 的表面网格进一步调整和细化，得到更加规则和均匀的表面网格。表面增强与直接利用 Generate Mesh 生成的表面网格的主要区别如下。

❑　表面增强对网格的控制更严，在 Generate Mesh 的已有网格基础上进一步调整。

❑　即使尺寸设置完全一样，表面增强后也会生成形态更好、更合理的网格。

选择【网格】/【增强表面网格】命令或直接单击【增强表面网格】按钮 ，即可启动表面增强功能，如图 8-22 所示。

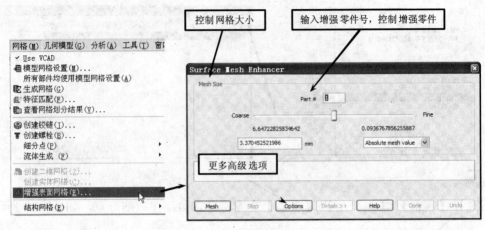

图 8-22 表面增强

8.2.5 网格构建

ALGOR 除了前述的基于 CAD 模型的自动网格划分功能以外，还可以在 FEMPRO 的 FEA Editor 环境中直接进行有限元模型的构建和编辑。

- ❑ 对于形状比较规则的模型，利用直接建模功能可以脱离 CAD 模型直接建立有限元模型（包括 ALGOR 提供的各种单元类型），可以生成比自动划分网格形状更为规则的有限元网格。
- ❑ 对于形状复杂的实体，直接建模通常很困难，需要借助于 CAD 软件建立模型，通过 ALGOR 强大的 CAD 接口导入 FEMPRO 划分有限元网格。在 ALGOR FEMPRO 环境中可以对实体网格进行修改或编辑，如在自动网格基础上添加直接建立的有限元对象。因此，用户可以灵活地组合运用 ALGOR 的自动网格功能和直接建模功能建立有效且复杂的有限元模型。

8.2.6 主要分析功能

ALGOR 主要分析功能介绍如下。

- ❑ 静力学分析功能：线性应力分析、复合材料分析、间隙单元分析、复合材料和间隙单元分析及线性稳定性分析。
- ❑ 线性动力学分析功能：线性模态分析、复合材料模态分析、时间历程分析、响应谱分析、线性瞬态应力分析、复合材料瞬态应力分析、频率响应分析、随机振动分析及载荷作用下的模态分析。
- ❑ 非线性动力分析功能：非线性模态分析和非线性动态响应分析。
- ❑ 热传导分析功能：稳态热传导分析和瞬态热传导分析。
- ❑ 流动分析功能：二维稳态流动分析、二维瞬态流动分析、三维稳态流动分析及三维瞬态流动分析。
- ❑ 电场分析功能。

- 疲劳寿命分析功能。
- 管道设计及分析功能。
- 线性和非线性的机械事件仿真功能。
- 多物理场分析能力。
- 电—机械场（对于 MEMS 的应用）、热—机械场以及流体—热—机械场的分析等。
- InCAD 功能：可以直接对 Autodesk Inventor、CADKEY、Mechanical Desktop、Pro/E、Solid Edge 和 SolidWorks 建立的模型进行 CAD/CAE 模型转换，并进行有限元分析。在完整而易用的 FEMPRO 工作环境中，其分析功能实现简单，可支持广泛的 CAD 实体建模，并含有有限元网格划分和建模的工具。

8.2.7 后处理功能

ALGOR 的后处理不仅操作简单直观，而且功能强大，提供了丰富的图形显示和数据处理功能。

- 在图形处理方面，可以输出各种结果的等值图、曲线图、流线图、轨迹图、弯矩图、剪力图、轴力图以及截面最不利应力等结果，并且提供了切片、透明显示等多种图形观察功能，所有的图形都可以用 BMP、JPG、TIF、PNG、PCX 和 TGA 等多种图形格式输出，如图 8-23 所示。

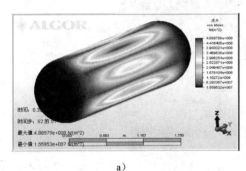
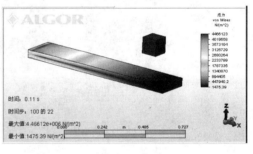

a)   b)

图 8-23 ALGOR 直观的后处理显示

a）容器屈曲分析 b）跌落冲击分析

- 动画显示，各种结果量和变形图可以以动画的方式直观显示，并且可以输出为多媒体格式（.avi）文件。
- 梁截面、板壳厚度显示，可以真实地显示这些结构的实际形状。
- 数据处理，可以对结果量进行处理、运算，如应力线性化、工况组合、重量、体积、重心、惯性矩和傅里叶变换等，同时结果以列表形式显示。
- 自动计算报告，报告向导可以指导用户生成文本或 HTML 格式的计算报告。

8.3 实例分析

为了满足用户对 CAE 的需求，CAXA 实体设计提供了集成的有限元分析模块 ALGOR。

可从 CAXA 实体设计环境中单击 ALGOR 图标进入其 FEMPRO 分析环境，也可在 FEMPRO 环境中直接打开 CAXA 实体设计 ".ics" 文件。

8.3.1 箱体结构静力学分析

> 实例文件　实例\08\模箱.ics
> 操作录像　视频\08\模箱.avi

　　线性有两方面的含义：首先，材料为线弹性，应力应变为线性关系，变形可恢复；其次结构发生的是小位移、小应变、小转动，结构刚度不因变形而变化。

　　所谓静力指的是结构受到静态载荷的作用，惯性和阻尼可以不考虑。在静态载荷作用下，结构处于静力平衡状态，必须充分约束，不能有任何刚体位移。由于不考虑惯性，材料的质量特性对计算结果没有影响。

　　线性材料静力分析用于线弹性材料静态加载的情况，可得到结构静力平衡状态下的变形、应力。很多动载荷情况，如果载荷周期远远大于结构自振周期（即缓慢加载），则结构的惯性效应能够忽略，这种情况可以简化为线性静力分析来进行。

操作步骤

01 在 CAXA 实体设计环境中生成一个能在两端施加力的一个箱体零件，如图 8-24 所示。

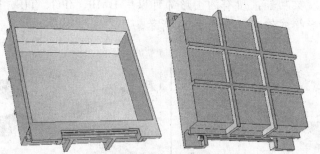

图 8-24　在 CAXA 实体设计环境生成实体造型

02 在 CAXA 实体设计中单击 ALGOR 图标，启动 ALGOR，弹出【选择分析类型】对话框，如图 8-25 所示。

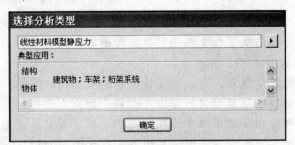

图 8-25　【选择分析类型】对话框

03 单击 确定 按钮，箱体模型被导入 ALGOR FEMPOR 环境中，如图 8-26 所示。

04 单击【模型网格设置】按钮田，弹出【模型网格设置】对话框，在其中单击【网格模型】按钮，开始划分网格，如图 8-27 所示。

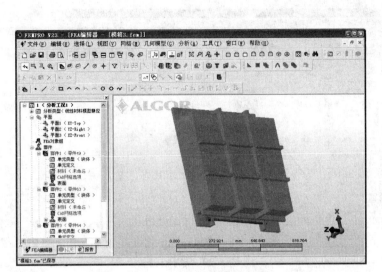

图 8-26　模型导入 ALGOR FEMPRO 环境中

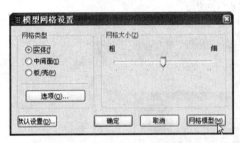 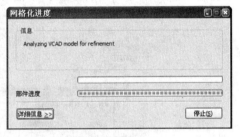

图 8-27　【模型网格设置】对话框及网格化进度

05 模型网格划分结果如图 8-28 所示。

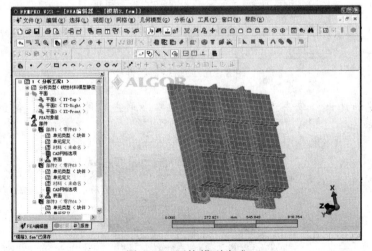

图 8-28　网格模型生成

06 在树形管理器中右击部件中的材料，在弹出的快捷菜单中选择【修改材料】命令，在弹出的【单元材料选择】对话框中选择相应的材料，单击【确定】按钮，如图 8-29 所示。

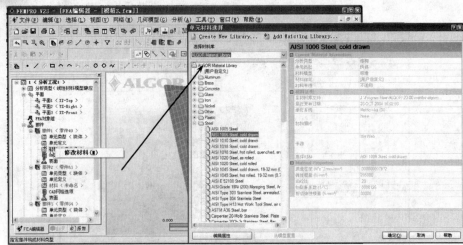

图 8-29　选择材料

07　根据需求选择或编辑材料属性，如图 8-30 所示。

图 8-30　编辑材料属性

08　接下来施加约束。单击【选择表面】按钮，单击零件上表面，表面随即亮显，如图 8-31 所示。

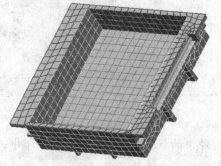

图 8-31　选择表面

09 右击亮显表面，在弹出的快捷菜单中选择【添加】/【Surface Boundary Condit; on…】命令，在随即弹出的对话框中单击【全约束】按钮，如图 8-32 所示。

图 8-32　施加约束

10 施加载荷。选择箱体内表面，右击，在弹出的快捷菜单中选择【Surface Force】(根据坐标显示确定)，弹出【创建/Surface Force 对象】对话框，如图 8-33 所示。

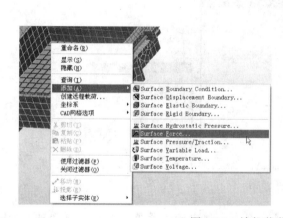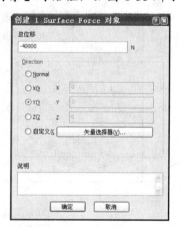

图 8-33　施加载荷

11 在该对话框中直接单击【确定】按钮，结果如图 8-34 所示。

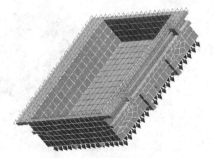

图 8-34　载荷方向

12 求解。单击【执行分析】按钮 ，ALGOR 将执行求解，求解结束后自动进入后处理环境并显示应力效果，如图 8-35 所示。

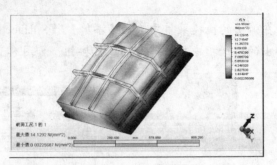

图 8-35　应力结果

13 存档模型。ALGOR 的模型可保存为压缩格式——.ach 格式，以供将来使用。.ach 文件包括了所有模型信息，并可包含计算结果，随时可用于提取恢复完整的模型。选择【文件】/【存档】/【创建】命令，在弹出的对话框中输入文件名，单击【保存】按钮，在弹出的【存档创建选项】对话框中选中【模型和结果】单选按钮，单击【确定】按钮，如图 8-36 所示。

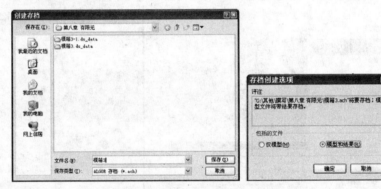

图 8-36　保存文档

14 观察应力。选择【结果】/【应力】命令，在弹出的子菜单中选择相应选项，如图 8-37 所示。

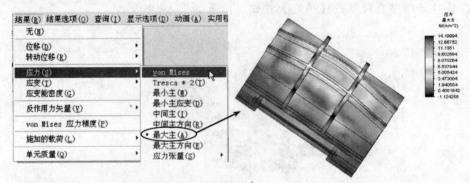

图 8-37　观察相关应力

15 观察位置。选择【结果】/【位移】命令，在弹出的子菜单中选择相应选项，如图 8-38 所示。

16 选择【结果选项】/【显示变形后模型】命令，结果如图 8-39 所示。

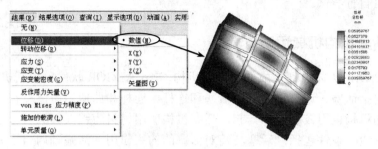

图 8-38　观察相关位移

不显示变形　　　　　　　　　　　　　　　　　　　　　　　显示变形

图 8-39　显示变形后模型

17 显示动画。单击【启动动画】按钮 🖳，FEMPRO 结果环境中开始播放动画。如图 8-40 所示是动画播放过程中的几个画面。

图 8-40　动画效果

18 在树形管理器中选择左下角的【报告】选项卡即可获得各种所需的结果报告，如图 8-41 所示。

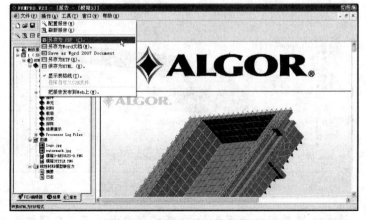

图 8-41　生成各种形式的报告

还有很多其他结果形式可供选择，例如修改等值图设置、改变模型显示模式以及保存动画等，读者可自行尝试。

实例文件　实例\08\曲柄活塞结果.ach
操作录像　视频\08\曲柄活塞.avi

8.3.2　曲柄活塞机构机械运动仿真

本例利用 CAXA 实体设计生成曲柄活塞机构，导入 ALGOR 软件模拟其机械运动过程。曲柄活塞机构包括活塞、连杆和曲柄。活塞和连杆、连杆和曲柄用铰链接在一起，曲柄和产生旋转运动的机构也用铰链接在一起。活塞机构所用材料为铝（6061-T6）。

活塞系统的边界条件包括：活塞套筒对活塞的约束作用（活塞轴向自由）以及曲柄绕其端部销孔中心轴的转动。

如图 8-42 所示为曲柄活塞机构的示意图。MES/LM 分析的目的是确定由于曲柄旋转而产生的机构的运动和应力。

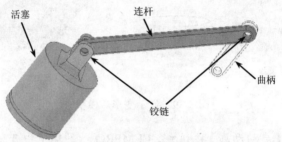

图 8-42　曲柄活塞机构

操作步骤

01　选择【开始】/【所有程序】/【ALGOR 23】/【FEMPRO】命令，打开 FEMPRO环境。

02　选择【文件】/【打开】命令，打开 Piston.ics 文件，分析类型设置为"非线性材料模型 MES 分析"，单击 确定 按钮，结果如图 8-43 所示。

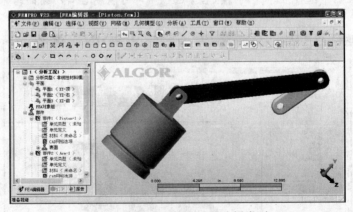

图 8-43　打开文件并设置分析类型

03　划分网格。单击【模型网格设置】按钮，在弹出的【模型网格设置】对话框中设置网格大小为 140%，单击【网格模型】按钮，开始划分网格，如图 8-44 所示。

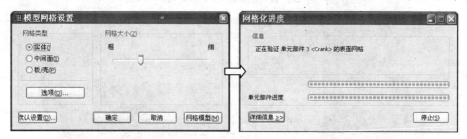

图 8-44　【模型网格设置】对话框及网格化进度

04　模型网格划分结果如图 8-45 所示。

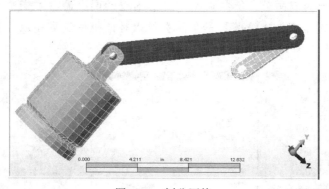

图 8-45　划分网格

05　选择模式设置为"✛＋▱"，按住 Ctrl 键，选择活塞与连杆连接销孔内壁的 6 个半圆面；也可按住 Ctrl 键，在左边树形管理器内选取 6 个表面，如图 8-46a 所示。

06　右击所选内表面，在弹出的快捷菜单中选择【创建铰链】命令，在弹出的【创建铰链】对话框中设置相应参数，如图 8-46b 所示。

> ○ 提示
>
> 　　在选择内壁面的过程中，可滚动鼠标滚轮放大销孔，并在选择过程中根据需要旋转模型；可通过将鼠标悬停于内壁表面边缘得知该表面的编号。

a）

b）

图 8-46　创建铰链

07 采用同样方法，建立连杆与曲柄的销轴，如图 8-47 所示。

图 8-47　创建销轴

08 建立曲柄端部的万向节。选择曲柄端部孔内壁的两个面，右击所选表面，在弹出的快捷菜单中选择【创建铰链】命令，在弹出对话框中设置相应参数，然后单击【确定】按钮，结果如图 8-48 所示。

图 8-48　曲柄端部生成万向节

09 最后生成的模型及树形管理器如图 8-49 所示。

10 在树形管理器中可见部件 1、2、3 已被默认定义为 "块单元"，不用修改；部件 4、5 被默认定义为桁架，不用修改；部件 6 被默认定义为桁架单元，由于其目的是施加转动，所以单元类型修改为管单元。

> **○ 提示**
>
> 　　上述操作将在轴线中点和内壁所有点之间建立连线，这样做的目的是将所有的线设置为管单元后通过轴线中点施加转动位移驱动曲柄转动。

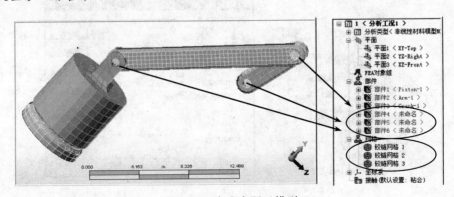

图 8-49　生成有限元模型

★11　单元参数定义。部件 1、2、3 接受默认设置；部件 4、5 定义截面积为 1，如图 8-50a 所示；部件 6 定义外径为 1、壁厚为 0.4，如图 8-50b 所示。

★12　定义材料参数。在树形管理器中右击，在弹出的快捷菜单中选择【修改材料】命令，在弹出的【单元材料选择】对话框中选择材料类型为 Aluminum（6061-T6；6061-T651），如图 8-51 所示。

> ○ 提示
>
> 　　管单元具有转动自由度，可以施加转动位移。梁单元也具有转动自由度，但由于目前的梁单元和实体单元的大转动应变算法不匹配，混合使用会造成连接部位很大的应变误差，因此不应该采用。

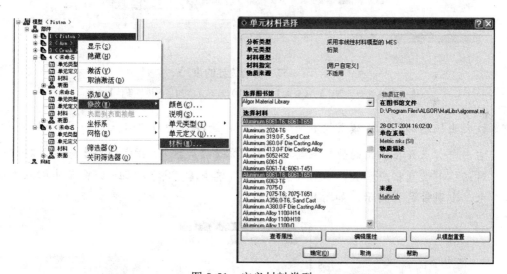

图 8-50　桁架单元和管单元的定义

a）桁架单元　b）管单元

图 8-51　定义材料类型

★13　施加边界约束。设置选择模式为"✿+▱"，选择活塞圆周外面 4 个表面，如图 8-52a 所示。

★14　右击并在弹出的快捷菜单中选择【表面边界条件】命令，在弹出的对话框中选择除 Tz 之外的所有选项，如图 8-52b 所示。

★15　曲柄边界约束。设置选择模式为"✿+▯"，选择曲柄部件并右击，在弹出的快捷菜单中选择【选择子实体】/【表面】命令，如图 8-53a 所示；右击选中表面并在弹出的快捷菜单中选择【表面边界条件】命令，如图 8-53b 所示；在弹出的对话框中选中

Tx，单击【确定】按钮。

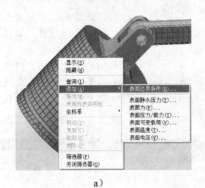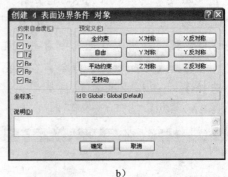

图 8-52　施加边界约束

a）选择【添加】/【表面边界条件】命令　b）【创建 4 表面边界条件对象】对话框

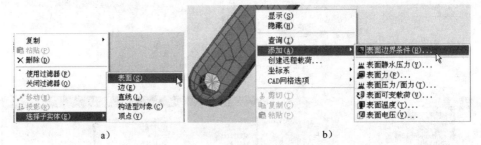

图 8-53　曲柄边界约束

a）选择【选择子实体】/【表面】命令　b）选择【添加表面边界条件】命令

16 放大曲柄端部，选择模式设置为""，选择万向节中心点，如图 8-54a 所示。

17 右击中心点并在弹出的快捷菜单中选择【添加】/【节点指定位移】命令，在弹出的对话框中设置相应参数，如图 8-54b 所示；单击【确定】按钮，万向节中心点生成约束，出现带箭头指示，如图 8-54c 所示。

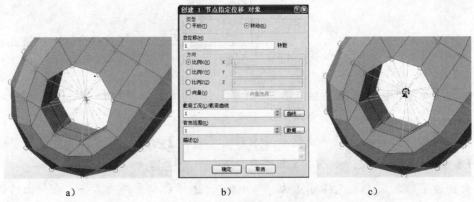

图 8-54　添加转动位移

a）约束点　b）设定转动位移　c）转动位移效果

18 保持万向节中心点选中状态，右击并在弹出的快捷菜单中选择【添加】/【节点边界条件】命令，在弹出对话框中选中除 Rx 以外的其他复选框，单击【确定】按钮，如图 8-55 所示。

○ **提示**

此处 Rx 已经被指定了转动位移。

图 8-55　【创建/表面边界条件对象】对话框

19 设置求解参数。选择【分析】/【参数】命令，弹出【分析参量—采用非线性材料模型的 MES】对话框，按图 8-56 所示设置参数。

图 8-56　设置求解参数

20 选择【输出】选项卡，设置相应参数，如图 8-57 所示。其中选项主要用于计算指定位移约束的反力，并且可以在计算后查看驱动位置的驱动力矩作用。

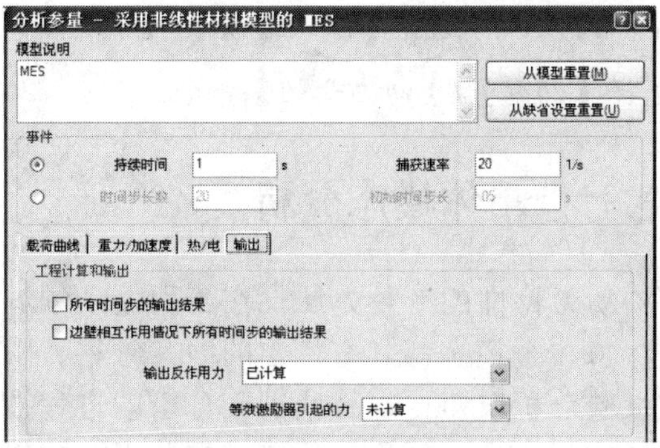

图 8-57　【输出】选项卡

21 单击【高级】按钮，在弹出的对话框中选择【时间步】选项卡，取消选中【递减触发器：过高求解误差】复选框，如图 8-58 所示。

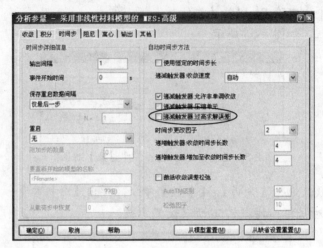

图 8-58 【时间步】选项卡

22 求解。保存文件，然后单击【执行分析】按钮 🔳。

23 观察结果。关闭载荷边界的显示模式 △↑，如图 8-59 所示为最后时刻等效应力分布情况。

图 8-59 最后时刻的等效应力

24 要观察任意时间步的结果，可选择【结果选项】/【载荷工况】命令。

25 要观察动画，可选择【动画】/【动画开始】命令。

8.4 减速器设计之七：箱体模态分析

实例文件 实例\08\箱体.ics
操作录像 视频\08\箱体.avi

模态分析是研究结构动力特性的一种方法，在工程振动领域中应用较广。模态是机械结构的固有振动特性，每一个模态都具有特定的固有频率、阻尼比和模态振型，这些模态参数可以由计算或试验分析取得，计算或试验分析的过程被称为模态分析。这个分析过程如果采用有限元计算的方法，则称为计算模态分析；如果通过试验将采集的系统输入与输出信号经过参数识别获得模态参数，则称为试验模态分析。振动模态是弹性结构固有的、整体的特性，如果通过模态分析方法搞清楚了结构物在某一易受影响的频率范围内各阶主要模态的特性，即可预言其在此频段内在外部或内部各种振源作用下的实际振动响应。因此，模态分析成为结构动态设计及设备故障诊断的重要方法。

模态分析是最基本的动力学分析，也是其他动力学分析的基础，如响应谱分析、随机振动、谐响应分析、DDAM 分析及模态叠加法瞬态分析都需要在模态分析的基础上进行。

模态分析是最简单的动力分析，但有非常广泛的使用价值。模态分析可以帮助设计人员确定结构的固有频率和振型，从而使结构设计避免共振，并指导工程师预测在不同载荷作用下结构的振动形式。此外，模态分析还有助于估算其他动力分析参数，例如瞬态动力分析中为了保证动力响应的计算精度，通常要求在结构的一个自振周期有不少于 25 个计算点，模态分析可以确定结构的自振周期，从而帮助分析人员确定合理的瞬态分析时间步长。

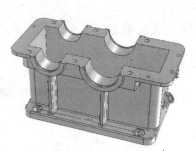

图 8-60　减速器箱体

本例将对图 8-60 所示减速器箱体进行模态分析，箱体放置在地面上或固定在机架上，其边界条件为地面固定。箱体为板结构，适用于采用板单元进行模拟。

操作步骤

01 启动 ALGOR，进入 FEMPRO 环境。

02 选择【文件】/【打开】命令，在弹出的对话框中选择"箱体.ics"文件，单击【打开】按钮；在弹出的【选择分析类型】对话框中选择"自然频率（模态）"，然后单击 确定 按钮，结果如图 8-61 所示。

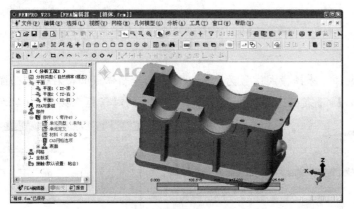

图 8-61　导入箱体文件

03 单击【模型网格设置】按钮，在弹出的【模型网格设置】对话框中选中【板/壳】单选按钮，将网格大小设置为 80%，如图 8-62a 所示；单击【网络模型】按钮划分网格，结果如图 8-62b 所示。

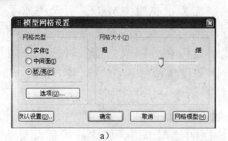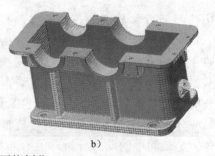

图 8-62　网格划分

a) 网格设置　b) 板单元网格

04 在树形管理器中右击"单元定义"，在弹出的对话框中将厚度设置为 8。

05 在树形管理器中右击"材料"，在弹出的【单元材料选择】对话框中选择材料，如图 8-63 所示。

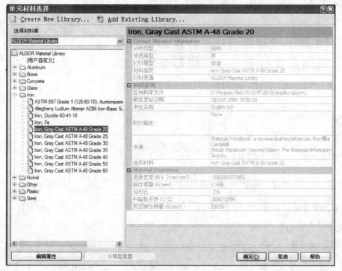

图 8-63　选择材料

06 设置约束条件。选择模式设置为"＋"，选择箱体底面，右击并在弹出的快捷菜单中选择【添加】/【表面边界条件】命令，在弹出的对话框中按图 8-64 所示进行设置。

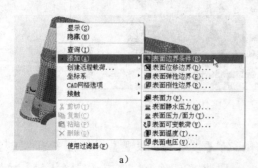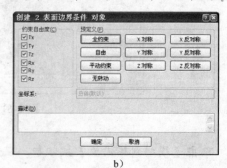

图 8-64　添加约束条件

a) 添加边界约束　b) 全约束

07 选择【分析】/【参数】命令，在弹出的【分析参量】对话框中设置模态数量为 10；其余采用默认值，然后单击 ⬛确定⬛ 按钮。

08 保存模型，单击【开始分析】按钮 ⬛，开始求解。

09 选择【结果】/【位移】/【数值】命令，可实现模态振型及相对位移，如图 8-65 所示。模态分析的位移为按照质量矩阵归一化后的位移，只具有描述相对变形的意义。

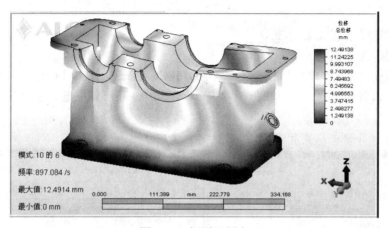

图 8-65　振型及频率

10 选择【结果选项】/【载荷工况】命令，可选择查看所提取的各阶模态的结果，同时在图形区的左下角区域会显示每一阶模态对应的固有频率（Hz）。

11 单击【启动动画】按钮 ⬛，可自动显示振型动画。

12 单击图形区左下角的【报告】按钮进入报告环境，可从中查看结果汇总，如图 8-66a 所示；在"频率"文件中列出了各阶固有频率（圆频率），如图 8-66b 所示；在"摘要"文件中列出了各阶模态的详细数据，如图 8-67 所示；在"日志"文件中提供了求解过程输出的日志文件。

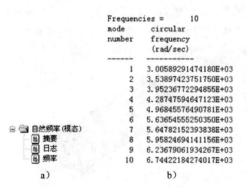

```
Frequencies =        10
mode      circular
number    frequency
          (rad/sec)
--------  -----------
       1  3.00589291474180E+03
       2  3.53897423751750E+03
       3  3.95236772294855E+03
       4  4.28747594647123E+03
       5  4.96845576490781E+03
       6  5.63654555250350E+03
       7  5.64782152393838E+03
       8  5.95824694141156E+03
       9  6.23679061934267E+03
      10  6.74422184274017E+03
```

自然频率（模态）
　摘要
　日志
　频率

a)　　　　　　b)

图 8-66　结果汇总

a）结果汇总数据　b）振型圆频率

```
X Direction

Mass available in X direction:      3.3842E-02
Weight available in X direction:    3.3214E+02
Percent used in this direction:     68.00%
Modes used in this direction: 10

**** Modal Effective Mass & Participation Factor X Direction

Mode Frequency Modal eff. mass  Cumulative mass   Participat.
     (HZ)     (weight)   (%)  (weight)    (%)     Factor
  1 4.78403E+2 2.4067E-04  0.00 2.4067E-04  0.00 -1.5660E-04
  2 5.63245E+2 2.2975E-02  0.01 2.3216E-02  0.01 -1.5300E-03
  3 6.29039E+2 6.7368E-03  0.00 2.9953E-02  0.01 -8.2850E-04
  4 6.82373E+2 1.6403E-02  0.00 4.6356E-02  0.01 -1.2928E-03
  5 7.90754E+2 2.0673E+02 62.24 2.0678E+02 62.26 -1.4513E-01
  6 8.97084E+2 2.5841E-01  0.08 2.0703E+02 62.33 -5.1312E-02
  7 8.98879E+2 1.6366E+01  4.93 2.2340E+02 67.26 -4.0835E-02
  8 9.48284E+2 3.4532E-01  0.10 2.2375E+02 67.36 -5.9317E-03
  9 9.92616E+2 1.1215E-02  0.00 2.2376E+02 67.37 -1.0690E-03
 10 1.07338E+3 2.1020E+00  0.63 2.2586E+02 68.00 -1.4635E-02
```

图 8-67　摘要中的部分数据

8.5 应用拓展

ALGOR 软件除了提供通用的分析处理模块，还有专门针对特定对象和处理的专用模块。

1. 针对管路系统、压力容器的专用模块

针对管路系统、压力容器等特殊的结构，ALGOR 提供了专用的建模和校验工具。

针对管道系统，ALGOR 提供了方便的建模工具 PipePak，如图 8-68 所示。其功能包括如下几种。

❑ 通过电子表定义管道布局。

❑ 通过绘图工具绘制管道模型。

❑ 导入管道 CAD 软件的模型，如 CADPIPE、CAESARII、Intergraph PDS 等。

❑ 调用内置的管道部件单元库（直管、弯管、阀门、减压器、波纹管、法兰、三通等）直接建立模型。

❑ 施加专用管道约束和载荷。

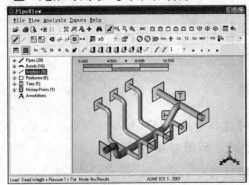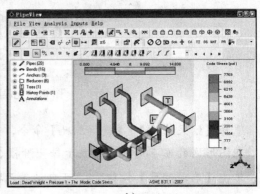

图 8-68　管道系统构建及分析

a）PipePak 生成管道系统　b）管道系统分析

针对压力容器，ALGOR 提供了压力容器建模模板向导 PV Designer 以及常用的压力容器端盖库（平面、球面、椭球、准球等）和容器、管道、喷嘴任意交叉运算功能，用户可以非常方便地生成参数化的压力容器实体或板壳有限元模型，并可进行 ALGOR 提供的所有类型的分析，分析后可以进行应力线性化，然后按照 ASME 规范对容器进行校核验算，如图 8-69 所示。

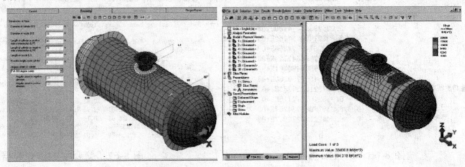

图 8-69　压力容器建模、分析

2．方便有效的疲劳分析功能

在工程结构中通常会大量采用金属结构，经常受到交变载荷的作用，而疲劳断裂是承受交变载荷作用的结构中常见的破坏模式，因此在交变载荷作用下结构疲劳寿命的预测非常关键。

ALGOR 提供了专业的疲劳分析模块 FatigueWizard，可以基于 ALGOR 应力分析的结果预测复杂交变载荷作用下结构的疲劳寿命。该模块最大的特点就是提供了向导式的分析流程，用户只要按照程序每一步提供的直观界面进行操作，即可顺利地完成相当复杂的疲劳分析。疲劳分析模块提供了广泛的材料疲劳数据库，方便了用户的使用。疲劳分析中可以考虑各种复杂的载荷和工况，可以指定载荷历史数据和载荷循环的重复次数，考虑结构特性和加工条件如局部应力集中和表面打磨效应，进行结构的疲劳寿命计算，并且给出直观的寿命、安全系数等值图等结果，如图 8-70 所示。

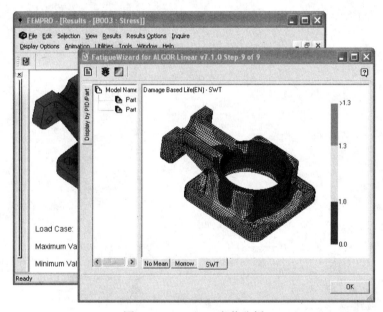

图 8-70　ALGOR 疲劳分析

8.6　思考与练习

1．思考题

（1）简述网格划分的一般步骤。

（2）ALGOR 前、后处理的特点是什么？

（3）在 CAXA 实体设计中如何导入 ALGOR？

（4）ALGOR 软件的分析功能主要有哪些？

2．操作题

（1）生成如图 8-71 所示的计算机机箱，并导入 ALGOR 软件进行模态分析。

（2）构建如图 8-72 所示曲柄实体模型，导入 ALGOR 软件进行混合网格划分并分析。

图 8-71　计算机机箱

图 8-72　曲柄实体

第 9 章　与其他软件共享

学习目标

掌握将 CAXA 实体设计文档嵌入其他应用程序的操作方法

掌握将其他应用程序对象嵌入 CAXA 实体设计的操作方法

掌握从 CAXA 实体设计输出各类文档的操作方法

掌握将设计环境以图像文件输出的操作方法

各类三维设计及渲染软件各有所长，可以在 CAXA 实体设计中进行三维建模，然后输入到其他软件中进行后续处理。本章就将台钳输出为 *.3ds 格式，导入 3ds max 软件，完成进一步渲染与动画制作。

CAXA 实体设计的数据接口非常强大，几乎支持目前所有流行的 CAD 系统文件格式及常用的图片、文档处理应用软件。在此以减速器为例，列举了 CAXA 实体设计与其他软件的数据共享。

9.1　相关专业知识

产品概念的开发是整个设计过程中一个非常关键的阶段，直接决定着产品的创新程度。Nevins 和 Whitency 的研究表明，一个产品大约 70% 的成本由产品概念设计阶段决定。所谓产品概念，是指产品工作原理、结构的近似描述。一个产品能够满足用户需求的程度在很大程度上是在产品的概念设计阶段就已经决定了的。这一阶段的工作，需要充分发挥人的主观能动性，加强相关人员的协作努力，同时深入挖掘计算机的概念设计支持能力。要达到这一目的，就需要针对人类利用形象思维进行三维空间构思的特点，寻求一种既有利于设计人员进行产品概念表达与交流，又有利于计算机对产品概念结构进行可视化显示的产品概念表达方案。

CAD 的发展趋势之一是协同设计，即同一产品可由众多的设计人员使用不同的 CAD 系统来完成。需要将不同 CAD 软件设计的结果集成到同一设计环境中进行组合，而最后的文件可按不同的行业、不同的使用目的以不同的格式输出。CAXA 实体设计的数据接口功能强大，几乎支持目前所有流行的 CAD 系统文件格式及常用的图片、文档处理应用软件。目前 CAD 软件基本上还是处于"单兵作战"模式，但随着信息化的逐步深入，设计领域越来越需要大规模的分工与合作，所以基于产品信息共享和分布计算的网络 CAD 系统代表了 CAD 未来的发展方向；而与各种软件系统灵活、畅达地交流、兼容与共享还是 CAXA 实体设计作为新一代创新设计软件的重要特色。

3D 文件不是必须保留在 CAXA 实体设计中，如果有其他支持 OLE（Object 对象链接与嵌入）的程序，也可将 3D 零件复制到字处理程序、数据表以及其他零件设计程序中。

例如，可以先打开 CAXA 实体设计和 Microsoft Word，然后将零件放到字处理文档中。当零件被拖入 Word 中后，就在这两个程序之间建立了一个 OLE 链接；甚至可在 Word 中双击此零件，对其进行编辑。

通过将零件保存到以不同格式编码的文件中，可以输出 CAXA 实体设计中的零件，然后在任何其他的兼容程序中打开这些零件；同样也可以将其他软件程序中的零件和图形输入 CAXA 实体设计，CAXA 实体设计能够读取多种 CAD 数据、绘图软件包、字处理程序、数据表格以及其他应用程序中的文件。

9.2　软件设计方法

利用 CAXA 实体设计可以非常方便、快捷地将来自客户内部或外部的设计数据进行相互转换和沟通。在强大的多内核机制下提供了 ACIS 和 Parasolid 最新版本，支持 IGES、STEP、STL、3DS、VRML 等多种常用中间格式数据的转换，特别支持 DXF/DWG、Pro/E、CATIA、UG 等系统的三维数据文件，并能实现特征识别、进行编辑修改和装配。新增的输出 3D PDF 功能使技术交流更加方便。此外，它还支持从软件中直接发送邮件，或者将设计零件直接插入报告、电子表格或任何其他支持 OLE 2.0 的应用程序。

9.2.1　将 CAXA 实体设计文档嵌入其他应用程序

利用 CAXA 实体设计完成产品的设计后，如要进行文字处理或产品发布演示，可将

CAXA 实体设计文档链接或嵌入到 Word 或其他 OLE 应用软件中。

【例 9-1】　使用拖放方法

操作步骤

01　打开 CAXA 实体设计和 Microsoft Word 应用程序。

02　安排好桌面显示，以显示两个程序的视窗。

03　在 CAXA 实体设计中，打开含有要嵌入到 Word 文档中的零件设计文件。

04　在 Word 中打开相应的文档，将光标移至要插入的位置。

05　在已打开的 CAXA 实体设计文件中，打开 CAXA 实体设计中的"设计树" 🔯 。

06　将设计树顶部的设计环境图标拖放到 Word 文档中，如图 9-1 所示，即可将零件嵌入到 Word 文档中。

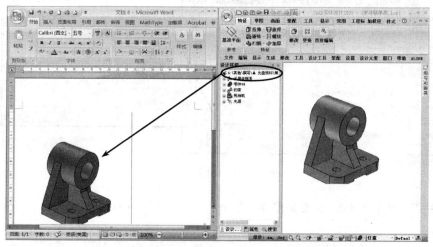

图 9-1　拖放到 Word 界面中的 CAXA 实体设计零件

此时在 Word 文档中嵌入的是该零件的图片，如要在 Word 文档中进一步编辑 CAXA 实体设计零件，可在 Word 文档中零件的图框内双击此零件，CAXA 实体设计工具条便出现在 Word 视窗中。这时可以用 CAXA 实体设计工具来修改零件的外观，甚至更改其结构。当要结束编辑时，可单击 Word 文档的空白区域。在 Word 文档中修改后，CAXA 实体设计中的零件并不会随之改变。

> **○ 提示**
>
> 　　（1）不能直接将 CAXA 实体设计中的零件直接拖到其他应用程序中，而是通过打开的"设计树"，将设计环境图标拖放到其他应用程序中。
> 　　（2）嵌入的概念：嵌入对象是目标文件的一部分，更改源文件，目标文件中的信息不会发生改变。
> 　　（3）链接的概念：链接的数据保存在源文件中，修改源文件后，链接对象的信息将同时更新。使用链接可缩小文件大小。

CAXA 实体设计 2009 行业应用实践

【例 9-2】 使用【插入】命令

使用 Word 或其他 OLE 应用程序中的【插入】菜单命令，可将 CAXA 实体设计环境嵌入或链接到 Word 或其他 OLE 应用程序的视窗中。

○ 提示

（1）链接到文件：选中此复选框，可在编辑 CAXA 实体设计中的文件时，控制 Word 中链接文件的更新。

（2）显示为图标：选中此复选框，可将嵌入的文件显示为带同一文件名"题注"的 Word 中的图标；如有必要，还可单击【更改图标】按钮，更改显示图标及"题注"。

操作步骤

01 在 Word 中选择【插入】/【对象】命令。

02 在弹出的对话框中选择【由文件创建】选项卡，如图 9-2 所示。

03 输入要嵌入的文件名。

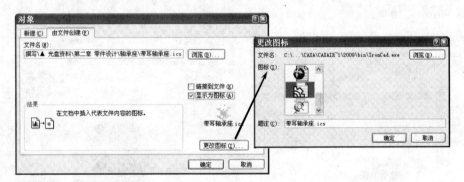

图 9-2 【对象】对话框

04 单击【确定】按钮，结果如图 9-3 所示。

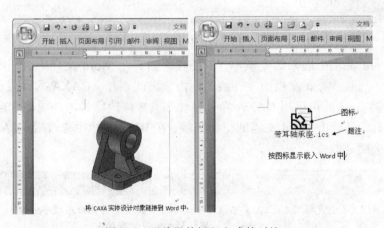

图 9-3 两种零件插入方式的对比

可以利用上述方法的变形来创建新的 CAXA 实体设计环境，或将设计模型链接到文档中。在上述步骤 2 中，选择【新建】选项卡，然后从对象类型列表中选取 CAXA 实体设计

312

环境，即可在 Word 中打开 CAXA 实体设计。零件设计完成后关闭 CAXA 实体设计环境，设计模型保留在 Word 中。

现在 CAXA 实体设计环境的文件已被插入到正在使用的 Word 文档中，要编辑插入的 CAXA 实体设计零件，在 Word 窗口中双击此图框即可打开 CAXA 实体设计环境对其进行编辑和修改。

在上述方法中，若在 Word 或其他 OLE 应用程序中选择【插入】/【超链接】命令，也可将 CAXA 实体设计文档嵌入到 Word 或其他应用程序的文档中。在编辑 CAXA 实体设计中的文件时，可控制 Word 或其他 OLE 应用程序中的链接文件更新。这一方法在用 PowerPoint 进行产品演示时很有用。

9.2.2　将其他应用程序中的对象嵌入 CAXA 实体设计

如果按上节介绍的操作反向进行，则可以将其他应用程序中的对象嵌入 CAXA 实体设计环境中。

【例 9-3】　嵌入部分文档

操作步骤

01 打开 Excel 中要插入的工作表，单击 Office 按钮，在打开的下拉菜单中选择【Excel 选项】命令，在弹出的【选项】对话框中选择【高级】选项卡，在【编辑选项】选项组中设置相应选项，如图 9-4 所示。

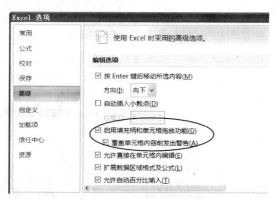

图 9-4　【选项】对话框

02 选中要嵌入的单元格，鼠标指针呈箭头状显示时按住鼠标左键直接将选中的单元格拖入 CAXA 实体设计环境中。

03 要编辑嵌入的单元格内容，双击单元格图片或右击设计树中的单元格图标，然后从弹出的快捷菜单中选择【编辑】或【打开】命令，即可打开 Excel 进行编辑。编辑结束后保存工作，CAXA 实体设计中将显示更新的单元格（可用三维球调整嵌入的单元格的位置），如图 9-5 所示。

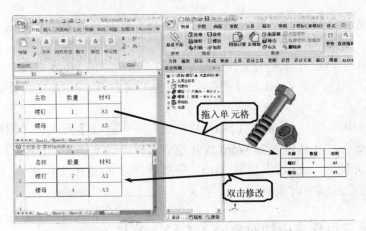

图 9-5　将 Excel 文档嵌入 CAXA 设计环境

【例 9-4】　将另一应用程序中的现有文件嵌入 CAXA 实体设计设计元素库

操作步骤

01 在 CAXA 实体设计中，打开需要嵌入文档的设计元素库，如材质元素库。

02 右击材质元素库空白处，然后从弹出的快捷菜单中选择【对象】命令。

03 在弹出的【插入对象】对话框中选中【新建】或【由文件创建】单选按钮，然后设置其他相关参数。单击【确定】按钮完成编辑后，文档将以图标形式出现在材质元素库中，可直接将其拖放到设计环境中，如图 9-6 所示。

04 要编辑插入设计元素库中的文档，选中文档图标后单击鼠标右键，在弹出的快捷菜单中选择【编辑设计元素项】命令，即可进入所插入对象应用程序中编辑所插入的对象。

○ 提示

在 CAXA 实体设计任一设计元素库中均可新建或插入现有文档，CAXA 实体设计均将此文档作为一个图素对象来对待和编辑。

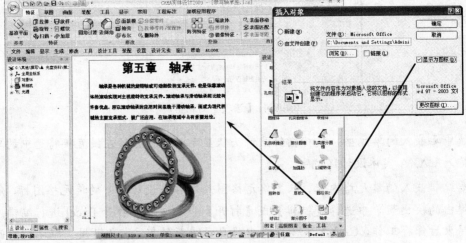

图 9-6　将 Word 文档形成元素嵌入 CAXA 实体设计

【例 9-5】　嵌入或链接整个文档/新文档

可以将整个文档/新文档嵌入 CAXA 实体设计，嵌入的文档可以是在 Word、Excel 或其他应用程序中建立的现有文件。

操作步骤

01　在 CAXA 实体设计中，选择【文件】/【插入】/【OLE 对象】命令。

02　在弹出的【插入对象】对话框中选中【新建】或【由文件创建】单选按钮。

❑　如果选中【新建】单选按钮，则需在【对象类型】下拉列表框中选择要嵌入文档类型，如图 9-7a 所示。然后单击【确定】按钮，选中的应用程序即被打开。完成编辑后保存文档，新文档即可嵌入 CAXA 实体设计中。

❑　如果选中【由文件创建】单选按钮，则需浏览确定要嵌入的文件名，如图 9-7b 所示。然后选择【链接】或【显示成图标】复选框。单击【确定】按钮，选定文档即被嵌入或链接到 CAXA 实体设计中。

a)　　　　　　　　　　　　　　　　　　b)

图 9-7　【插入对象】对话框

03　如需编辑文档，在 CAXA 实体设计环境中双击文档即可。

9.2.3　将 CAXA 实体设计零件输出成 3D PDF 格式

CAXA 实体设计 2009 支持设计环境输出 3D PDF 格式，允许用户以轻量化的格式共享 3D 设计。3D PDF 文件可以用来显示，也可以用来标记合作。

生成 3D PDF 文件最简单的方法是从 CAXA 实体设计的设计环境中直接输出。这样只能输出一个可视化的 PDF 文件，用户打开该文件可以对模型进行放大、平移、旋转等操作，也可应用可视化的其他方法进行操作。

操作步骤

01　在 CAXA 设计环境中打开"输出轴.ics"文件，取消当前环境中的任何选择。

02　选择【文件】/【输出】/【输出零件】命令，在【保存类型】下拉列表中选择 3D PDF 选项，输入文件名称并保存。

03 使用 Adobe Acrobat Pro 9 打开即可浏览 3D PDF 文件，如图 9-8 所示。

图 9-8　打开 3D PDF 文件

04 在该窗口中，模型上方工具条将有助于用户操作和观察 3D 模型，如平移、旋转和测量等。

05 右键单击 3D 模型，在弹出的快捷菜单中可选择相应命令对 3D 模型进行操作，如图 9-9 所示。

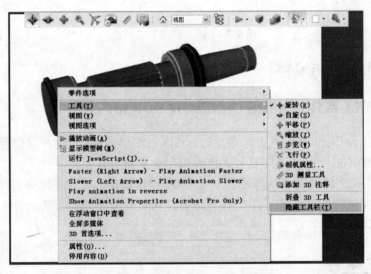

图 9-9　PDF 格式中 3D 模型选项

06 利用 Adobe Acrobat 软件的其他操作（如合并功能），可制作出含 3D 模型的 PDF 文档，使文件轻量化且方便与其他人员传播共享。

9.2.4　从 CAXA 实体设计中输出零件与其他项

从 CAXA 实体设计中输出零件与其他项时，可将其转换成另一个程序使用的数据格式。转换成功并保存后，可在相应的应用程序中打开此文件。

从 CAXA 实体设计中可以输出如下 4 种文件或数据类型。

❑　零件文件：供其他 CAD/CAM 应用程序使用。
❑　图纸文件：供其他绘图应用程序使用。
❑　图像文件：供其他图形图像处理程序使用。
❑　动画文件：供其他动画程序使用。

图纸文件、图像文件、动画文件的输出前面已经介绍过，本节主要介绍从 CAXA 实体设计中输出零件文件。

1．输出零件的文件格式

CAXA 实体设计可输出下列 18 种格式的零件。括号中的是各格式输出文件的扩展名。

❑　ACIS Part（.sat）。
❑　Parasolid（.x_t）。
❑　STEP AP203（.stp）或 STEP AP214（.stp）。
❑　IGES（.igs）。
❑　CATIA（.model）。
❑　Granite One（.g）。
❑　Pro/E 中性文件（.neu）。
❑　3D Studio（.3ds）。
❑　AutoCAD DXF（.dxf）。
❑　Wavefront OBJ（.obj）。
❑　POV-Ray2.x（.pov）。
❑　Raw triangles（.raw）。
❑　STL（.stl）。
❑　VRML（.wrl）。
❑　Visual Basic File（.bas）。
❑　HOOPS 文件（.hsf）。
❑　3D PDF File（.pdf）。
❑　Universal 3D File（.u3d）。

输出类型、版本的选择取决于目标系统所支持的类型及版本。当然，上述格式的用途和性能各不相同，而且也不同于 CAXA 实体设计，因此输出文件的性质将取决于目标格式。

> ○ 提示
>
> 　　（1）不论输出何种格式，零件中压缩或隐藏项目均不输出，即按没有压缩或隐藏项目时输出零件。
> 　　（2）要输出装配件，需使用装配工具将各自独立的零件装配起来。

2．输出格式及其性能

以某一种格式输出 CAXA 实体设计文件时，可选择要输出的属性。

❑ 材质：CAXA 实体设计零件表面材质是可编辑的位图图像，选择上述某些格式输出零件时可输出材质信息及用于生成材质的图像文件。

❑ 色彩：与"材质"类似。

❑ 环境：3D 设计环境三要素（CAXA 实体设计视向、光源、背景图或色彩）的总括术语。

❑ 背景中所有零件：可按任意格式输出单个零件或装配件，但大多格式不必选择。如未选择背景中任何零件可装配件，CAXA 实体设计将输出 3D 背景中的所有零件。

以上选项都是可选项，需根据实际情况选取，例如可选择输出光源而不输出视向。

表 9-1 对输出文件格式的属性进行了总结（其中，"可"表示可输出该选项，"否"表示不可输出该选项）。在目标应用程序中打开输出文件时，与在 CAXA 实体设计中查看的情况相同。

表 9-1 按文件类型划分的输出性能

格　式	材　质	色　彩	环　境	背　景
3D Studio	可	可	可	可
ACIS	否	否	否	否
Parasolid	否	否	否	否
AutoCAD DXF	否	可	否	可
IGES	否	否	否	可
POV-Ray	否	可	否	可
Raw Triangles	否	否	否	可
STEP AP2003	否	否	否	可
HOOPS	否	否	否	可
VRML	可	可	可	可
Visual Basic	否	否	否	否
Wavefront OBJ	可	可	否	可
CATIA	否	否	否	否
STL	否	否	否	可
VRML	可	可	可	可

3. 输出零件的一般步骤

🔩 **操作步骤**

01 打开含有要输出项的文件。

02 在背景中选择要输出的零件或装配件（选中的零件呈蓝边加亮显示），或者取消所有选择，以便输出设计环境。

03 选择【文件】/【输出】/【零件】命令，弹出【输出文件】对话框，如图 9-10 所示。

图 9-10　【输出文件】对话框

04 选择目标文件夹，在【文件名】文本框中输入要输出文件的文件名。

05 在【保存类型】下拉列表框中选择输出文件格式，然后单击【保存】按钮。

> ○ 提示
>
> 选择不同的保存类型，有时会弹出对话框，用来定义输出选项。

9.2.5　将零件输入 CAXA 实体设计

与输出相同，CAXA 实体设计可接受 9.2.4 节中所述的 18 种格式的零件文件。

各种格式的文件用途及性能各不相同，但所有格式都可将单个多面体零件输入 CAXA 实体设计。单个多面体零件是一个带有尺寸框的整体对象，可以通过拖动其手柄来重新调整大小，还可以改变在整个零件或单独表面的颜色和材质。

1．输入格式及其性能

某些格式允许输入比基本 3D 形状更多的形状。根据相关格式，可以选择表 9-2 中所列性能选项。

表 9-2　按文件类型划分的输入性能

格　　式	材　　质	颜　　色	环　　境	多个零件
3D Studio	可	可	可	可
ACIS	否	否	否	可
AutoCAD DXF	否	可	否	可
Parasolid	否	可	否	可
IGES	否	否	否	否
RAW	否	可	否	可
STEP	否	否	否	可
Stereolithography	否	否	否	可
Pro/ENGINEER	否	否	否	可*
VRML	可	可	可	可
Wavefront	可	可	否	可
CATIA	否	否	否	否

表 9-2 中各选项含义简介如下。

❑ 材质：如果零件使用图像来表示表面材质，就可以输入材质。在 CAXA 实体设计中得到的零件表面与原始应用程序中的相同。一般情况下，将材质图像文件保存到与零件相同的目录中。CAXA 实体设计还可以保存它所检查的图像文件目录列表。可以通过【选项】对话框中的【目录】选项卡，将一个新位置加入到列表中。可从【工具】菜单中选择相应命令来查看此表。

❑ 颜色：如果原始零件上有带颜色的表面，可以输入零件的颜色，并在 CAXA 实体设计中以原来的颜色显示出来。

❑ 环境：与输出零件文件相同，此术语指灯光、相机的视角以及设计环境图像或颜色。如果上述任意一种要素出现在原始应用程序中，可以将它们输入到 CAXA 实体设计零件上。

❑ 多个零件：某些格式允许按单个零件或多个零件输入 3D 对象。如果原始对象由多个零件组成，可以将它们按多个零件导入 CAXA 实体设计，并分别处理它们。

表中"*"表示多个零件位于同一零件文件中。表 9-2 中的零件环境与其他项一起，都存在于输入前的零件文件中。其中的某些特性在输入过程中自动导入，其他的可当选项使用。另外，某些格式提供了在输入过程中编辑零件的机会。

2. 输入零件的一般步骤

将零件输入 CAXA 实体设计中有两种方法：一是在 CAXA 实体设计中选择【文件】/【输入】命令，在弹出的对话框中的【文件类型】下拉列表框中选择输入零件文件格式；二是拖放法，即并排打开 CAXA 实体设计和 Windows 资源管理器（或所需输入零件文件），选中要输入的零件，然后将其拖放到 CAXA 实体设计窗口中。

与输出相同，许多输入格式提供了与其相配的选项和功能。

> ○ 提示
>
> 将零件直接拖入得到的是一平面图形，而非零件实体。

9.2.6 将图纸输入 CAXA 实体设计

CAXA 实体设计支持在进行 2D/3D 设计时，直接将 2D 图纸文件输入到 2D 截面图栅格上。

【例 9-6】 将 DXF/DWG 文件输入 2D 截面图中

操作步骤

01 选择智能图素生成工具，显示出 2D 截面栅格，如图 9-11 所示。

02 选择【文件】/【输入】命令，或右击栅格面并从弹出的快捷菜单中选择【输入】命令。

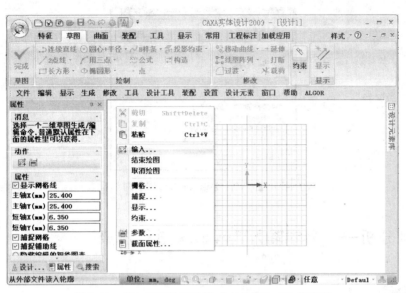

图 9-11　将*.DXF/DWG 格式文件输入 2D 截面图

03 弹出【输入文件】对话框，查找要输入的 "*.DXF/DWG" 格式文件所在路径，文件类型选择 DXF 或 DWG。

04 选择要输入的文件，单击【打开】按钮或双击文件名。

05 弹出如图 9-12 所示输入 AutoCAD dxf/dwg 文件的【二维草图读入选项】对话框，在其中进行读入层、误差、默认长度单位等设置，然后单击【确定】按钮即可。

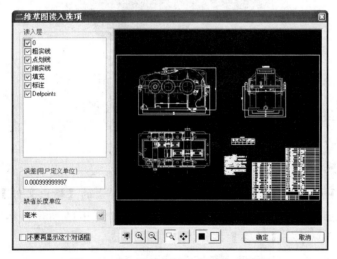

图 9-12　【二维草图读入选项】对话框

CAXA 实体设计在图纸工作环境中还支持将 DXF/DWG 文件直接输入工程图纸。选择【文件】/【打开文件】命令，文件类型选择 DXF 或 DWG，打开如图 9-13 所示【DWG/DXF读入选项】对话框，设置默认长度单位、字体文件搜索路径、图纸幅面后单击【确定】按钮，即可将 DXF/DWG 文件输入图纸工作环境。

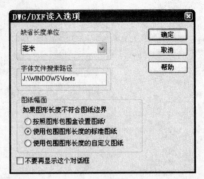

图 9-13 【DWG/DWF 读入选项】对话框

9.3 实例分析——台钳输入 3ds max 进行渲染

操作录像 视频\09\台钳输入 3D MAX.avi

设计目标

将图 9-14 所示台钳转换为.3ds 格式，然后输入到 3ds max 软件进行渲染和动画制作。

图 9-14 台钳

操作步骤

01 创建一个新的设计环境。

02 插入台钳装配体。

03 选择【文件】/【输出】/【输出零件】命令，在弹出的【输出文件】对话框中的【保存类型】下拉列表框中选择 3D Studio (*.3ds)，如图 9-15 所示，然后选择保存路径，并输入文件名，单击【保存】按钮。

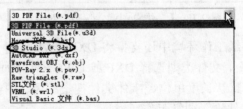

图 9-15 保存类型设置为 3D Studio (*.3ds)

04 在弹出的【3d Studio 输出】对话框中设置相应选项，然后单击【确定】按钮，如图 9-16 所示。

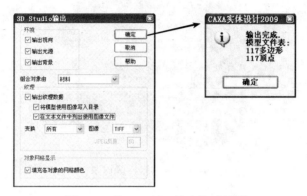

图 9-16　【3D Studio 输出】对话框

05 打开 3ds max 软件，选择【文件】/【导入】命令，在弹出的【选择要导入的文件】对话框中选择"台钳.3ds"，单击【打开】按钮，结果如图 9-17 所示。

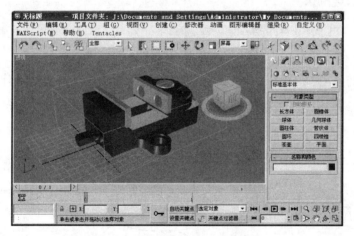

图 9-17　文件导入 3ds max 软件

9.4　减速器设计之八：数据共享

操作录像　视频\09\减速器数据共享.avi

CAXA 实体设计具有协同设计的特点，这就意味着共同开发设计同一目标产品的不同设计人员可使用不同的 CAD 系统进行产品设计。因为实体设计的数据接口非常强大，CAXA 几乎支持目前所有流行的 CAD 系统文件。另外，CAXA 实体设计对 Microsoft 的办公应用程序完全兼容。而完成这些功能的基础就是产品的设计数据共享。

设计目标

下面以图 9-18 所示减速器为例，演示 CAXA 实体设计与其他应用程序的数据共享。

图 9-18　减速器拆解视图

操作步骤

01 创建一个新的设计环境。

02 插入减速器装配体。

03 打开 Microsoft Word 应用程序。

04 在 Word 中打开相应的文档，将鼠标移至要插入的位置。

05 在已打开的 CAXA 实体设计文件中，打开 CAXA 实体设计中的设计树。

06 将设计树顶部的设计环境图标拖放到 Word 文档中，如图 9-19 所示，即可将零件嵌入到 Word 文档中。

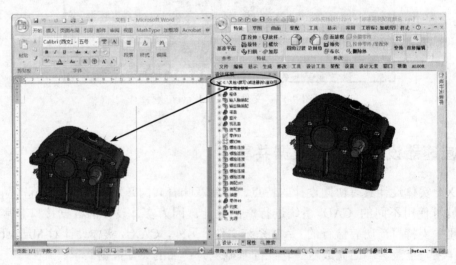

图 9-19　拖放到 Word 界面中的 CAXA 实体设计零件

07 关闭 Word 软件，打开 Excel 软件，建立如图 9-20 所示的明细表。

图 9-20　在 Excel 中建立减速器明细表

08　选中要嵌入的单元格，当鼠标指针呈箭头状时按住鼠标左键，直接将选中的单元格拖入 CAXA 实体设计环境中。

09　要编辑嵌入的单元格内容，双击单元格图片或右击设计树中单元格图标，然后从弹出的快捷菜单中选择【编辑】或【打开】命令，即可打开 Excel 进行编辑，编辑结束后保存工作，此时 CAXA 实体设计中将显示更新的单元格（可用三维球调整嵌入的单元格的位置），如图 9-21 所示。

10　在 CAXA 实体设计的设计树中单击要嵌入 Excel 的零件，使之处于智能图素编辑状态。

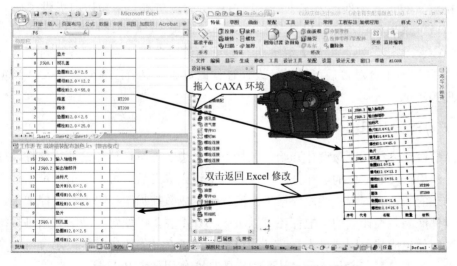

图 9-21　将明细表嵌入 CAXA 实体设计环境并编辑

11 打开 CAXA 实体设计中的设计树,将设计环境图标⚓拖放到已打开的 Excel 文档中,结果如图 9-22 所示。

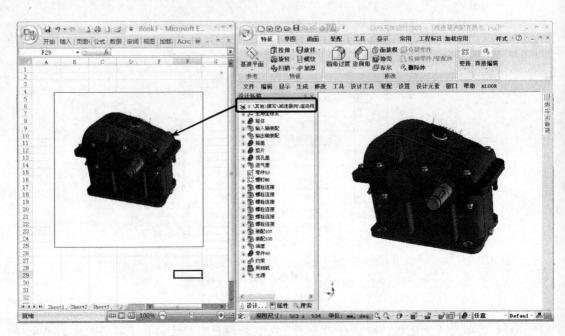

图 9-22 减速器嵌入 Excel 应用程序

9.5 应用拓展

CAXA 实体设计系统不仅能够实现产品机构的详细设计,而且可以为产品从设计到制造乃至数据管理提供一套完整的解决方案。CAXA 实体设计是基于 Web 的 PLM 协同设计解决方案的重要组件,为基于网络的设计生成、交流共享和访问提供了协同和集成的能力。通过添加外部程序,以及与 CAXA 电子图板、CAXA 图文档、CAXA 工艺解决方案、CAXA 制造解决方案等无缝集成,即可构建出功能强大的业务协同解决方案。与 CAXA 协同管理平台对接后可以进行设计过程的审签,具有版本管理、文件浏览、零件分类管理等功能。

1. 产品的设计流程

产品的设计流程从概念设计开始,包括设计思想、方案设计与论证、零件设计与虚拟装配、干涉检查及装配件的爆炸分解;当这些工作完成之后,可以输出二维工程图以及用于零件加工的工艺流程卡;然后根据工艺流程卡生成数控加工代码进行数控加工,得到所需要的零件产品。设计好的装配件还可以生成 BOM 表,以便对产品的数据进行统一的管理;由装配件生成装配图,可指导产品的组装;为了产品的销售宣传,还可以对产品进行渲染处理。数据共享在产品协同设计流程中的核心作用如图 9-23 所示。

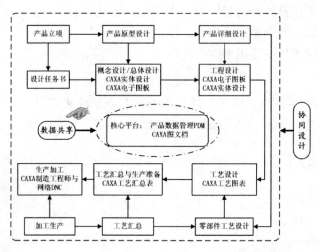

图 9-23　CAXA 实体设计产品协同设计流程

2．工艺解决方案

　　企业的生产管理部门可以在协同管理、数据共享构建的平台上，构建工艺加工所必需的知识管理内容，如根据生成的 BOM 表构造资源库；根据编程需要构建工艺符号库；根据专业需要构建工装夹具库；还可以通过对典型零件的分析、归纳建立典型工艺流程卡。在流程管理方面，从加工需要出发，可以通过协同管理平台提取三维设计数据，生成二维工程图以及工艺流程卡；也可以对工艺流程卡进行汇总，从而构成一套理想的工艺解决方案。如图 9-24 所示为工艺解决方案的基本流程。

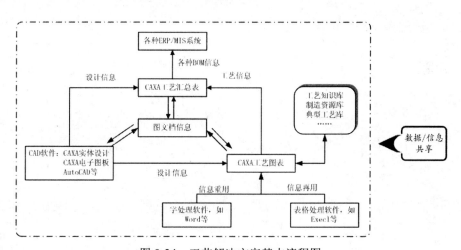

图 9-24　工艺解决方案基本流程图

9.6　思考与练习

1．思考题

（1）CAXA 实体设计系统包括哪些实体内核？

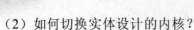

（2）如何切换实体设计的内核？

（3）如何在三维环境中输出 BOM 表？

（4）如何在绘图环境中输出 BOM 表？

2．操作题

（1）将如图 9-25 所示直齿圆锥齿轮嵌入 Word、Excel 文档中。

（2）将如图 9-26 所示柱塞泵装配体输入 3ds max 软件。

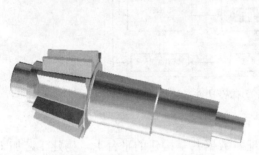

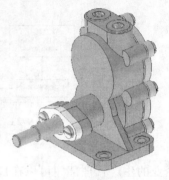

图 9-25　直齿圆锥齿轮　　　　　　图 9-26　柱塞泵

第 10 章　CAXA 实体设计应用经典实例

 学习目标

掌握机械设计的方法与技巧
掌握工业设计的方法与技巧
掌握建筑设计的基本方法

球阀在管路中主要用来切断、分配和改变介质的流动方向。在此通过球阀的实体设计，复习前面各章所讲内容，并且着重练习截面工具的使用方法及其在装配中的作用。

手机是现实生活中不可或缺的通信工具。在进行现代工业设计时，可利用 CAXA 实体设计软件充分地表现出产品的形态、色彩及质感三要素，满足一个产品的展示和宣传功能。

通过讲解一套三居室住宅的建筑结构设计、门窗设计、家具设计、室内环境设计及渲染等内容来展示 CAXA 实体设计在建筑设计中的应用。

ZeroBook.net
零点工作室

10.1　机械设计范例——浮动式法兰球阀设计

实例文件　实例\10\手机\手机渲染.ics
操作录像　视频\10\手机.avi

设计目标

本节将利用 CAXA 实体设计 2009 设计——浮动式法兰球阀，其最终效果如图 10-1 所示。

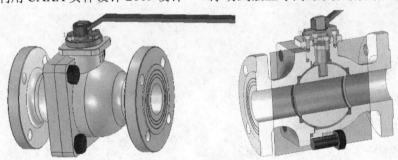

图 10-1　浮动式法兰球阀

技术要点

- ❑　无约束实体的建立。
- ❑　设计元素库的操作方法。
- ❑　无约束装配工具的使用方法。
- ❑　结构设计中的混合设计方法。
- ❑　设计标准：
  - ○　设计遵循 GB12237—1989。
  - ○　结构长度遵循 GB12221—1989。
  - ○　连接端：法兰尺寸遵循 JB/T79.1—1994。
  - ○　结构：全通径；浮动球；二体式。
  - ○　主体材料：WCB、CF8、CF8M 等。
  - ○　密封材料：PTFE。

设计过程

（1）建立阀芯、密封圈

使用球体作为阀芯的基础造型，编辑截面轮廓获得准确形状，使用孔类圆柱体除料生成阀芯的完整造型。

（2）建立右阀体

生成联接板，使用圆柱体、球体、自定义孔等标准智能图素生成右阀体等零件的实体造型。

（3）建立阀杆

使用圆柱体、长方体等标准智能图素生成阀杆的基础造型，使用"面匹配"表面编辑功能生成阀杆头部的部分球面特征。

（4）**截面工具的运用**

使用截面工具将阀芯、阀杆与右阀体准确装配，并在截面内完成其他零部件的设计与安装。

（5）**填料压板、限位板和弹性挡圈的构建**

构建填料压板；利用拉伸操作生成形状较复杂的限位板；利用二维图形的导入、拉伸形成弹性挡圈的实体造型。

（6）**左阀体的构建**

在截面内完成左阀体的构建，特别是与阀芯的配合。

（7）**完善球阀设计**

完善设计，添加圆角过渡、边过渡等，最后渲染造型。

操作步骤

01 建立阀芯。从设计元素库中拖曳"球体"图素到设计环境中，编辑其包围盒尺寸为 100，生成直径为 100 的球体。

02 在图素编辑状态下右击球体，在弹出的快捷菜单中选择【编辑草图截面】命令，进入草图截面编辑状态；绘制水平直线 1、水平直线 2，并标注直线与 X 轴距离分别为 10；删除多余线段，单击 ✔ 按钮，如图 10-2 所示。

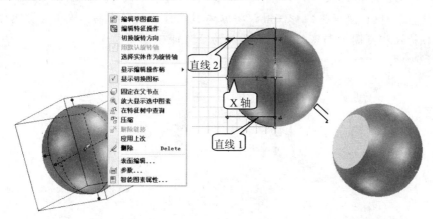

图 10-2　构建阀芯球体部分

03 从设计元素库中拖曳"孔类圆柱体"图素至零件端面中心位置，待出现绿色反馈后释放鼠标；调整包围盒尺寸，将孔直径设置为 50；拖曳图素前端操作柄，形成直径为 50 的通孔特征，如图 10-3 所示。

图 10-3　生成球体通孔

04 从设计元素库中拖曳"孔类圆柱体"图素至零件端面中心位置，使用前端操作柄调整包围盒尺寸，生成直径为75、高为15的孔类圆柱体。

05 单击【三维球】按钮，拖曳顶部操作柄，使图素向上移动70；拖曳水平操作柄，使图素后移 32.5，形成阀芯顶部除料特征。取消三维球工具，生成阀芯完整造型，如图 10-4 所示。

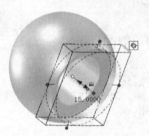

图 10-4 构建球体弧槽

06 构建密封圈。单击【新建】按钮，开始一个新设计。从设计元素库中拖曳"圆柱体"和"孔类圆柱体"图素，生成如图 4-5 所示圆环，其内、外直径分别为 56、75，厚度为 6。

07 从设计元素库中拖曳"孔类球体"图素到圆环底面中心位置，使用包围盒将球体直径调整为100；激活三维球工具，将球体图素移动一定距离；单击【智能标注】按钮，标注相交圆弧与密封圈底面距离为2，如图 10-5 所示。

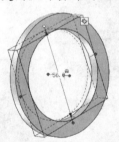
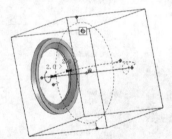

图 10-5 构建密封圈

08 构建阀杆。新建设计，从设计元素库中拖曳"圆柱体"图素到设计环境中，使用包围盒编辑圆柱体直径为20、高度为65。

09 单击【边倒角】按钮，拾取顶边，在属性表中选择【两边距离：1】，单击【确认】按钮，结果如图 10-6 所示。

图 10-6 圆柱体边倒角

10 从图素元素库中拖曳"圆柱体"图素到设计环境中，使用包围盒编辑圆柱体直径为30、高度为5；单击【拉伸向导】按钮，点选圆柱体图素表面中心位置，在弹出的【拉伸特征向导】对话框中选中【增料】，将拉伸距离设置为10；利用"投影"与"裁剪"功能绘制如图10-7所示截面轮廓线。最后单击【完成】按钮。

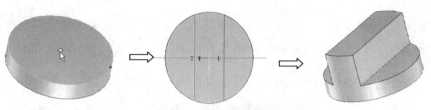

图 10-7　增料拉伸

11 拖曳"球体"图素至设计环境中，待出现绿色反馈后释放鼠标；编辑球直径为 50；利用三维球将球图素定位到正确位置；在球体智能编辑状态下，单击操作柄切换标志 📧，拖动旋转操作柄调整旋转角度（只需使球体表面能覆盖阀杆头部平面即可），如图 10-8 所示。

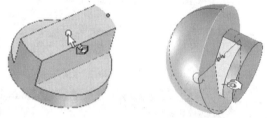

图 10-8　添加球体并调整其旋转角度

12 单击球体零件，使其处于表面编辑状态；右击其表面，在弹出的快捷菜单中选择【生成】/【提取曲面】命令或直接单击【提取曲面】按钮 🦴，生成部分球面；在设计树中选择"球体"图素，按 Delete 键将其删除，结果如图 10-9 所示。

13 单击【表面匹配】按钮 🖢，拾取顶部平面；在属性表中单击【匹配】按钮 ◇，拾取球面内表面作为匹配曲面；单击 ✔ 按钮，生成阀杆头部球形表面；将曲面删除，结果如图 10-10 所示。

图 10-9　提取球体表面　　　　　　　　　　图 10-10　表面匹配

14 利用三维球工具将生成的阀杆头部零件定位至长杆部，并通过拉伸减料操作生成其底部特征，结果如图 10-11 所示。

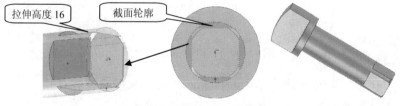

拉伸高度 16　　　截面轮廓

图 10-11　减料拉伸操作

15 构建阀体。新建设计，从图素元素库中拖曳"长方体"图素至设计环境中，编辑包围盒如图 10-12 所示，圆角过渡尺寸设置为 20。

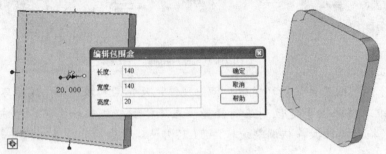

图 10-12　拖入长方体

16 从设计元素库中拖曳"圆柱体"图素到端盖表面中心位置，使用前端操作柄调整包围盒尺寸，如图 10-13 所示。

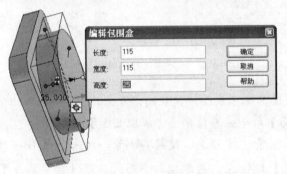

图 10-13　添加圆柱体

17 从设计元素库中拖曳"球体"图素到圆柱体顶面中心位置，编辑包围盒，调整球体直径为 115，如图 10-14 所示。

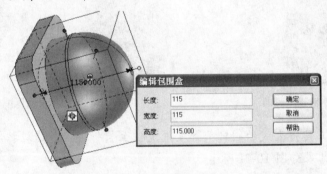

图 10-14　添加球体

18 拖曳"圆柱体"图素到端盖底面中心，利用三维球将圆柱体图素定位于球体顶端，如图 10-15 所示。

19 拖曳"圆柱体"图素至圆柱体中心位置，待出现绿色反馈后释放鼠标；利用包围盒调整尺寸，结果如图 10-16 所示。

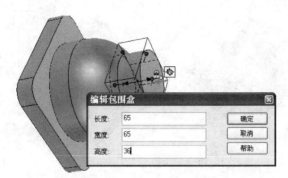

图 10-15　拖入圆柱体

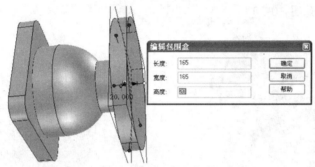

图 10-16　添加圆柱体

20 拖曳"孔类圆柱体"图素至阀体左端中心位置，待出现绿色反馈后释放鼠标；调整其包围盒尺寸，如图 10-17 所示。

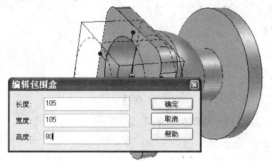

图 10-17　添加孔类圆柱体

21 拖曳"孔类圆柱体"图素至阀体左端面，编辑包围盒，设置其直径为 115、高度为 5。

22 利用圆形阵列操作，在阀体左端面形成 4 个孔，孔直径为 18，圆形阵列直径为 75；同理，在阀体右端面形成 4 个孔，孔直径为 18，阵列直径为 65，结果如图 10-18 所示。

23 拖曳"孔类球体"图素至阀体轴线，利用三维球将其定位至阀体实心球中心，球体直径设置为 105，如图 10-19 所示。

24 拖曳"圆柱体"图素至右端面中心位置，设置其高度为 2、直径为 110。

25 拖曳"孔类圆柱体"图素至阀体右端面中心位置，设置其直径为 50；拖曳轴向操作柄，使孔类圆柱体贯通阀体。

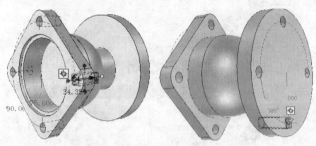

图 10-18　采用阵列操作形成环形孔

26　将"孔类圆环"图素拖放至右端面中心位置，将其直径分别设置为 90、80、70，高度为 1，结果如图 10-20 所示。

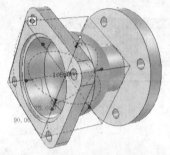

图 10-19　添加"孔类球体"图素

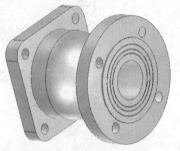

图 10-20　生成密封槽

27　新建设计，将阀芯和密封圈导入设计环境；采用无约束装配和贴合命令，装配阀芯和密封圈，结果如图 10-21 所示。

28　在设计树中选择"阀芯"装配体，然后选择【工具】/【干涉检查】命令。如果装配体存在干涉问题，则将弹出【干涉报告】对话框提示用户，同时设计环境中装配体存在干涉的部分会加亮显示，如图 10-22 所示。

图 10-21　装配阀芯组件

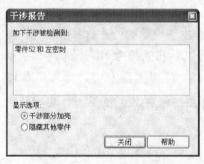

图 10-22　干涉检查

29　为了帮助准确定位，在设计树中单击装配体，然后选择截面工具，在其属性栏中选择【截面工具类型】，单击【截面工具选项】按钮 ⊗；点选一中心圆柱面，出现剖切平面，使用三维球将其定位到阀体的中心位置；单击 ✓ 按钮，装配体被剖切；如果感觉剖切面所在方位不合适，可激活三维球进行调整，结果如图 10-23 所示。

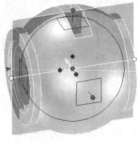

图 10-23　剖切阀芯装配体

30 在设计树中选择截面工具，单击鼠标右键，在弹出的快捷菜单中选择【精度模式】命令，精确显示被剖视装配体，如图 10-24 所示。

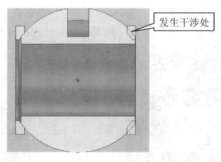

图 10-24　开启精度模式

31 为了观察清晰，利用三维球将发生干涉的部分零件在轴向拉开；在设计树中单击发生干涉的密封圈，激活三维球工具，按 Space 键，三维球变色亮显；利用"到中心点"功能，将三维球重新定位到圆弧 A 的球心位置，如图 10-25 所示。

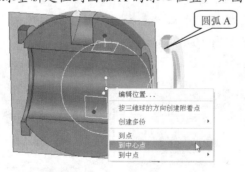

图 10-25　重定位密封圈三维球

32 再次按 Space 键，返回零件定位状态；单击水平一维操作柄，使零件只能沿该轴线方向移动或旋转；在三维球球心上单击鼠标右键，在弹出的快捷菜单中选择【到点】命令，拾取阀芯内圆剖切线中点，将密封圈准确定位，继而将密封圈座重新轴向定位，如图 10-26 所示。

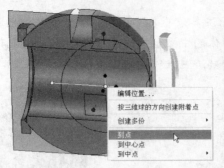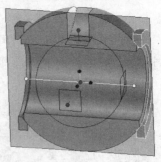

图 10-26　重定位密封圈

33 在设计树中单击装配体，然后单击【干涉检查】按钮🔲，弹出【干涉报告】对话框。如再次出现干涉情况，则返回检查定位的准确性。结果如图 10-27 所示。

34 单击【零件/装配】按钮🔲，装入阀体组合件；利用三维球将阀芯和阀体组件轴线重合，并调整它们的相对位置；在设计树中按住 Shift 键，选择阀芯和阀体组合件，然后单击【装配】按钮🔲，形成装配体，命名为"球阀装配"；按照上述步骤，形成剖切面，并选择【精度模式】，结果如图 10-28 所示。

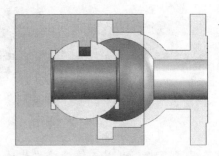

图 10-27　修正干涉后结果　　　　图 10-28　装配阀体与阀芯并形成剖切面

35 将阀芯定位。在设计树中选中阀芯组件，激活三维球工具；右击三维球中心点，在弹出的快捷菜单中选择【到中心点】命令；单击阀体球心形成的剖切线，待出现绿色反馈后单击，结果如图 10-29 所示。

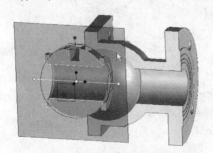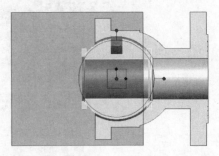

图 10-29　定位阀芯

36 从图素元素库中拖曳"孔类圆柱体"图素至阀体上任一处，激活三维球，如图 10-30 所示。

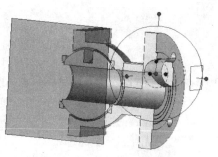

图 10-30　拖曳"孔类圆柱体"图素至阀体任一处

37 如果图素方向有误，右击孔类圆柱体图素轴向定位手柄，在弹出的快捷菜单中选择【与面垂直】命令，点选如图 10-31 所示表面，则孔类圆柱体图素轴线与通孔轴线平行。

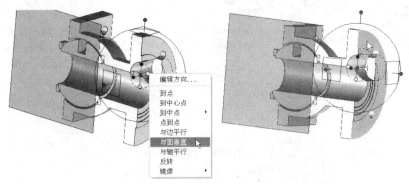

图 10-31　调整孔图素轴线方向

38 右击三维球中心点，在弹出的快捷菜单中选择【到中心点】命令，将孔类圆柱体图素定位至阀体内腔右侧通孔处，并使其与通孔同轴，如图 10-32 所示。

> ○ **提示**
>
> 　　也可将孔类圆柱体图素拖至通孔圆圈处，同时按住 Shift 键，待出现绿色反馈后释放鼠标即可。

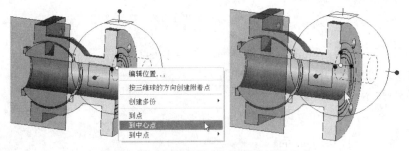

图 10-32　调整孔类圆柱体图素轴线方向

39 利用三维球将孔类圆柱体图素移至通孔左侧；取消三维球；右击孔图素右侧控制柄，在弹出的快捷菜单中选择【到点】命令，然后点选剖切图中密封圈右上角，如图 10-33 所示。

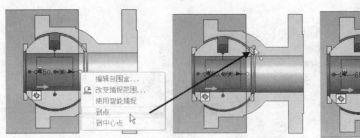

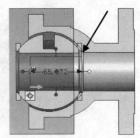

图 10-33 "到点"操作

40 右击孔图素左侧控制柄，编辑包围盒，结果如图 10-34 所示。

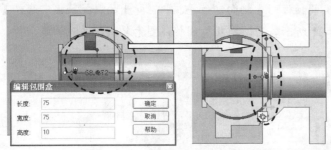

> **提示**
>
> 步骤 30～34 采用的方法后面经常用到，到时不再赘述。

图 10-34 编辑包围盒

41 在阀体顶部添加"键"图素，结果如图 10-35 所示。

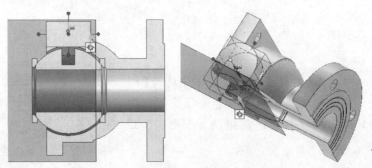

图 10-35 添加键图素

42 单击【零件/装配】按钮，导入阀杆，然后在设计树中将阀杆拖入阀装配体，利用三维球对阀杆定位，结果如图 10-36 所示。

43 拖曳"孔类圆柱体"图素至阀体，在阀杆底部凸台处形成沉孔，结果如图 10-37 所示。

44 拖曳"孔类圆柱体"图素至阀体，根据阀杆轴径定义孔径为 24、通孔，结果如图 10-38 所示。

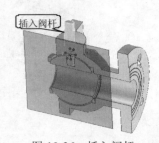

图 10-36 插入阀杆

45 拖曳"长方体"图素至阀体，定义其长度为 70、宽度为 70、高度为 10，如图 7-39 所示。

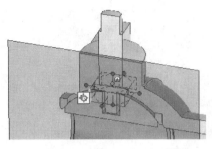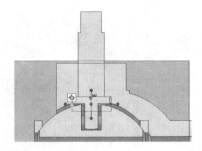

图 10-37　生成沉孔

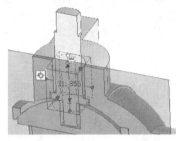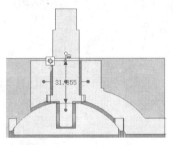

图 10-38　生成通孔

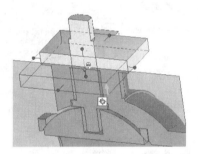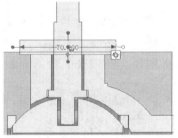

图 10-39　拖入长方体图素

46 拖曳 "孔类圆柱体" 图素至阀体，定义孔径为 30，利用三维球对其定位，结果如图 10-40 所示。

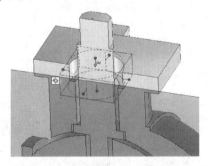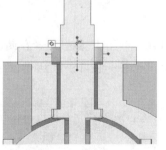

图 10-40　生成通孔

47 拖曳 "圆柱体" 图素至设计环境中（注意不要放置在阀体上，否则将成为阀体的一部分），定义其直径为 50、高度为 10；利用三维球将其定位，并命名为 "填料压套"，结果如图 10-41 所示。

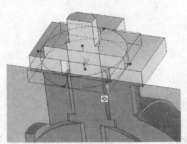
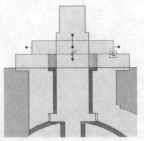

图 10-41　拖入长方体图素

48　通过拖曳"孔类圆柱体"在填料压套上生成两个孔，直径分别为 24 和 20，结果如图 10-42 所示。

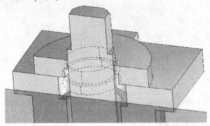
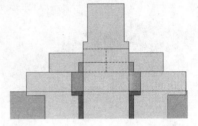

图 10-42　填料压套处生成两个孔

49　生成左阀体。拖曳"长方体"图素至设计环境中（注意不要和其他零件接触，以免成为其他零件的一个特征）；在设计树中将左阀体零件拖入阀装配体；利用三维球将其定位，并编辑其包围盒，结果如图 10-43 所示。

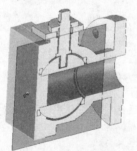
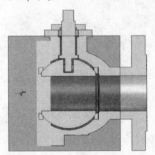

图 10-43　开始生成左阀体

50　拖曳"圆柱体"图素至左阀体右侧，设置其直径为 105、高度为 7；利用三维球工具将其定位，结果如图 10-44 所示。

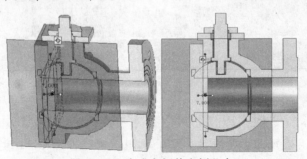

图 10-44　生成左阀体右侧凸台

51 根据左阀体右侧凸台，拖入"孔类圆柱体"图素，在右阀体左侧生成两个台阶，直径分别为 115、105，结果如图 10-45 所示。

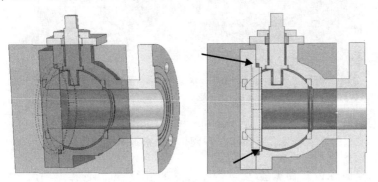

图 10-45　右阀体生成两个台阶

52 拖曳"圆柱体"图素至左阀体左侧中心位置，待出现绿色反馈后释放鼠标，设置其直径为 75、高度为 50，结果如图 10-46 所示。

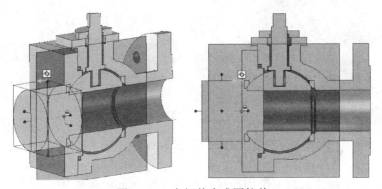

图 10-46　左阀体生成圆柱体

53 拖曳"孔类球体"图素至左阀体，设置其直径为 105；利用三维球将其定位，使其与右阀体球心重合，结果如图 10-47 所示。

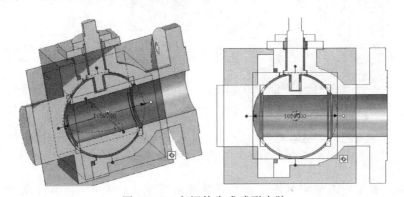

图 10-47　左阀体生成球形内腔

54 拖曳"孔类圆柱体"图素至左阀体，生成阀芯左侧密封圈座，结果如图 10-48 所示。

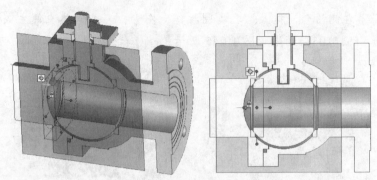

图 10-48　左阀体生成密封圈座

55 拖曳"孔类圆柱体"图素至左阀体，设置其直径 50、通孔；利用三维球定位，结果如图 10-49 所示。

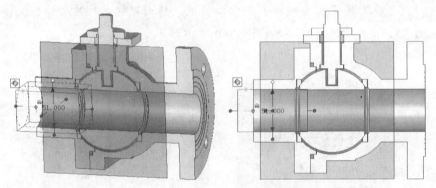

图 10-49　左阀体生成通孔

56 至此，阀体内部装配基本完毕。通过检查发现，右阀体左侧口径小于阀芯球体，阀芯无法装入。因此需对结构进行修改，修正前后的对比情况如图 10-50 所示。

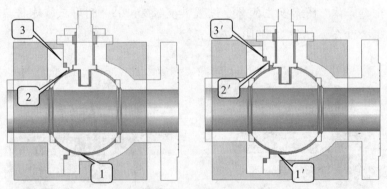

图 10-50　修还前后的对比情况

57 在阀体内部各处添加密封垫、变径弹簧及填料等，结果如图 10-51 所示。

58 在设计树中将【截面工具】压缩；在左阀体左侧形成法兰盘，其上圆柱体、圆环、通孔等的参数与右阀体法兰的相同，结果如图 10-52 所示。

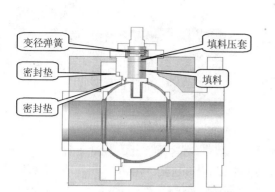

图 10-51　添加密封垫变径弹簧及填料等

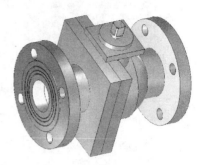

图 10-52　球阀基本外形

59 从工具元素库中拖曳"自定义"图素至左阀体左侧联接法兰，形成 M18 的螺纹孔，利用圆形阵列操作形成均匀分布的 4 个螺纹孔；再从工具元素库中拖曳紧固件图素至设计环境中，定义添加 M18×40 螺栓，利用圆形阵列操作生成均匀分布的 4 个螺栓，结果如图 10-53 所示。

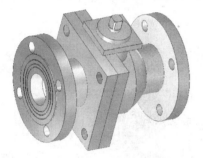

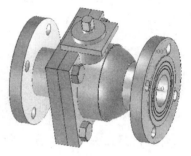

图 10-53　生成螺纹孔并添加螺栓

60 在填料压板上生成直径为 7 的 4 个均匀分布的孔，继而生成深度为 6 的沉孔，如图 10-54 所示。

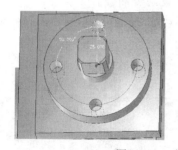

图 10-54　生成螺栓孔及沉孔

61 在填料压板上形成螺纹通孔。从工具元素库中拖曳自定义图素至填料压板右侧孔中心位置，并设置其尺寸为 M6；使用三维球旋转方法将其定位至两通孔中间；采用圆形阵列方法，形成对称的两个螺纹通孔，如图 10-55 所示。

62 在右阀体与填料压板相接平台上，生成与填料压板 4 个通孔对应的 4 个螺纹孔，尺寸为 M6×14，结果如图 10-56 所示。

图 10-55　生成两个 M6 螺纹通孔

图 10-56　生成 4 个 M6×14 螺纹孔

63 从工具元素库中拖曳"紧固件"图素至设计环境中；在弹出的【紧固件】对话框中，设置参数为 M6×12 内六角圆柱头螺钉；以同样方法生成 M6×10 内六角圆柱头螺钉。

64 将两种内六角圆柱头螺钉采用三维球圆形阵列方法，填入相应螺纹孔中，结果如图 10-57 所示。

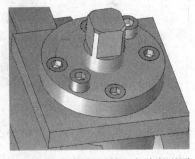

图 10-57　将两种螺钉填入相应螺纹孔中

65 在设计树中单击阀杆造型部分，右击造型下方的三角形，在弹出的快捷菜单中选择【中心点的捕捉】命令，然后将光标移至阀杆与填料压板相交圆处，待出现绿色反馈后单击，结果如图 10-58 所示。

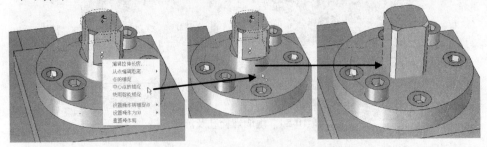

图 10-58　改变阀杆头部造型长度

66 绘制限位板。单击【拉伸向导】按钮，单击填料压板上表面任意位置，利用三维球将二维绘图原点移至填料压板中心位置。

67 单击【投影】按钮，将必要的辅助用曲线投影到二维绘图平面上，绘图结束后再利用剪裁工具去除多余曲线，得到如图 10-59 所示封闭区域。

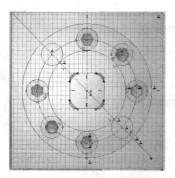
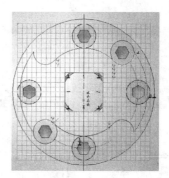

图 10-59　绘制限位板二维平面封闭曲线

68 单击 ✔ 按钮，结果如图 10-60 所示。

69 在设计环境中通过"圆柱体"和"孔类圆柱体"图素生成一个厚度为 1.5 的圆环（也可通过从图素元素库中拖曳"圆环"图素至设计环境中，然后编辑截面形状和回转半径得到），如图 10-61 所示。

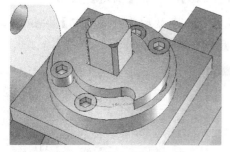

图 10-60　增料拉伸生成限位板

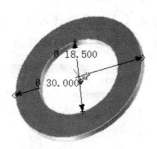

图 10-61　生成圆环

70 利用三维球工具将圆环定位至限位板中心位置，如图 10-62 所示。

71 单击【布尔】按钮 ，在属性栏中的操作类型下拉列表中选择【减】，裁剪对象选择【阀杆】，被剪裁对象选择【圆环】，然后单击【确定】按钮 ，结果如图 10-63 所示。

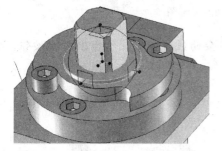

图 10-62　将圆环定位至限位板上

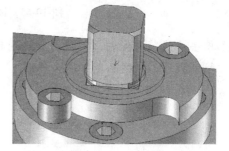

图 10-63　布尔减操作

72 打开 CAXA 电子图板 2007，单击【提取图符】按钮 ；在弹出的【提取图符】对话框中设置相应参数，然后单击【下一步】按钮；在弹出的【图符预处理】对话框中设置相应参数，单击【确定】按钮；此时会有一个亮显的弹性挡圈随光标移动，单击坐标原点，弹性挡圈在原点处生成二维视图，如图 10-64 所示。

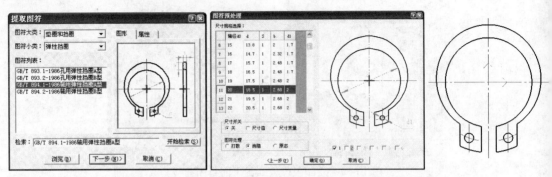

图 10-64   利用 CAXA 电子图板 2007 生成弹性挡圈二维图

73 将文件保存为"弹性挡圈.exb"。

74 新建实体设计，单击【拉伸向导】按钮，设置拉伸距离为 1，单击【确定】按钮；在草图绘制环境中单击鼠标右键，在弹出的快捷菜单中选择【输入】命令，在弹出的【输入文件】对话框中选择【弹性挡圈.exb】，单击【确定】按钮。

75 弹出【二维草图读入选项】对话框，设置相应参数后单击【确定】按钮，二维绘图环境中出现弹性挡圈轮廓，如图 10-65 所示。

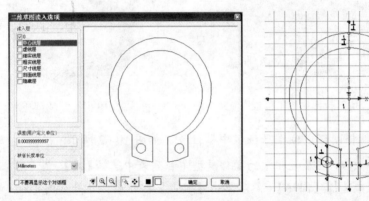

图 10-65   读入弹性挡圈二维图

76 单击【裁剪】按钮，将二维绘图环境中多余曲线段去除，然后单击 ✓ 按钮，完成拉伸操作，结果如图 10-66 所示。

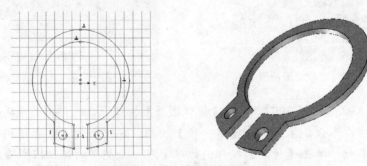

图 10-66   生成弹性挡圈实体造型

77 将弹性挡圈导入球阀装配环境中，利用三维球工具将其准确定位至限位板上方，结果如图 10-67 所示。

78 新建设计，生成如图 10-68 所示手柄。

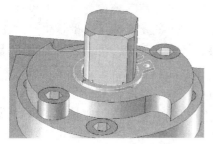

图 10-67　导入并定位弹性挡圈　　　　　　　图 10-68　生成手柄

79 将手柄插入球阀装配设计环境中，利用三维球将其准确定位至弹性挡圈上方，结果如图 10-69 所示。

80 对球阀实体各处进行圆角过渡和边过渡操作。

81 对球阀进行渲染，结果如图 10-70 所示。

82 球阀内部零件的渲染可在截面内进行，如图 10-71 所示。

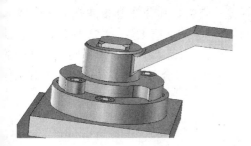

图 10-69　装入手柄　　　　　　　　　　图 10-70　球阀渲染

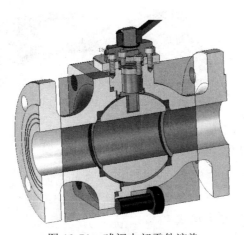

图 10-71　球阀内部零件渲染

实例文件　实例\10\手机\手机渲染.ics
操作录像　视频\10\手机.avi

10.2　工业设计范例——手机设计与渲染

"工业设计"是一个泊来语，由英语 Industrial Design 直译而来，在我国曾被称为"工业美术设计"、"产品造型设计"、"产品设计"等，近年来才将其统称为"工业设计"。

1980 年，国际工业设计协会联合会为"工业设计"下的定义为"对批量生产的工业产品，凭借训练、技术、经验及视觉感受而赋予材料、结构、形态、色彩、表面加工及装饰以新的质量和性能。"当需要工业设计师对包装、宣传、市场开发等方面开展工作，并付出自己的技术知识和经验时，也属于工业设计的范畴。工业设计的核心是产品设计。

这是一个新的领域，它不同于传统的理工科，不是通过数理分析而是依靠综合感觉来解决问题，从而靠近艺术领域，但又与纯艺术有所区别，除了考虑"美"和"独创性"外，还要考虑功能性、实用性、经济性。也就是说，工业设计介于技术和艺术之间。

完成一项工业设计后，需要将设计者的思想、意图以可视的图形图像形式展现给用户，此时形态、色彩及质感三要素便显得尤为重要。

- ❑ 形态：属于空间视觉的表达，通过造型设计来实现。形态主要遵循几何原理，但与光线、材质等也有关。
- ❑ 色彩：光线作用于造型和材料的结果。色彩和光的吸收和反射密切相关，属于物理现象。
- ❑ 质感：反映物体的表面肌理视觉特征。通常情况下，具有视觉经验的人并不是靠触觉来感知物体的重量、温度、软硬、粗糙等特性，而往往直接靠视觉来感知。

随着生活水平的提高，手机已成为人们生活中必不可少的通信工具。出于促进销售、获得更高回报的考虑，手机厂商往往会针对不同消费群，定期或不定期设计推出不同款式功能的新品手机。其中，外观设计尤为关键，其形态、色彩、质感是否合理、完美往往决定了其销售业绩。此时 CAXA 实体设计 2009 便派上了用场。

🧰 设计目标

使用 CAXA 实体设计 2009 设计一款手机，其最终效果如图 10-72 所示。

图 10-72　手机实体造型

📋 技术要点

- ❑ 零件和表面的智能渲染属性表。
- ❑ 使用智能渲染向导渲染零件或表面的步骤和方法。

- 图像的投影方法。
- 光源的种类、属性和使用方法。
- 设计环境的渲染功能。
- 透明/雾化等渲染效果的运用。

操作步骤

01 单击【新建】按钮，开始一个新的设计；单击
【拉伸向导】按钮，在弹出的对话框中将拉
伸距离设置为 7，单击【确定】按钮；在二维绘
图环境中绘制机体二维线，然后单击 ✓ 按钮，
生成机体实体，如图 10-73 所示。

02 单击【拉伸向导】按钮，在弹出的对话框中
选择【增料】操作，拉伸距离设置为 54，单击
【确定】按钮；在二维绘图环境中绘制机体二
维线，然后单击 ✓ 按钮，生成机体铰链耳部，如图 10-74 所示。

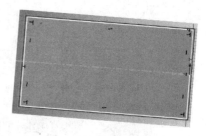

图 10-73　绘制机体二维线

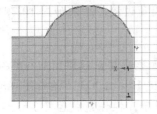 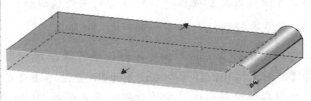

图 10-74　增料拉伸

03 单击【拉伸向导】按钮，在弹出的对话框中选择【减料】操作，拉伸距离设置为
54，单击【确定】按钮；在二维绘图环境中绘制机体二维线，然后单击 ✓ 按钮，完
成机体铰链耳部，如图 10-75 所示。

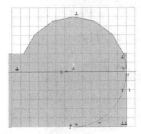 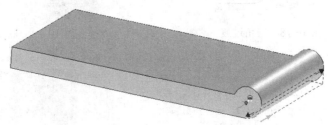

图 10-75　减料拉伸

04 单击【圆角过渡】按钮，单击耳根部，设置过渡半径为 5，单击【确定】按钮，
结果如图 10-76 所示。

05 从图素元库中拖曳"孔类圆柱体"图素至耳部中点处，待出现绿色反馈后释放鼠
标；设置圆柱体长度为 40、直径为 12；单击【约束装配】按钮，将孔类圆柱体图
素与耳部轴线重合，如图 10-77 所示。

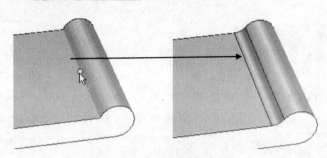

图 10-76　圆角过渡

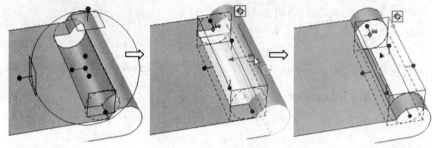

图 10-77　插入孔类圆柱体并定位

06 单击【圆角过渡】按钮🔲，对耳部的两处棱边进行圆角过渡，结果如图 10-78 所示。

07 对机体底部进行除料处理，如图 10-79 所示。

08 在设计树中将上述除料拉伸压缩；单击【拉伸向导】按钮🔲，在弹出的对话框中选择【减料】操作，拉伸距离设置为 8，然后单击【确定】按钮；在二维绘图环境中绘制机体底部除料曲线。操作步骤及结果如图 10-80 所示。操作完成后将压缩解除。

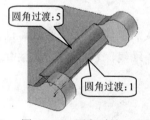

图 10-78　圆角过渡

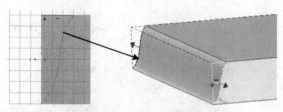

图 10-79　机体底部除料处理

（1）利用 ╱投影 按钮将边进行投影。

（2）利用 ⊙按钮在机体轴线上绘制圆，圆半径为 172，且切于底边。

（3）利用 ╳按钮剪裁多余线段。

（4）单击 ✔按钮，完成操作。

提示：上述操作需分左、右两次完成。

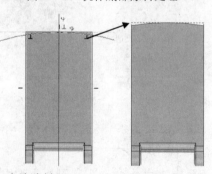

图 10-80　底边除料

09 对机体各棱边进行圆角过渡，其半径设置为 2，结果如图 10-81 所示。

10 从图素元素库中拖曳"厚板"图素至机体背部，将厚板高度设置为 0.5，宽度设置为 52，长度尺寸及厚板位置可利用三维球和包围盒进行调整，结果如图 10-82 所示。

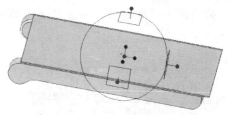

图 10-81　各棱边圆角过渡　　　　　　　图 10-82　在机体背部添加厚板

11 利用【拉伸向导】及【圆角过渡】命令对厚板进行操作，结果如图 10-83 所示。

12 从图素元素库中拖曳"圆柱体"图素至设计环境中，设置其高度为 5、直径为 10。单击【文字】按钮 **A**，在圆柱体图素上输入"CAXA"，调整字体大小；将圆柱体和输入的文字装配为一个零件，然后利用三维球将其定位于机体背板，如图 10-84 所示。

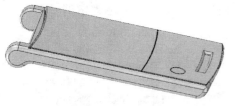

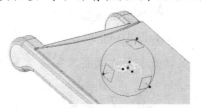

图 10-83　完善厚板造型　　　　　　　　图 10-84　添加 LOGO

13 在机体正面利用拉伸操作生成凹槽；从图素元素库中拖曳厚板图素至凹槽中，利用拉伸操作使其与凹槽形状相似，四周边距离凹槽周边距离 0.1，结果如图 10-85 所示。

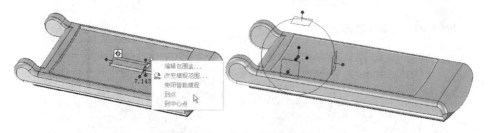

图 10-85　生成正面操作板

14 生成导航键。导航键可采用绘图软件制作，再投影到机体；也可采用三维造型，各造型表面间相距 0.001，然后将导航键定位至手机面板，如图 10-86 所示。

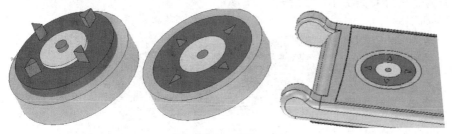

图 10-86　生成导航键

15 利用"长方体"图素生成面板装饰条，如图 10-87 所示。

16 生成键盘。利用"长方体"图素生成一个键盘按键，调整大小，然后进行圆角过渡；采用阵列操作或链接等方法，生成全部按键，结果如图 10-88 所示。

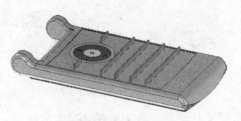 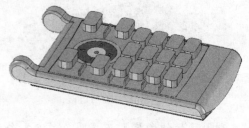

图 10-87　生成面板装饰条　　　　　　　　　图 10-88　生成键盘

17 利用智能标注工具将装饰条和按键定位至面板；利用智能标注工具定义各上表面距离面板为 0.01，如图 10-89 所示。

18 在各按键上生成实体文字，通过其包围盒调整字体大小，并把文字调整至按键的左边，如图 10-90 所示。

19 在按键表面生成英文字母及其他字符，如图 10-91 所示。

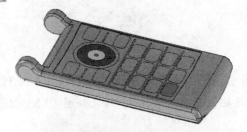 

图 10-89　按键和装饰条定位　　　　　　　　图 10-90　生成按键数字

图 10-91　生成英文字母及其他字符

20 添加侧键，结果如图 10-92 所示。

图 10-92　生成侧键

21 生成手机盖。从图素元素库中拖曳 "厚板" 图纸至设计环境中，设置其宽度为 54、高度为 4，长度大于机体长度即可；利用三维球工具和智能标注工具将手机盖贴于机体表面。

22 单击【拉伸向导】按钮，在弹出的对话框中选择【增料】，拉伸长度设置为 54，然后单击【完成】按钮；点选机盖侧面顶点，待出现绿色反馈后释放鼠标；利用三维球将二维绘图中心移至机体耳部中心处；单击【圆】按钮，以原点为圆心绘制圆，切于机盖顶面。

23 单击【投影】按钮，拾取机盖下边沿；单击【裁剪】按钮，去除多余线段，形成封闭区域；单击 ✔ 按钮，结果如图 10-93 所示。

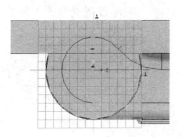 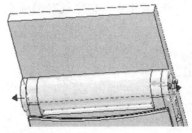

图 10-93　拉伸操作

24 单击【拉伸向导】按钮，在弹出的对话框中选择【减料】，拉伸长度设置为 54，单击【完成】按钮；点选机盖侧面顶点，待出现绿色反馈后释放鼠标；利用三维球将二维绘图中心移至机体耳部中心处，形成如图 10-1 所示封闭区域；然后单击 ✔ 按钮，结果如图 10-33 所示。

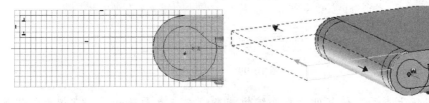

图 10-94　减料操作

25 以同样用法，利用拉伸减料操作将机盖耳部两侧去除，拉伸距离设置为 6.5，结果如图 10-95 所示。

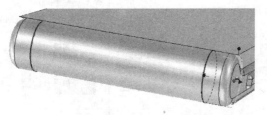

图 10-95　拉伸减料

26 利用拉伸减料操作，去除机盖底部多余部分，如图 10-96 所示。

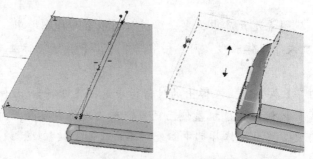

图 10-96 机盖底部拉伸减料

27 对机盖各棱边进行圆角过渡，如图 10-97 所示。

28 在机盖上表面利用"孔类厚板"图素生成凹槽，深度设置为 1.5，如图 10-98 所示。

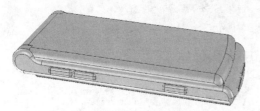

图 10-97 机盖棱边圆角过渡

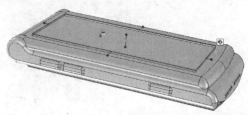

图 10-98 生成凹槽

29 在机盖凹槽中加入"厚板"图素，高度设置为 0.2，然后调整大小及方位，如图 10-99 所示。

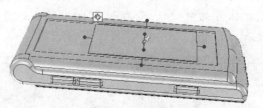

图 10-99 添加厚板

30 点选厚板上表面，使其处于表面编辑状态；右击表面任一点，在弹出的快捷菜单中选择【智能渲染】命令，在弹出的【智能渲染属性】对话框中按照图 10-100 所示设置相应选项，然后单击【确定】按钮。

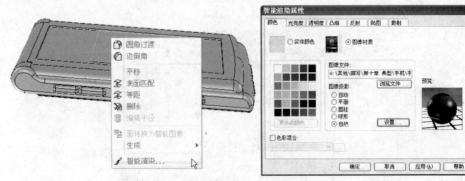

图 10-100 智能渲染

31 添加 LOGO 及摄像头，其中摄像头由"键"、"圆柱体"和"孔类球体"组成，结果如图 10-101 所示。

32 调整机盖凹槽深度；拖曳"厚板"图素至凹槽，设置其高度为 0.01，调整长度和宽度使其覆盖凹槽；从表面光泽元素库中拖曳"青色玻璃"图素至厚板图素。

33 将组成机盖的所有零件装配，形成一个装配体；调整机盖装配体三维球至转轴中心处，单击三维球轴向中心控制手柄，转动三维球，使机盖打开 120°，如图 10-102 所示。

图 10-101　机盖添加 LOGO 及摄像头

图 10-102　打开机盖

34 参照步骤 28～32，在机盖内侧生成显示屏等，结果如图 10-103 所示。

35 至此，整个手机实体造型完毕，结果如图 10-104 所示。

图 10-103　生成手机显示屏

图 10-104　手机实体造型

36 按照第 6 章所述方法，对手机进行渲染，结果如图 10-105 所示。

图 10-105　手机渲染效果图

10.3　建筑设计范例——住宅设计、装饰及渲染

　　CAXA 实体设计 2009 是一款功能强大的、用于工程设计的三维设计软件。既然是用于工程设计，当然会要求设计对象具有符合实际情况的精确尺寸和形状；如果生成的是装配件，还要求零件之间具有精确的空间位置关系。另外，在制造业或建筑业的生产现场一般都是根据工艺文件或工程图纸来组织生产的，此时将三维实体造型或数字化模型转换为按任意比例缩放的平面图纸便显得十分重要。

　　在建筑行业，建筑施工主要关注的是建筑物的结构，而建筑施工完成后还要对建筑物进行装修，这两类施工都需要事先建立模型和图纸。随着软硬件技术的发展，人们越来越习惯于利用计算机来绘制建筑或装修效果图，而这一"未造先得"的虚拟制造技术也是企业说服客户、获取订单的重要手段。

　　以往较为流行的做法是：对于中小型建筑或装修工程，一般使用 AutoCAD 来进行平面草图或工程图的设计，并可构建三维模型，但如果需要高级的渲染或动画设计，则还要结合 3ds max/VIZ 和 Photoshop 三维/二维设计软件；而对于大型建筑工程，则需采用专用设计软件和工程数据库，并需配以有限元等结构、强度分析。

　　相对于以往的建筑设计方法，CAXA 实体设计为我们提供了一种更为高效、完美的解决方案。借助于其方便的拖放式操作方法、良好的模块相关性、丰富的设计元素库、强大的可扩充性以及优秀的协同工作能力，我们可以在同一个软件设计平台上进行从三维造型、空间定位（装配）、智能化渲染和动画、场景设计（灯光、背景等）、自动生成工程图纸并完成工程标注到最后输出图形图像这一系列以前需要多个软件才能完成的工作。

10.3.1　建筑构件的生成方法

　　建筑结构是由多个构件组成的。尽管其形状相对简单，但在很多情况下，建筑构件也是由多个组成部分叠加而成的，通常将其称为特征或图素。图素（特征）的生成方法主要有以下 3 种。

1．应用设计元素库中的标准智能图素

　　建筑结构所使用的构件形状大多比较规则，如墙体、楼板、窗体、楼梯、横梁等，对于这类建筑构件，可直接使用设计元素库中的"厚板"、"长方体"、"条状体"、"加强肋"等标准智能图素，经尺寸编辑后，即可生成符合设计要求的图素或构件。

2．修改设计元素库中的标准智能图素

　　对于形状相对复杂但与标准智能图素相似，或部分几何特征吻合的构件或图素，可以一个标准智能图素为基础对其进行修改，生成所需的构件或图素。

3．利用自定义截面轮廓生成图素

　　如果找不到合适的标准智能图素生成所需的几何特征（如建筑结构的部分配套设施，其形状较为复杂，无法找到合适的标准智能图素表达其几何形状），可以利用二维绘图工具结合某个智能图素生成工具来生成自定义智能图素。

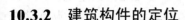
10.3.2　建筑构件的定位

对于建筑设计而言，建筑结构中的每一构件都涉及定位问题。CAXA 实体设计提供了大量用于定位操作的工具，用于建筑设计的定位工具主要包括以下几种。

1．三维球工具

三维球是一种通用的定位工具，可为各种针对操作对象的操作提供全面的控制。例如，它可以沿任意方向移动、绕任意轴旋转操作对象，并为这些运动设定精确的运动距离和角度。三维球是 CAXA 实体设计中最为常用、功能最为强大的定位工具。

2．智能捕捉反馈

利用智能捕捉反馈，可把新图素定位在现有图素上，并可利用捕捉到的点、线、面精确调整图素尺寸。

3．智能尺寸工具

智能尺寸工具用于将操作对象精确定位在一个零件上或设计环境中其他操作对象的指定位置处，并可测量两对象之间的位置关系。

10.3.3　设计元素库的操作

1．调用设计元素库中的标准智能图素

CAXA 实体设计 2009 的设计元素库中包含了大量常见几何形状的标准智能图素，将其从设计元素库中拖放到已有构件的表面或设计环境中，即可成为构件的几何特征或新的构件。

2．生成新的设计元素库

建筑类构件的普遍特点是形状相对简单，但尺寸较大，使用系统内置的设计元素库中的标准智能图素时，每次都要调整尺寸。对于一些在设计中会经常用到的构件，如在室内设计中经常使用的桌椅、地板、家具、电视等，为方便操作、提高设计效率，可建立新的设计元素库，将生成的构件或图素分类保存起来，以便今后使用。

3．将零件或图素保存到设计元素库中

在完成零件造型的设计工作后，将需要保存的零件或图素从三维设计环境中拖放到某个设计元素目录下，即可将其保存到设计元素库中，以便今后使用。

10.3.4　利用 CAXA 实体设计进行建筑设计的常用方法

1．先设计主体结构、后设计细节

在建筑结构的设计过程中，首先设计建筑结构的主要构件，然后参照主体结构进行与此相关的其他部件（构件或子装配）的设计。这种设计方法的优点是：可以将建筑设计的次要部分暂时抛开，而将主要精力集中到结构设计的焦点问题上来；这种设计方法符合人

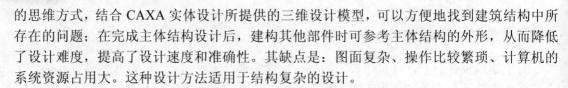

的思维方式，结合 CAXA 实体设计所提供的三维设计模型，可以方便地找到建筑结构中所存在的问题；在完成主体结构设计后，建构其他部件时可参考主体结构的外形，从而降低了设计难度，提高了设计速度和准确性。其缺点是：图面复杂、操作比较繁琐、计算机的系统资源占用大。这种设计方法适用于结构复杂的设计。

2．先创建构件的实体模型、再组合成部件，最后生成整体结构

这种设计方法的优点是操作方便、建构快速，可供选择的建模方式多种多样；缺点是部件间的尺寸关系无关联性，需在建构过程中分别考虑。这种设计方法适用于结构简单或成型结构的设计。

3．不分主次、同步进行

在建筑设计过程中，不分主要部件与次要部件，在同一设计环境中按顺序建立构件，并将构件正确定位。这种设计方法是介于前两种设计方法之间的一种设计方法。

在进行建筑结构的设计过程中，应根据设计需要，灵活选用设计方法，并可将 3 种设计方法结合使用，以降低设计难度、加快设计速度。

10.3.5　设计实例

| 实例文件 | 实例\10\住宅\住宅.ics |
| 操作录像 | 视频\10\住宅.avi |

⊙ 设计目标

完成如图 10-106 所示住宅设计与室内装饰渲染图。

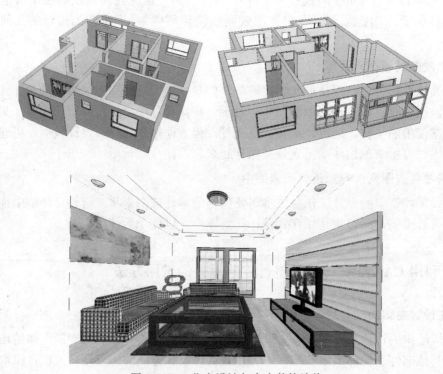

图 10-106　住宅设计与室内装饰渲染

技术要点

- ❑ 使用 CAXA 电子图板的建筑模块绘制建筑图样的方法。
- ❑ 建立与丰富自定义的设计元素库。
- ❑ 利用设计树组织与管理设计。
- ❑ 室内设计的场景设置和渲染方法。

设计过程

（1）绘制单元住宅的墙体

使用 CAXA 电子图板提供的建筑模块，绘制住宅的内墙、外墙和间隔墙。

（2）生成墙体的三维造型

将绘制的墙体平面图线作为三维设计的墙体截面轮廓线，通过拉伸操作，将平面图线拉伸为三维实体。

（3）设计门洞、窗洞

使用自定义建筑设计元素库中的门洞、窗洞等标准智能图素生成实体除料特征，然后利用 CAXA 实体设计提供的多种定位工具将其安排在适当的位置。

（4）设计各种门、窗

根据三维设计的结果，利用设计元素库中的相应图素设计各种门（如入户门、室内门、卫生间门）；根据各种窗洞大小及位置，设计各种窗，并对它们进行准确的定位。

（5）室内装饰与家具的制作

使用设计元素库中的智能元素快速设计沙发、茶几、电视柜等常用家具，以及灯具、吊顶、壁画等常用室内装饰。

（6）室内设计的渲染

针对室内设计和照明情况，对客厅进行渲染设计。

住宅平面图及其主要尺寸如图 10-107 所示。

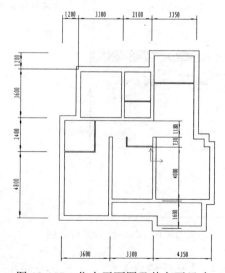

图 10-107　住宅平面图及其主要尺寸

操作步骤

01 启动 CAXA 电子图板 2007，选择【文件】/【应用程序管理器】命令，单击【新建】按钮⬜，在弹出的如图 10-108 所示【应用程序管理器】对话框中的【应用程序列表】列表框中选择 artdesn.eba，并选中【在下次启动 CAXA 电子图板时自动加载选中的应用程序】复选框，单击【确定】按钮。

图 10-108 【应用程序管理器】对话框

02 选用 A3 图幅，比例 1:100，横 A3 带边框。

03 选择【建筑】/【轴网】/【新建平行轴网】命令，在弹出的【平行轴网】对话框中根据图纸要求设置开间、进深等轴网参数，然后单击【确定】按钮，如图 10-109 所示。

> **⭕ 提示**
>
> 墙体属于建筑物的围护构件，在建筑施工中是依附于梁柱或框架而存在的。使用 CAXA 实体设计 2009 进行建筑设计时，如果是对建筑结构进行设计，则墙和梁柱都要考虑；如果是模型或效果图设计，则一般可以不考虑梁柱或框架结构，而重点关注墙体的构建。

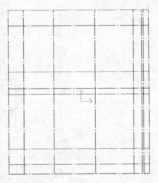

图 10-109 设置平行轴网

04 选择【建筑】/【墙线】/【新建墙线】命令，在界面的左下角将墙的类型设置为【外

墙】，选取起点和终点，绘制一道外墙，然后以此类推，直至外墙绘制完毕，如图 10-110
所示。

05 选择【建筑】/【墙线】/【新建墙线】命令，在界面的左下角将墙的类型设置为【内墙】，选取起点和终点，绘制一道内墙，然后以此类推，直至内墙绘制完毕，如图 10-111
所示。

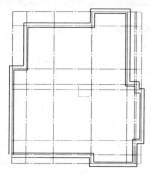

图 10-110　新建外墙

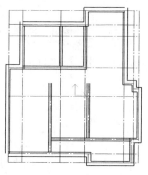

图 10-111　添加内墙

06 选择【建筑】/【轴网】/【编辑轴网】命令，选取任一轴线，弹出【平行轴网】对话框。调整第一、二开间大小，单击【确定】按钮，即在原轴网中变换了轴线。

07 借助轴线绘制间隔墙。选择【建筑】/【墙线】/【新建墙线】命令，根据界面左下角提示，将墙的类型设置为【内墙】，墙的厚度设置为 60，绘制卫生间隔墙，结果如图 10-112 所示。

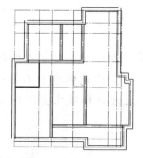

图 10-112　增加卫生间隔墙

08 以同样方法增加其余隔墙，结果如图 10-113 所示。

09 删除图中所有轴网、图框和标题栏等，单击【保存】按钮，将绘制的建筑平面图保存为"住宅.exb"。

10 切换到 CAXA 实体设计，单击【拉伸特征】按钮，在设计环境中拾取一点作为拉伸起始点，在【拉伸特征向导】对话框中依次设置拉伸类型为独立实体、拉伸距离为 2700、不显示栅格、栅格间距为

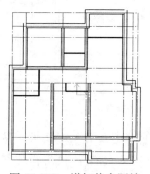

图 10-113　增加其余隔墙

2000，单击【完成】按钮，进入绘图状态。

11 选择【文件】/【输入】【2D 草图中输入】/【输入】命令，在弹出的【输入文件】对话框中选择"住宅.exb"文件，单击【打开】按钮，在弹出的【二维草图读入选项】对话框中设置相应参数，然后单击【确定】按钮，即可将"住宅.exb"文件导入到二维草图绘制环境中，如图 10-114 所示。

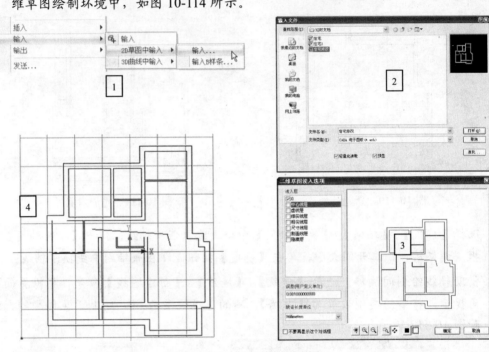

图 10-114　导入建筑平面图

12 在二维草图绘制环境中对导入的平面图进行修整，去掉多余线段，补齐轮廓中的未封闭部分，直至设计环境中不再出现用红点标示的断点和红线为止。单击【完成造型】按钮，在设计环境中出现墙体的三维实体造型，如图 10-115 所示。

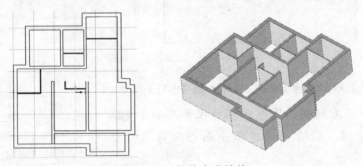

图 10-115　拉伸生成墙体

13 建立上、下楼板。从设计元素库中拖曳"厚板"智能图素到墙体底面；在图素编辑状态下，使用操作柄的"到点"功能调整楼板大小；利用包围盒底部操作柄编辑楼板厚度为 200，如图 10-116 所示。

14 在楼板上单击鼠标右键，在弹出的快捷菜单中选择【编辑草图截面】命令；在截面编辑状态下，单击【投影约束】按钮 ；拾取外墙外轮廓线，在楼板上生成关联性投影线，并将多余直线删除；然后单击【完成特征】按钮，结果如图 10-117 所示。

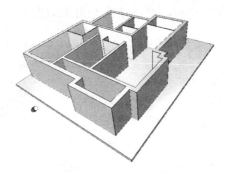

图 10-116　建立楼板

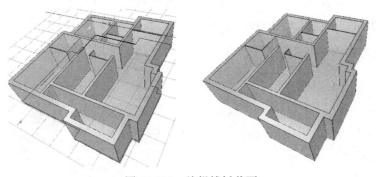

图 10-117　编辑楼板截面

15 在零件编辑状态下激活三维球工具，按住鼠标右键将三维球竖直移动手柄向上拖动，在弹出的快捷菜单中选择【链接】命令，调整移动距离为 "2700+200"，单击【确定】按钮，生成顶部楼板。为方便操作，暂时将顶部楼板压缩。

16 建立窗洞。从设计元素库中拖曳 "孔类长方体" 图素到墙壁上，并设置其尺寸；利用三维球工具将窗洞调整至主卧室外墙的中心位置，并调整窗洞底边距离地面 900，结果如图 10-118 所示。

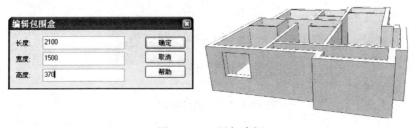

图 10-118　添加窗洞

17 采用同样方法，生成其他窗洞。其中，北面书房及厨房窗洞长度设置为 1800，宽度设置为 1500，距离地面 900，并居中放置；卫生间窗洞长、宽均设置为 700；距离地面 1500。结果如图 10-119 所示。

18 生成入户门门洞。从设计元素库中拖曳"孔类长方体"图素至入户门位置；使用包围盒操作柄调整门高度为 2000，宽度为 900，厚度大于墙体厚度即可；使用三维球工具及智能标注调整入户门洞位置，结果如图 10-120 所示。

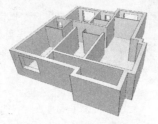

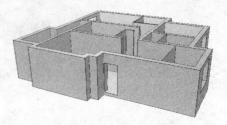

图 10-119　生成其余窗洞　　　　　　　　　图 10-120　生成入户门门洞

19 采用上述方法，生成其他门洞。其中，所有室内门门洞高度均设置为 2000，宽度为 900；卫生间门洞高度为 2000，宽度为 700。结果如图 10-121 所示。

20 在其余位置生成推拉门门洞，在南阳台生成窗洞，如图 10-122 所示。

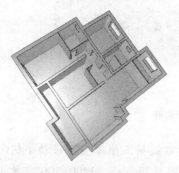

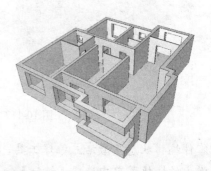

图 10-121　生成其余门洞　　　　　　　　　图 10-122　生成推拉门门洞及阳台窗洞

21 下面开始门的制作。单击【新建】按钮，开始一个新的设计。从设计元素库中拖曳一个"长方体"图素至设计环境中，利用包围盒编辑其长度为 2000、宽度为 900、高度为 50，结果如图 10-123 所示。

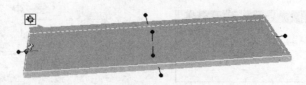

图 10-123　定义门框尺寸

22 利用圆角过渡工具对门框各棱边倒圆角，圆角半径为 10。

23 再向门框图素上表面拖放"孔类厚板"图素，设置其长度为 300、宽度为 200、高度为 20。

24 从工具元素库中将"阵列"图素拖放到孔类厚板图素上，如图 10-124 所示。

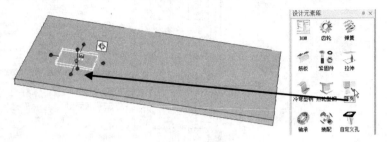

图 10-124   向孔类厚板图素拖放"阵列"

25 在弹出的【矩形阵列】对话框中设置相关参数，然后单击【确定】按钮，结果如图 10-125 所示。

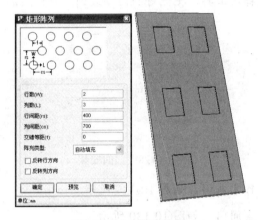

图 10-125   阵列操作

26 拾取这些凹形小方框的边进行倒角。单击【边倒角】按钮 ⬡，在弹出的倒角面板中，设置倒角距离，如图 10-126 所示。

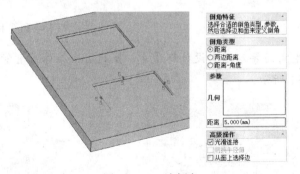

图 10-126   边倒角

27 对其他边进行同样操作，至此入户门制作完毕。

28 制作大门拉手。从图素元素库中拖曳"键"图素到门板上，设置其长度为 200、宽度为 50、高度为 5，并将其定位到门右边位置，如图 10-127 所示。

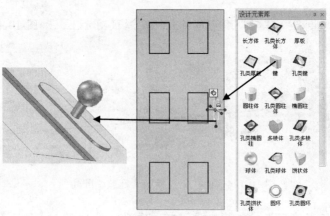

图 10-127　定位门把手

29 利用三维球或智能标注工具，把做好的门安装到入户门门洞，如图 10-128 所示。

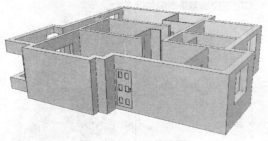

图 10-128　门的安装

30 采用同样方法，制作室内门，如图 10-129 所示。

31 以同样方法制作卫生间门，如图 10-130 所示。

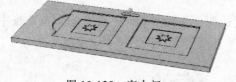

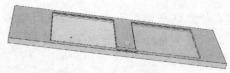

图 10-129　室内门

图 10-130　卫生间门

32 将室内门和卫生间门导入住宅设计环境中，并利用三维球或智能标注工具准确定位，结果如图 10-131 所示。

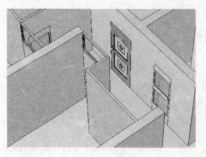

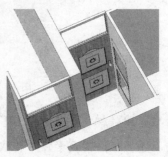

图 10-131　安装室内门及卫生间门

33 主卧窗户的制作。从图素元素库中拖曳"厚板"图素至窗洞处；根据窗洞尺寸，使用包围盒调整其大小；利用三维球将其定位，结果如图 10-132 所示。

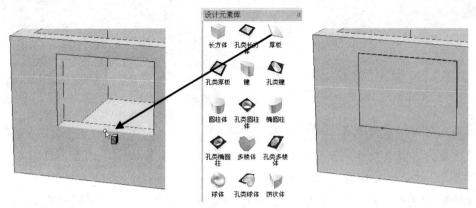

图 10-132　拖动"厚板"图素至窗洞

34 从图素元素库中拖曳"孔类厚板"图素至窗洞处；使用包围盒调整其大小；利用三维球将其定位（注意四周留出窗框），结果如图 10-133 所示。

35 以同样方法生成其他两处窗框，如图 10-134 所示。

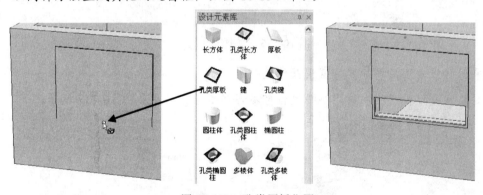

图 10-133　孔类厚板位置

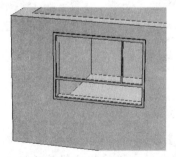

图 10-134　生成窗框

36 安装窗玻璃。拖曳"厚板"图素至窗框左下角；根据窗框的大小确定厚板大小，厚度设置为 5+12+5；利用三维球将其定位；单击厚板使其处于表面编辑状态，从表面光泽元素库中拖曳"青色玻璃"图素置于厚板表面上，结果如图 10-135 所示。

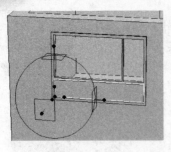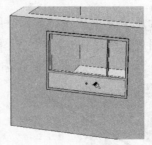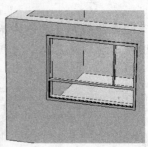

图 10-135　生成玻璃

37 采用同样方法，生成其余两块玻璃，并渲染。

38 单击窗框，使其处于表面编辑状态；单击【边倒角】按钮，设置倒角距离为25，按 Enter 键，结果如图 10-136 所示。

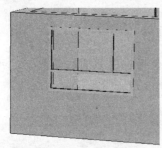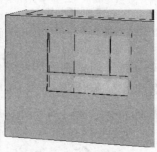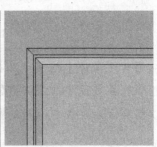

图 10-136　窗框边倒角

39 采用同样方法，添加其余窗框及玻璃。

40 安装室内推拉门及渲染，整个过程可参考第 6 章，效果如图 10-137 所示。

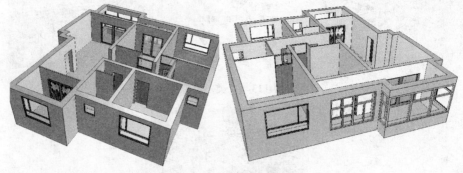

图 10-137　住宅大体效果图

41 对客厅进行室内装饰、渲染。

42 建立茶几。单击【新建】按钮，开始一个新的设计。从设计元素库中拖曳"厚板"图素到设计环境中，使用包围盒操作柄编辑其长度为1500、宽度为1500、高度为450，生成茶几实体。

43 从图素元素库中拖曳"孔类长方体"图素至茶几上边面中心位置，待出现绿色反馈后释放鼠标；使用包围盒调整其长度为1220、宽度为1220，然后拖动高度操作柄贯穿茶几。

44 采用同样方法，拖曳"孔类长方体"至茶几两个侧面，调整其包围盒长度为1300、宽度为250，拖动高度手柄贯穿茶几，结果如图 10-138 所示。

45 从图素元素库中拖曳"孔类厚板"图素至茶几角处；使用包围盒调整其大小；利用三维球将其定位，结果如图 10-139 所示。

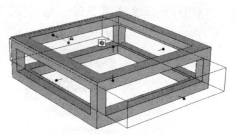

图 10-138　生成茶几

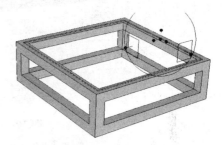

图 10-139　添加"孔类厚板"图素

46 将调整好的孔类厚板利用三维球复制到茶几下层，如图 10-140 所示。

47 参照步骤 45，从图素元素库中拖曳"厚板"图素至设计环境中；使用包围盒调整其大小；利用三维球将其定位；将厚板复制至下层（这两块厚板将被渲染成钢化玻璃），结果如图 10-141 所示。

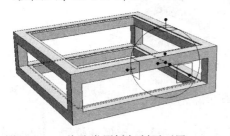

图 10-140　将孔类厚板复制至下层

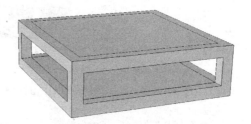

图 10-141　添加厚板

48 从表面光泽元素库中拖曳"暗色玻璃"图素至茶几上厚板处；单击厚板，使其处于零件编辑状态；右击其表面任意位置，在弹出的快捷菜单中选择【透明度】命令，在弹出的对话框中将透明度设置为60。

49 搜索适宜的茶几支撑材质图片。单击茶几腿部，使其处于零件编辑状态；右击其表面任意位置，在弹出的快捷菜单中选择【颜色】命令；在弹出的对话框中选择【图像材质】选项卡，浏览文件所在文件夹，图像投影选择【自然】，然后单击【确定】按钮，结果如图 10-142 所示。

图 10-142　渲染茶几

50 以同样方法生成装饰架、电视柜、沙发、电视和灯具等，如图 10-143 所示。

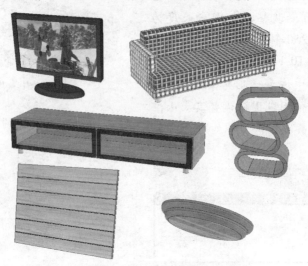

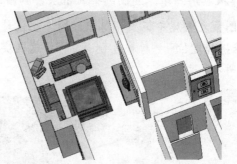

图 10-143　其他家具及家电

51 单击【零件/装配】按钮，将所需零件导入设计环境中，并准确定位，结果如图 10-144 所示。

图 10-144　导入客厅所需零件

52 选择【生成】/【插入视向】命令，在弹出的【视向向导】对话框中初步设置视向参数；在设计环境中利用三维球对视向进行精确调整。右击所添加的视向，在弹出的【视向属性】对话框中将透视视角设置为 45°，单击【确定】按钮，结果如图 10-145 所示。

图 10-145　生成视向

53 添加光源。选择【生成】/【插入光源】命令，在弹出的对话框中设置光源类型为【点光源】，选择一点作为初始位置，单击【确定】按钮；在弹出的【光源向导】对话框中设置其光源亮度为 0.6、颜色为淡黄色、不产生阴影；使用三维球将主光源调整到客厅吊灯位置，如图 10-146 所示。

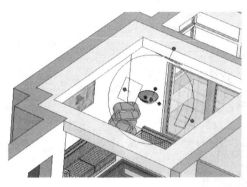

图 10-146　添加主光源

54 添加地板。单击客厅地面，使其处于表面编辑状态；右击地面任一位置，在弹出的快捷菜单中选择【智能渲染】命令，在弹出的对话框中的【颜色】选项卡中选中【图像材质】，浏览地板纹理图片所在目录，再调整【图像投影】等选项，结果如图 10-147 所示。

图 10-147　添加地板

55 设置设计环境的渲染属性。根据显示效果，调整灯光、零件属性、渲染属性等参数。满意后存盘。至此，大体完成室内装饰渲染设计。

56 输出图像。选择【文件】/【输出】/【图像】命令，在弹出的对话框中选择保存路径和图像格式，然后单击【保存】按钮；在弹出的【输出的图像大小】对话框中，根据需要设置图像大小及渲染风格，然后单击【确定】按钮，输出图像文件。

57 可将输出图像文件导入至其他专业图像处理软件中进行编辑和添加效果，生成最终效果图。

10.4　思考与练习

1．思考题

（1）CAXA 实体设计如何加载外部工具？

（2）如何配置用户工具栏？

（3）如何改变零件的旋转中心？

（4）如何取消阵列操作后的显示参数？

2．操作题

（1）建立如图 10-148 所示篮球实体并渲染。

图 10-148　篮球

（2）生成如图 10-149 所示的手机实体模型并渲染。

图 10-149　手机

参 考 文 献

[1] 杨伟群, 等. CAXA 实体设计 V2 实例教程[M]. 北京: 航空航天大学出版社, 2002.

[2] 尚凤武, 等. CAXA 创新三维 CAD 教程[M]. 北京: 航空航天大学出版社, 2004.

[3] 杨伟群, 等. CAXA 实体设计应用基础篇[M]. 北京: 北京大学出版社, 2002.

[4] 胡建生, 彭志强, 张力, 等. CAXA 实体设计实用案例教程[M]. 北京: 化学工业出版社, 2004.

[5] 和庆娣, 袁巍, 袁涛, 等. CAXA 实体设计 2006 时尚百例[M]. 北京: 机械工业出版社, 2006.

[6] 杨伟群, 等. CAXA 实体设计工业设计篇[M]. 北京: 北京大学出版社, 2002.

[7] 林少芬, 等. CAXA 三维实体设计教程[M]. 北京: 机械工业出版社, 2005.

[8] 和庆娣, 王军. CAXA 实体设计 2007 案例精解[M]. 北京: 中国电力出版社, 2008.

[9] 寇天平. CAXA 实体设计三维 CAD 应用提高 30 例[M]. 北京: 航空航天大学出版社, 2005.

[10] 寇晓东, 唐可, 田彩军. ALGOR 结构分析高级教程[M]. 北京: 清华大学出版社, 2008.